# Pressestimmen

*Praxiswert: exzellent. Dieser Ratgeber ist durch und durch praktisch. Präsentation: gut. Das Buch punktet mit übersichtlichem Layout, klarer Gliederung, eindeutigen Anleitungen und einem ausführlichen Stichwortregister.*

Hamburger Abendblatt

*Das hochkarätige Autorenteam unter Leitung von Lothar Seiwert zeigt Ihnen, wie Sie mit System und einfachen Techniken wieder aus der Stressfalle herausfinden.*

cosmopolitan.de

*Wir empfehlen dieses runde und durchdachte Werk allen, die zu wenig Zeit und zu viele gute Vorsätze haben und die außerdem immer schon wissen wollten, was man mit Outlook so alles anstellen kann.*

getAbstract.com

*In dieser Art noch ohne Alternativen.*

ekz-Informationsdienst

*Das Buch bietet eine klasse Verschränkung von Zeitmanagement und Technik-Knowhow.*

www.info-management.de

*Zeit-Management mit Mausklick, Microsofts „Outlook" kann helfen, Arbeit und Freizeit besser in Einklang zu bringen.*

Computerwoche

*Absolut empfehlenswert!*

Saarländischer Tennisbund

*Ein Happyend muss auch in der Computer-Fachliteratur sein.*

Sonntagszeitung

Lothar Seiwert, Holger Wöltje, Christian Obermayr

# Zeitmanagement mit Microsoft Outlook

**Die Zeit im Griff mit der meist genutzten Bürosoftware –
Strategien, Tipps und Techniken (Versionen 2003 – 2013)**

**9. Auflage: Mit zusätzlichen Videolektionen im Web**

Lothar Seiwert, Holger Wöltje, Christian Obermayr:
Zeitmanagement mit Microsoft Outlook
Copyright © 2013 by O'Reilly Verlag GmbH und Co. KG

Kommentare und Fragen können Sie gerne an uns richten:
Microsoft Press Deutschland
Konrad-Zuse-Straße 1
85716 Unterschleißheim
E-Mail: *mspressde@oreilly.de*

9. Auflage

15 14 13 12 11 10 9
15 14 13

ISBN 978-3-86645-835-2          PDF-ISBN 978-3-8483-3052-2
EPUB-ISBN 978-3-8483-0187-4     MOBI-ISBN 978-3-8483-1188-0

© 2013 O'Reilly Verlag GmbH und Co. KG
Balthasarstr. 81, 50670 Köln
Alle Rechte vorbehalten

Fachlektorat: Frauke Wilkens, München
Korrektorat: Elisabeth Melachroinakes, München
Layout und Satz: Gerhard Alfes, mediaService, Siegen (www.mediaservice.tv)
Umschlaggestaltung und Illustrationen: Hommer Design GmbH, Haar
(www.HommerDesign.com)
Druck: Media-Print Informationstechnologie GmbH, Paderborn

# Inhaltsverzeichnis

**Kapitel 4**    »Es kommt sowieso alles anders« – Wie Sie Tagespläne erstellen, die funktionieren

**Kapitel 7**    **»Irgendwann könnte ich ja mal anfangen« – Wie Sie von diesem Buch maximal profitieren**

# Vorwort

Unsere Arbeitswelt hat sich seit dem Erscheinen der ersten Ausgabe des vorliegenden Buches weiter verändert. Die Zahl der täglich zu beantwortenden E-Mails steigt stetig und auch der Termindruck für die Bearbeitung wichtiger Projekte wächst und wächst. Nebenbei benötigen auch Besprechungen mit Kunden und Kollegen ihre Zeit. Außerdem sollen wir in der Informationsflut den Überblick behalten. Unerwartete Ereignisse bringen zusätzliche Belastungen mit sich. Die Folge dieser zunehmenden Komplexität: Wir sind permanent im Stress. Stress, der uns oft davon abhält, Aufgaben effizient zu erledigen. Doch lässt er sich mit einer gezielten Planung des Arbeitsalltags deutlich reduzieren.

Dass die meisten Anwender schon heute mit den Programmen des *Microsoft Office System*, insbesondere mit *Microsoft Office Outlook*, über Software verfügen, die sie bei der vorausschauenden Planung unterstützt, ist den wenigsten bewusst. Die Autoren des Buches *Zeitmanagement mit Outlook* haben sich zum Ziel gesetzt, genau an dieser Stelle gezielt Hilfestellung zu leisten und den Anwendern zu ermöglichen, den größten Nutzen aus vorhandener Software bei der Planung von Terminen, der Priorisierung der Aufgaben und somit der Bewältigung ihrer Arbeit zu ziehen.

Die erste Ausgabe des vorliegenden Buches erklärte bereits die richtige Vorgehensweise, um nicht länger Getriebener zu sein, sondern aktiv den Alltag zu gestalten. Auch in der jetzt vorliegenden, neunten Auflage wurde großer Wert darauf gelegt, nicht theoretisch über Zeitmanagement zu philosophieren, sondern an Hand praktischer Beispiele zu zeigen, wie die optimale Planung der Tage und Wochen aussehen kann. Denn die effiziente Nutzung vorhandener Mittel und Werkzeuge ermöglicht Ihnen, liebe Leserin, lieber Leser, Ihr Potenzial voll auszuschöpfen.

Nutzen Sie die Ratschläge, die Ihnen dieses Buch bietet!


Ich wünsche Ihnen viel Erfolg dabei, die Kontrolle über den Alltag zurück zu gewinnen.


Ihr *Achim Berg*
Corporate Vice President
Mobile Communications Business & Marketing Microsoft Corporation

# Erklärung der im Buch verwendeten Symbole

**Sie finden die folgenden fünf Arten von Symbolen im Text:**

 Sie können die in diesem Buch gezeigten Tipps mit Outlook 2003 bis 2013 umsetzen. In Outlook 2013 sieht die gesamte Benutzeroberfläche anders aus als früher, die Farbe orange/gelb der bisherigen Versionen wird durch blau abgelöst. Für Outlook-Anwender sind die meisten Änderungen rein kosmetischer Natur. Es gibt jedoch auch ein paar neue Funktionen in Outlook 2013, die wir Ihnen jeweils am Ende der Kapitel dieses Buches vorstellen. Die Funktionen und Menüs bleiben aber überwiegend wie in Outlook 2010.

Die Bildschirmabbildungen haben wir zur besseren Übersicht einheitlich in Outlook 2010 erstellt, da dies die am häufigsten benutzte Version ist. Wenn die anderen Versionen in der Bedienung voneinander abweichen, finden Sie im Text eine entsprechende Erläuterung mit dem jeweils für diese Outlook-Version passenden Menüpfad bzw. für die Version angepassten Namen der Schaltflächen.

Wenn sich die Versionen deutlich unterscheiden oder Sie eine besonders praktische und hilfreiche neue Funktion nur in Outlook 2010/2013 oder nur in Outlook 2013 zur Verfügung haben, sehen Sie am Rand des entsprechenden Textabschnitts einen Balken in der entsprechenden Farbe für Ihre Outlook-Version.

 Um Sie vor einigen häufig vorkommenden Pannen beim Einsatz bestimmter Funktionen zu bewahren und auf mögliche Gefahren oder Nebeneffekte hinzuweisen, haben wir entsprechende Warnungen und Tipps mit dem Achtung-Symbol aufgenommen. Berücksichtigen Sie die Achtung-Einschübe, und Sie haben an der jeweiligen Stelle entsprechend vorgesorgt.

 Als Hinweis gekennzeichnet finden sich an einigen Stellen vertiefende Details zu den im Fließtext gezeigten Techniken, Funktionen und Tipps. Auch wenn zu einer im Fließtext erwähnten Funktion eine bestimmte Frage häufig auftaucht, finden Sie die Antwort als Hinweis.

 In diesem Buch finden Sie etliche hilfreiche Techniken und Tipps zum effizienteren und effektiveren Arbeiten. An einigen Stellen liefern wir zusätzlich zu diesen Infos im Fließtext eine noch weiter ins Detail gehende Information als vertiefenden Tipp zu Outlook oder Zeitmanagement-Softskills.

 Besonders wichtige Hinweise und Merksätze haben wir ebenfalls hervorgehoben – z.B. reicht es nicht, über Zeitmanagement zu lesen und sich das »dann für irgendwann mal vorzunehmen« – das bringt nichts, wenn Sie nicht mit der Umsetzung beginnen. Der erste Schritt dazu ist, sofort einen klaren, schriftlichen Plan zu erstellen.

1

# »E-Müll für dich!« – Wie Sie die Nachrichtenflut in den Griff bekommen

13

# Warum komme ich vor lauter Mails nicht mehr zum Arbeiten?

Inzwischen verbringt der deutsche Büroarbeiter täglich durchschnittlich eineinhalb Stunden mit dem Bearbeiten seiner Mails. Trotz der enormen Vorteile, die dieses Kommunikationsmedium bietet, empfinden es viele als großen Zeitfresser, der zu Ablenkung, Missverständnissen, Stress und weiteren Problemen führt. Auch werden Sie einen großen Teil der Zeit, die Sie in Microsoft Outlook arbeiten, mit Mails verbringen. Grund genug, diesem Thema unser erstes Kapitel mit Taktiken und Methoden zum Lösen solcher Probleme zu widmen. Hier erfahren Sie, wie Outlook Sie dabei unterstützt, und erhalten Tipps & Tricks zum effizienteren Umgang mit elektronischer Post.

## Rainers alltäglicher Frust beim Abarbeiten von Mails

Eigentlich wollte Rainer Zufall den Monatsbericht für seinen Vorgesetzten schon vor einer Stunde fertiggestellt haben, aber … Immer wieder öffnet sich das kleine Meldungsfenster, um eine neue Nachricht anzukündigen. »Könnte ja irgendwas Wichtiges sein!«, denkt er sich jedes Mal – war es aber heute zumindest bisher nicht. »Ach, wo ich jetzt eh schon rübergeschaltet habe, kann ich das auch kurz beantworten.« Gedacht, getan. Fünfzehn Minuten später sitzt er wieder an seinem Bericht. Wo war er noch gleich stehen geblieben? In die Zahlen muss er sich erst wieder reindenken …

Etwas später wird die nächste neue Nachricht angekündigt. »Nicht schon wieder!«, brummt Rainer. Gestern ging ein besonders günstiges, auch für den Privateinsatz nutzbares Angebot für ein neues Smartphone an alle Mitarbeiter. Dies ist seitdem die 18. E-Mail, in der jemand eine Bestellmitteilung oder Rückfrage nicht nur an den zuständigen Absender schickt, sondern durch unbedachten Einsatz der Schaltfläche *Allen antworten* auch gleich noch alle anderen Empfänger der ursprünglichen Nachricht unsinnigerweise damit zumüllt. »Aber immerhin ist es ja mal interessant zu sehen, wer das Gerät bestellt und was die anderen so fragen, auch wenn ich es schon seit drei Wochen besitze und damit die Entscheidung für mich nicht mehr ansteht …« Somit liest er die Nachricht doch wieder komplett durch, bevor er sie löscht.

Kurz vorm Mittagessen hat er nun endlich den Monatsbericht fertig. Bevor er Richtung Kantine aufbricht, kümmert er sich noch schnell um die letzten Mails. Seine Teamleiterin erinnert ihn noch einmal höflich daran, dass sie ihn vor zwei Wochen gebeten hatte, ein Dokument zur Messevorbereitung noch einmal zu überarbeiten und dann an sie zu senden. Langsam wird es mit der Zeit eng. »Ups, so ein Mist!« Das hatte er doch glatt vergessen. Er scrollt etwa 150 Nachrichten nach unten und da liegt tatsächlich die Anfrage mit der Änderungsbitte von vor zwei Wochen, die er damals nicht sofort bearbeiten konnte – sie hatte ja auch noch zehn Tage Zeit. In seinem überfüllten Posteingang hat er sie danach leider völlig übersehen. Er wird sich gleich nach dem Essen darum kümmern, auch wenn noch genug andere dringende Dinge anstehen …

Die am häufigsten auftretenden und größten Probleme im Zusammenhang mit E-Mail haben die folgenden Ursachen:

◎ **Ständige Unterbrechungen:** Oft möchte man sofort reagieren, wenn man eine neue E-Mail sieht. Sei es aus Neugier, sei es eine willkommene Ablenkung von so langweiligen Tätigkeiten wie dem Kontrollieren endloser Zahlenkolonnen oder sei es das Gefühl, man müsste es jedem recht machen und sofort antworten.

◎ **Andere »zumüllen«:** Wie oft bekommen Sie E-Mails, die für Sie und Ihre Arbeit nur geringfügig bis gar nicht relevant sind und von Ihnen weder eine Antwort noch Folgeaktion erfordern? Wie oft setzen Sie selbst »vorsichtshalber noch mal drei Personen mehr auf die Empfängerliste, die das ja vielleicht auch noch interessieren könnte«? Hin und wieder erlebt man dazu einen wahren »Antwort-Marathon«.

◎ **Unklares Formulieren:** Manche Dinge, die dem Absender der Mail sonnenklar sind, sind dem Empfänger überhaupt nicht klar und werden auch aus dem Text nicht deutlich. Ein Beispiel: »Ich fände es schön, wenn wir Feature XY noch integrieren könnten – aber das wird wohl zu aufwendig.« Ist das nun eine Idee, eine Frage zur Machbarkeit, ein indirekter Kommentar, dass der Zuständige dazu wohl nicht in der Lage ist, eine Mitteilung, dass man darauf verzichten kann, oder ein Appell, es gefälligst zu integrieren?

◎ **Der emotionale Faktor:** Bei E-Mail sind Missverständnisse im Vergleich zu anderen Kommunikationsformen geradezu vorprogrammiert. Es gibt keinen Unterton, man sieht keine Mimik/Gestik des Gegenübers und man führt einen relativ langen Monolog, ohne die Möglichkeit, bei Unklarheiten etc. sofort nachfragen/reagieren zu können. Haben Sie schon einmal voller Verärgerung zwei Stunden lang eine Antwort auf eine Mail verfasst und damit eine Eskalation der Diskussion verursacht oder den Text dann doch verworfen, anstatt ihn in dieser Form zu senden?

◎ **»Im Halbschlaf« antworten, ohne nachzudenken:** Manchmal schalten wir auf reines Reagieren um, weil es ja so vermeintlich am schnellsten geht. Immer wieder recherchieren wir dazu Dinge bzw. erzeugen Diskussionen, die unerheblich sind. Oder provozieren mehrfache Nachfragen bzw. überflüssige Mehr-/Nacharbeit, weil wir in der Eile bestimmte Informationen vergessen.

◎ **Mangelnde Ordnung führt zum Datenfriedhof:** Eine wichtige Nachricht nicht beantwortet oder die benötigte Information im entscheidenden Moment nicht gefunden? Immer wieder trifft man auf Leute, die über 500 oder gar Tausende Mails im Posteingang liegen haben. Auch wenn die Suchen-Funktionen oder ein gutes Gedächtnis (»Claudia Meyer hatte doch vor zwei Wochen zu Projekt XY eine Anfrage geschickt!?«) in 90 % der Fälle helfen – die restlichen 10 % der offenen Fragen und zu erledigenden Punkte gehen in diesem »Müllberg« unter.

## Packen wir's an!

Um die tägliche E-Mail-Flut zu bewältigen, helfen uns die folgenden Schritte:

◎ Lassen Sie sich nicht dauernd ablenken. Antworten Sie bewusst und überlegt, anstatt auf jede Nachricht immer sofort zu reagieren.

◎ Senden Sie eine E-Mail nur an die Empfänger, die die Nachricht wirklich benötigen.

◎ Schreiben Sie empfängerorientiert. Sorgen Sie für eine eindeutige, klare Kommunikation.

◎ Schaffen Sie sich ein System zum Abarbeiten eingehender Nachrichten: So, dass Sie auch später fällige Folgeaktivitäten genau dann im Blick haben, wenn Sie sie benötigen. So, dass Sie wissen, wo Sie eine abgelegte Information schnell und zuverlässig wiederfinden. So, dass Sie mit ein bisschen Übung und ein paar Wochen Eingewöhnungszeit bald nichts mehr vergessen.

◎ Halten Sie damit Ihren Posteingang aufgeräumt. Maximal 50 Nachrichten – und Sie behalten stets den Überblick.

Praxiserprobte Tipps und Methoden dazu – und wie Outlook Sie dabei optimal unterstützen kann – erfahren Sie im Folgenden.

# Nicht E-Mails sind das Problem, sondern wie wir damit umgehen

Nachdem wir die Probleme benannt haben, die uns am effektiven Arbeiten hindern, gilt es, deren Ursachen ausfindig zu machen. Welchen Einfluss haben wir selbst auf die Probleme bzw. inwieweit sind wir für deren Entstehung verantwortlich oder verstärken sie? Wenn wir sie nun nicht verhindern oder ausmerzen können, gilt es, sie zu akzeptieren und unseren Umgang damit zu ändern.

## Lassen Sie sich nicht ablenken

Fangen wir direkt mit den Ablenkungen an: Müssen Sie wirklich ständig E-Mails checken und gleich antworten, ohne einmal in Ruhe andere Tätigkeiten zu Ende zu bringen? Oder ist das vielmehr eine (schlechte und hinderliche) Gewohnheit? Oder sogar ein unbewusster Versuch, sich vor der eigentlich gerade anstehenden Aufgabe zu drücken? Was würde schlimmstenfalls passieren, wenn Sie die nächsten zwei Stunden den Posteingang einfach mal ignorieren würden? Meistens lautet die Antwort: nichts. Eher im Gegenteil. Vielleicht bekämen Sie dann ja endlich den Monatsbericht fertig – und hätten nicht mehr dieses flaue Gefühl im Magen.

Aber was, wenn Ihr Vorgesetzter von Ihnen sofort eine Antwort braucht und diese dann erst zwei Stunden später erhält? Nun, sofern Sie nicht immer auf jede E-Mail innerhalb von 15 Minuten reagieren (und wer kann das schon ständig?), sollte Ihr Chef merken, dass das Ganze entweder doch noch Zeit hat, oder andernfalls anrufen und Sie um sofortige Erledigung bitten bzw. die Antwort direkt am Telefon erfragen.

## »Erziehen« Sie drängelnde Absender

In dringenden Fällen ist ein Anruf ohnehin die bessere Wahl: ein sofortiger Dialog mit direkter Antwortmöglichkeit statt eine Aneinanderreihung wechselseitiger E-Mail-Monologe mit dazwischen liegenden Wartezeiten. Sofern es nicht Ihre Kernaufgabe ist, im Support oder Kundenservice ständig Anfragen per Live-Chat oder E-Mail innerhalb von Minuten zu lösen, ist es absurd, auf E-Mails eine sofortige Antwort zu erwarten. Sollte also einmal jemand drängeln oder sich beschweren, bitten Sie ihn höflich, künftig in dringenden Fällen einfach anzurufen – mit dem Argument, dass er dann ja auch gleich feststellen kann, ob Sie überhaupt erreichbar sind.

Eventuell gibt es in Ihrem Unternehmen einen Richtwert zu E-Mail-Antwortzeiten oder Sie legen selbst einen Zeitraum fest, den Sie Ihrem E-Mail-»Gesprächs«partner nennen können, z.B. höchstens 72 Stunden. Achten Sie dann aber darauf, diesen Zeitraum auch einzuhalten. Beachten Sie in diesem Zusammenhang bitte auch die folgenden Punkte:

◎ Schalten Sie Ihre Abwesenheitsnotiz ein, wenn Sie ein paar Tage im Urlaub sind oder so lange nicht auf Nachrichten antworten können, dass Sie den zugesagten Beantwortungszeitrahmen nicht mehr einhalten können.

◎ Denken Sie an mögliche Extremfälle. Sorgen Sie am besten dafür, dass ein Stellvertreter (z.B. Kollege/Sekretariat) Zugriff auf Ihr Postfach hat, falls Sie einmal krank sind. Beachten Sie, dies ggf. Absendern mitzuteilen, von denen Sie vertrauliche Mails erwarten.

## Deaktivieren Sie die Benachrichtigung über neue Mails

Schalten Sie die Benachrichtigung über neu eingetroffene Mails ab. Sie werden dadurch nur abgelenkt oder im schlimmsten Fall sogar dazu motiviert, eine wichtige, aber unangenehme Arbeit schon wieder zu unterbrechen und zu verschieben. Auch wenn Sie nur ca. zwei bis vier Minuten die Nachricht »zwischendurch« beantworten, bremst dies Aufgaben, die über einen längeren Zeitraum hinweg hohe Konzentration erfordern, ganz enorm. Sie werden nach jeder Unterbrechung von mehr als ein paar Sekunden Dauer wieder ein paar Minuten länger benötigen, um sich voll zu konzentrieren und im selben Tempo wie vorher weiterzuarbeiten.

Wenn Sie in den nächsten Stunden eine dringende und wichtige Nachricht erwarten, weil diese für Ihr Weiterarbeiten höchste Priorität hat, sollten Sie ggf. den Absender bitten, kurz per Anruf oder SMS auf den gerade erfolgten Versand der so zeitkritischen Nachricht hinzuweisen. Das ist besser, als wenn Sie sich fünf Stunden lang von jedem Newsletter bei der Arbeit unterbrechen lassen oder alle zwei Minuten nachsehen, ob schon etwas angekommen ist und dann bestimmt ein Thema finden werden, mit dem Sie sich ablenken ... Oder Sie vereinbaren mit ihm einen Termin, sodass Sie wissen, wann die Mail eintreffen sollte, und vorher sowieso nicht nachsehen müssen.

## So deaktivieren Sie die visuelle und/oder akustische Benachrichtigung über neue Mails

1. Klicken Sie in Outlook 2010/2013 auf der Registerkarte *Datei* auf *Optionen*. In Outlook 2007/2003 wählen Sie stattdessen den Menübefehl *Extras/Optionen*.

2. Outlook 2010/2013: Klicken Sie im Dialogfeld *Outlook-Optionen* links oben auf *E-Mail*. Outlook 2007/2003: Klicken Sie auf der Registerkarte *Einstellungen* auf die Schaltfläche *E-Mail-Optionen*.

3. Outlook 2010/2013: Deaktivieren Sie alle Kontrollkästchen im Bereich *Nachrichteneingang*.

   Outlook 2007/2003: Klicken Sie im Dialogfeld *E-Mail-Optionen* auf die Schaltfläche *Erweiterte E-Mail-Optionen* und deaktivieren Sie dann alle Kontrollkästchen im Bereich *Beim Eintreffen neuer Elemente im Posteingang* (zumindest aber *Desktopbenachrichtigung anzeigen* und *Sound wiedergeben*).

4. Schließen Sie alle geöffneten Dialogfelder mit *OK*.

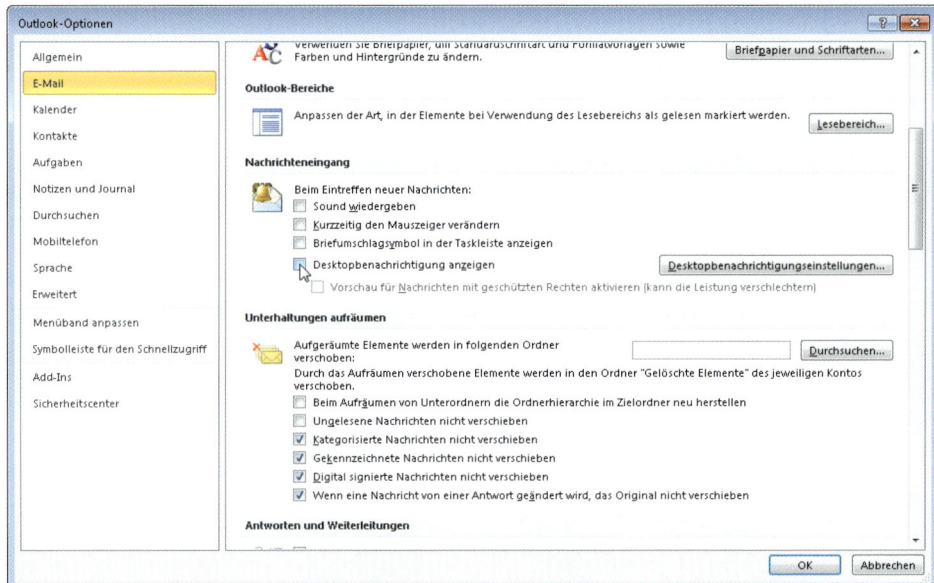

**Abbildung 1.1:** Lassen Sie sich nicht durch jede neue Mail ablenken – schalten Sie die Benachrichtigung ab

## So deaktivieren Sie das automatische Herunterladen neuer Nachrichten

Wenn Sie komplett vor eingehenden Nachrichten verschont bleiben möchten, solange Sie diese nicht über *Alle Ordner senden/empfangen* bzw. *Senden/Empfangen* explizit abrufen (z.B. um in Ruhe die bisher im Posteingang liegenden Nachrichten abzuarbeiten, ohne dass währenddessen wieder neue hinzukommen), klicken Sie in Outlook 2010/2013 auf der Registerkarte *Senden/Empfangen* in der Gruppe *Senden und Empfangen* auf *Senden-Empfangen-Gruppen* und wählen anschließend *Automatisches Senden/Empfangen deaktivieren*. In Outlook 2007/2003 gehen Sie stattdessen wie folgt vor:

1. Wählen Sie den Menübefehl *Extras/Optionen*.

2. Klicken Sie auf der Registerkarte *Mail-Setup* bzw. *E-Mail-Setup* auf die Schaltfläche *Senden/Empfangen* und deaktivieren Sie im Dialogfeld *Übermittlungsgruppen* sowohl unter *Einstellungen für Gruppe "Alle Konten"* als auch unter *Im Offlinemodus* die Option *Automatische Übermittlung alle ? Minuten*. Wenn Sie mehrere Übermittlungsgruppen angelegt haben, wiederholen Sie diesen Schritt für jede Gruppe.

3. Schließen Sie alle geöffneten Dialogfelder mit *Schließen* bzw. *OK*.

### Arbeiten Sie Mails im Block ab

Überlegen Sie sich, wie oft Sie Ihren Posteingang wirklich überprüfen müssen. Intuitiv schauen wir meist viel zu häufig nach. Würde es nicht reichen, beispielsweise zweimal am Tag je eine Stunde, dreimal 40 Minuten oder viermal für je 30 Minuten den Posteingang zu bearbeiten? (Zu den Vorteilen der Blockbildung beim Abarbeiten von Aufgaben siehe den entsprechenden Abschnitt in ▶ Kapitel 4.)

Gerade beim Abarbeiten von E-Mails hilft die Blockbildung besonders, Unwichtiges schneller zu beantworten bzw. gleich zu löschen. »Noch zehn weitere Mails nach dieser – oh Mann, ich habe ja noch was anderes vor und diese hier gehört nicht zu den drei wichtigsten, also fasse ich mich kurz und beeile mich.« (Näheres zum AHA-System im Zusammenhang mit dem Abarbeiten von Mails finden Sie im ▶ Abschnitt »Halten Sie Ihren Posteingang aufgeräumt« weiter hinten in diesem Kapitel.)

Manchmal führt eine durch die Blockbildung um ein paar Stunden erhöhte Bearbeitungszeit sogar zur Reduzierung der Anzahl der eintreffenden Mails – wenn es für die Kollegen dann wieder schneller geht, bestimmte Informationen selbst rauszusuchen, anstatt eine E-Mail an Sie zu schicken.

## Durchbrechen Sie das Muster des Reagierens

Der nächste Tipp kostet im ersten Moment vielleicht etwas Zeit, die Sie dafür jedoch an anderer Stelle mehr als zurückgewinnen. Halten Sie vor dem Beantworten einer E-Mail erst einmal drei Sekunden inne und horchen Sie in sich hinein, ob Sie emotional neutral schreiben können. Falls Sie wütend, genervt, verängstigt, besonders nervös oder gerade etwas verwirrt sind, so warten Sie noch mit der Antwort, falls irgendwie möglich. Fragen Sie sich außerdem vor dem Beantworten: »Wieso habe ich diese Anfrage im Posteingang, wo kommt sie her, was passiert, wenn ich jetzt eine kurze Antwort zurückschreibe, und ist E-Mail tatsächlich das richtige Antwortmedium?«

Meist werden Sie fast so antworten wie bisher – nur etwas bewusster. Hin und wieder werden Sie jedoch durch diese Fragen deutliches Verbesserungspotenzial entdecken. So mancher Mail-Marathon, der sich über einige Nachrichten und Stunden hinzieht, ist mit einem zweiminütigen Telefonat vermeidbar.

Wenn Sie den Absender (oder einen beliebigen anderen Empfänger) einer E-Mail anrufen möchten, er aber keine Signatur mit seinen Telefonnummern eingefügt hat, müssen Sie nicht erst zu den Kontakten wechseln, um die entsprechenden Informationen zu erhalten. Klicken Sie einfach im Vorschaufenster (oder in der geöffneten Nachricht) mit der rechten Maustaste auf die betreffende Adresse im Feld *Von*, *An*, *Cc* oder *Bcc*. Wenn für diese Person bereits Rufnummern in Ihrem Kontakte-Ordner eingetragen sind, sehen Sie die entsprechenden Nummern im daraufhin angezeigten Kontextmenü (je nach Outlook-Version und Systemeinstellungen müssen Sie ggf. noch auf *Visitenkarte* bzw. *Outlook-Kontakt nachschlagen* klicken).

**Abbildung 1.2:** Wählen Sie im Kontextmenü die Visitenkarte bzw. die gewünschte Rufnummer aus oder öffnen Sie alle hinterlegten Kontaktdaten des Absenders

Der Personenbereich ist in Outlook 2003 und 2007 noch nicht vorhanden, wird von Microsoft aber unter dem Namen *Outlook Social Connector/Outlook Connector für soziale Netzwerke* als kostenfreier Download auch für Outlook 2003 und 2007 zum Nachrüsten bereitgestellt.

## Aktuelle Infos zum Absender schnell parat – der Personenbereich von Outlook 2010/2013

Damit Sie nicht lange suchen müssen, zeigt Outlook 2010 Ihnen aktuelle Infos zu Absender und Empfänger(n) der gerade markierten Nachricht direkt unter der E-Mail im sogenannten Personenbereich an. Wenn Sie eine E-Mail im Lesebereich oder als (per Doppelklick geöffnetes) eigenes Fenster sehen, zeigt Outlook ganz unten im Lesebereich/E-Mail-Formular links ein Miniaturfoto des Absenders (sofern in Ihren Daten vorhanden, ansonsten eine leere Silhouette), daneben den Namen des Absenders und am rechten Rand Miniaturfotos/Silhouetten für alle anderen Empfänger der Nachricht und rechts neben den Miniaturbildern eine kleine nach oben zeigende Pfeilspitze. Wenn Sie den Mauszeiger auf einem der Miniaturbilder platzieren, ohne zu klicken, zeigt Outlook den Namen der Person und – sofern in Ihren Kontakten vorhanden – auch Position und Firma. Klicken Sie auf die Pfeilspitze bzw. eines der Miniaturbilder, um den Personenbereich vergrößert zu öffnen.

Sobald Sie eine Person angeklickt haben, können Sie rechts neben dem Foto der Person die anzuzeigenden Daten wählen. Zum Beispiel sucht Ihnen Outlook die nächsten Besprechungen oder von dieser Person erhaltene E-Mails oder nur Anlagen (per E-Mail verschickte Dateien) zusammen. Ein Klick auf das jeweilige Element öffnet es direkt.

Sie können hier auch RSS-Feeds und Statusaktualisierungen aus sozialen Netzwerken der Person anzeigen und mit dem Befehl *Hinzufügen* unter dem Foto die Person zu Ihren sozialen Netzwerken hinzufügen. So finden Sie z.B. einen neuen Kunden über seine Mailadresse bei XING, fügen ihn Ihren XING-Kontakten hinzu und importieren von dort Firma, Postanschrift sowie Telefonnummern in Outlook. Wenn Ihre Geschäftspartner die Statuseinträge der sozialen Netzwerke nutzen, sehen Sie auch, wer z.B. gerade Vater/Mutter geworden, im Urlaub oder auf Dienstreise in einer anderen Zeitzone und daher nur am Abend erreichbar ist. Das Ganze funktioniert natürlich nur, wenn alle Beteiligten wirklich alle diese Informationen von sich öffentlich preisgeben und ihre Seiten in den sozialen Netzwerken auch konsequent pflegen. Achten Sie darauf, eine sinnvolle Grenze zu setzen, wie viel Sie von wem erfahren/sehen möchten – sonst kommen Sie vor lauter Facebook- und Twitter-Nachrichtenflut nicht mehr zum Arbeiten und auch in Ihrer Freizeit nicht mehr vom Bildschirm weg …

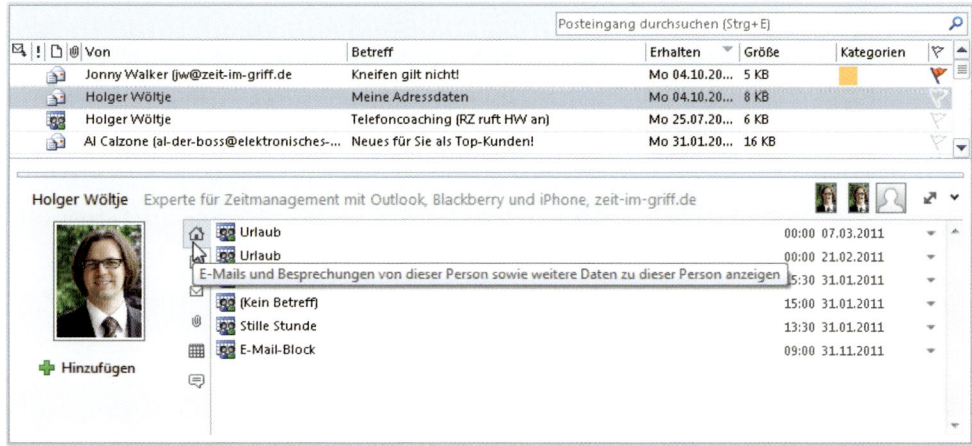

**Abbildung 1.3:** Aktuelle Infos stets schnell parat mit dem Personenbereich in Outlook 2010/2013

 Der Personenbereich ist in Outlook 2007/2003 noch nicht integriert, aber Ihre IT-Abteilung kann ihn mit einem Gratis-Download von Microsoft nachrüsten, dem *Outlook Connector für soziale Netzwerke.*

## Vermeiden Sie unnötige Mails mit den Teamfunktionen von Outlook und Microsoft SharePoint

Anstatt alle Kommunikation via E-Mail abzuwickeln, ist es hilfreich, definierte Berichte (z.B. Projektstatus, Besprechungsprotokolle) zu festgelegten Terminen an zentralen Stellen abzulegen. Dies kann beispielsweise mit einer SharePoint-Site im Intranet erfolgen. Mehr zu den Teamfunktionen von Outlook und Microsoft SharePoint erfahren Sie in ▶ Kapitel 5.

Wenn Ihnen einer Ihrer Kollegen per E-Mail die Frage nach der Telefonnummer eines Ansprechpartners schickt, ist es natürlich das Einfachste und auf den ersten Blick auch vermeintlich Schnellste, kurzerhand die betreffende Nummer zurückzuschreiben. Doch die beste Lösung ist das nicht unbedingt.

Falls so etwas häufiger vorkommt, sollte man sich die Frage nach dem Warum stellen. Eventuell gibt es ja bisher keine zentrale Adressverwaltung. Wenn man nun zukünftig einen öffentlichen Kontakte-Ordner oder eine Adressliste auf einer SharePoint-Site mit Daten zu Ansprechpartnern für das Team anlegt und pflegt, spart man sich Zeit und Unterbrechungen, da derjenige bei Bedarf selbst nachschlagen kann und sofort die Antwort findet.

# Halten Sie Ihren Posteingang aufgeräumt

Der erste Schritt auf dem Weg zum leeren – oder sagen wir aufgeräumten – Posteingang ist die Blockbildung für Mails, durch die Sie bereits produktiver arbeiten werden. Der zweite Schritt ist die konsequente und disziplinierte Anwendung eines Systems, um die Nachrichten im Block abzuarbeiten.

Die mit vernünftigem Aufwand erreichbare Minimalanzahl an übrigen Mails im Posteingang am Ende eines E-Mail-Blocks oder Arbeitstages variiert. Je nach Branche, Arbeitsweise, Position und Unternehmenskultur sind vielleicht 20 oder 30 Nachrichten bereits ein Top-Ergebnis – manche Anwender schaffen in bestimmten Arbeitsumfeldern sogar fünf bis null verbleibende Mails. Solange Sie nicht mehr als 30 bis 50 Nachrichten im Posteingang liegen haben, können Sie diese in jedem Fall schnell und gut überblicken. Außerdem vermittelt es einfach ein gutes, beruhigendes Gefühl – ganz im Gegensatz zu einem überquellenden »Datenmüllberg«, der ein schlechtes Gewissen macht, weil man darin vieles nicht mehr wiederfindet.

## Bearbeiten Sie Ihren E-Mail-Block mit dem AHA-System

Vielleicht kennen Sie noch die gute alte Regel zur Reduktion der Papierflut auf dem Schreibtisch: »Nehmen Sie jedes Blatt nur einmal in die Hand«. Dies ist auch ein guter Leitsatz für E-Mail. Viele Nachrichten können Sie bereits beim ersten Lesen bearbeiten, für andere brauchen Sie zwei bis drei Arbeitsgänge. Nehmen Sie sich also zu Beginn Ihres E-Mail-Blocks alle Nachrichten der Reihe nach vor und beurteilen Sie sie unter den folgenden Aspekten und Fragen:

◎ **Abfall:** Das Beste und Zeitsparendste, was Sie mit eingehenden Mails tun können: löschen. Löschen Sie so viel und so schnell wie möglich. Die erste Frage zu jeder Mail lautet: Kann ich diese bedenkenlos löschen? Oft reicht für die Entscheidung ein Blick auf Absender und Betreffzeile.

◎ **Sofortiges Handeln:** Besonders wichtige Nachrichten, die zugleich auch dringlich sind, bearbeiten Sie sofort. Ebenso Kleinigkeiten, deren vollständiges Abarbeiten nur drei bis vier Minuten dauert. Wenn Sie diese Nachrichten nämlich liegen lassen, wird sich bald ein riesiger Berg bilden. Für Kleinigkeiten zunächst einen späteren Erledigungstermin zu planen, eine Aufgabe anzulegen oder sie mehrmals in einer Liste »noch offene kleinere Dinge« anzusehen, kostet viel mehr Zeit und Kraft als die sofortige Erledigung. Sie müssen ja keine andere Tätigkeit unterbrechen, denn Sie beschäftigen sich zurzeit mit Ihrem E-Mail-Block. Also: Tempo und so schnell wie möglich weg damit – so kommen Sie Ihrem Ziel eines (fast) leeren Posteingangs wieder einen Schritt näher.

 **Ablage:** Wenn die Bearbeitung einer Nachricht mehr als fünf Minuten dauern würde und nicht sofort erledigt werden muss, sortieren Sie diese in Ihre Ablage. Allerdings bitte so, dass Sie die betreffende Nachricht dann beim nächsten Anklicken erledigen können – und auch wirklich wiederfinden, wenn Sie sie brauchen. (Details zu einer Ablagestruktur finden Sie im ▶ Abschnitt »Erstellen und verwenden Sie Ihre eigene Ordnerstruktur« weiter hinten in diesem Kapitel.)

Denken Sie dran: Beim effektiven Umgang mit der Nachrichtenflut ist der Papierkorb Ihr bester Freund und wichtigster Verbündeter!

Auch auf E-Mails, die Sie nicht sofort bearbeiten, können Sie die vier Prioritätsstufen des Eisenhower-Diagramms (siehe ▶ Kapitel 2) gut anwenden. Prüfen Sie, ob sich drei (»4er«- bzw. »D«-Mails sofort löschen) entsprechende Ordner für Sie eignen. Diese Ordner können Sie zu festen Zeiten sowie im Rahmen Ihres E-Mail-Blocks nach kompletter Bearbeitung aller neu eingegangenen Nachrichten abarbeiten. Planen Sie die Erledigung besonders wichtiger und gleichzeitig dringender »Prio-1«-/»A«-Nachrichten als Termin mit sich selbst in Ihrem Kalender, wenn keine Zeit zur sofortigen Erledigung bleibt.

Wenn Sie sich nicht sicher sind, ob Sie eine Nachricht gleich löschen können:

 Fragen Sie sich, ob von Ihnen eine Reaktion bzw. Folgeaktivität gefordert wird (und diese berechtigt bzw. wirklich erforderlich ist).

 Falls nein: Fragen Sie sich, ob von Ihnen eine bloße Antwort erforderlich ist.

 Falls nein: Fragen Sie sich, ob Sie diese E-Mail später einmal zum Nachschlagen der enthaltenen Information benötigen werden *und* ob Sie diese E-Mail dann anhand Ihrer Suchkriterien auch finden würden.

 Falls nein: Löschen Sie die Nachricht.

Beachten Sie bitte die in Ihrem Unternehmen (eventuell) geltenden Richtlinien zur Archivierungs- und Aufbewahrungspflicht von E-Mails. Möglicherweise dürfen Sie bestimmte (oder im Extremfall sogar alle) Nachrichten, für die wir hier das Löschen empfehlen, nicht endgültig löschen. Legen Sie sich in diesem Fall einen Ordner »Kompost«, »Abfallarchiv« o.Ä. an, in den Sie die Nachrichten verschieben, wann immer wir von »löschen« sprechen. Falls Sie das Archiv sogar nach bestimmten anderen Kriterien als Datum, Absender oder Betreff sortiert halten müssen, legen Sie entsprechende Unterordner für diesen Ordner an (siehe ▶ Abschnitt »Erstellen und verwenden Sie Ihre eigene Ordnerstruktur« weiter hinten in diesem Kapitel).

Wenn Sie eine E-Mail in Ihre Ablage einsortieren möchten, gibt es drei Möglichkeiten:

◉ Es ist eine klar benennbare Folgeaktivität erforderlich oder diese Nachricht enthält Informationen, die sich auf einen bestimmten Termin beziehen: Wandeln Sie sie in eine Aufgabe oder einen Termin um.

◉ Diese Nachricht erfordert eine spätere Rückantwort oder weitere Bearbeitungsschritte: Legen Sie die Mail in Ihrer Ordnerstruktur ab und markieren Sie sie zur späteren Bearbeitung (siehe hierzu ▶ Abschnitt »Kennzeichnen Sie zur Bearbeitung anstehende Mails« weiter hinten in diesem Kapitel).

◉ Es ist weder eine Antwort noch eine andere Folgeaktivität von Ihnen erforderlich, aber Sie möchten die Nachricht zum späteren Nachschlagen aufbewahren: Legen Sie sie in Ihrer Ordnerstruktur ab.

## Wandeln Sie E-Mails in Aufgaben und Termine um

Manche E-Mails sind nichts anderes als eine oder mehrere Aufgaben, die Sie zu erledigen haben. Wieder andere sind Terminvereinbarungen (dazu gehört z.B. auch die Bestätigung einer Flug- oder Hotelreservierung) oder weiterführende Informationen zu einem Termin (z.B. Tagesordnung, Anfahrtsskizze).

Wenn Sie selbst solche Nachrichten verschicken, ist es oft praktischer, hierzu eine Besprechungsanfrage (zum Vereinbaren bzw. Aktualisieren von Terminen, siehe ▶ Kapitel 5) bzw. die Outlook-Funktionen zum Delegieren einer Aufgabe zu verwenden.

Eine Outlook-Aufgabe zu erstellen und diese zu delegieren kann auf Kunden, Mitarbeiter anderer Abteilungen/Firmen oder Vorgesetzte autoritär oder anmaßend wirken. Wenn Sie sich also nicht sicher sind, wie es ankommt, wenn Sie eine Aufgabe (z.B. Zusendung benötigter Daten) an jemanden delegieren: Schreiben Sie lieber eine normale E-Mail, in der Sie um die Erledigung bitten.

Wenn Sie eine solche Nachricht als »normale E-Mail« empfangen, wandeln Sie sie am besten gleich in das entsprechende Element um, um sie dann schnell wiederzufinden, wenn Sie sie brauchen.

### So erstellen Sie einen Termin bzw. eine Aufgabe aus einer E-Mail-Nachricht

1. Klicken Sie mit der rechten Maustaste auf die betreffende Nachricht in Ihrem Posteingang und halten Sie die Maustaste gedrückt.

2. Ziehen Sie die Nachricht auf die Gruppenschaltfläche *Aufgaben* bzw. *Kalender* unten im Navigationsbereich und lassen Sie die Maustaste dann wieder los.

3. Klicken Sie im daraufhin angezeigten Kontextmenü auf die gewünschte Aktion:

   Wählen Sie z.B. *Hierher verschieben als Aufgabe mit Anlage*. Daraufhin verschwindet die E-Mail automatisch aus Ihrem Posteingang.

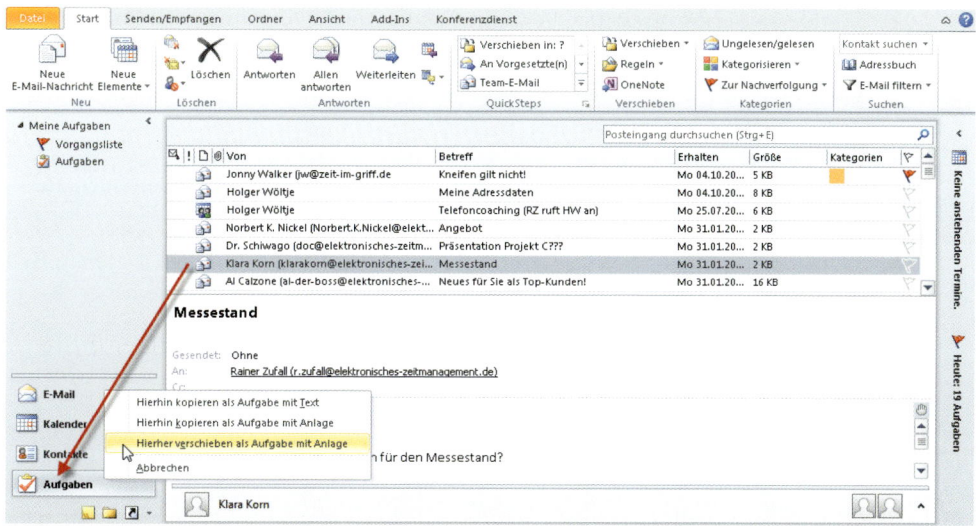

**Abbildung 1.4:** Verschieben Sie E-Mails per Drag & Drop in die Aufgabenliste

 Das Kopieren *als Aufgabe mit Text* fügt den gesamten Inhalt der E-Mail als Text (inkl. Kopfzeilen wie z.B. Absender) in das Notizfeld der Aufgabe ein. Eine E-Mail *als Aufgabe mit Anlage* einzufügen hat gegenüber der Text-Option den Nachteil, dass Sie nicht sofort den Text lesen können, sondern zunächst noch einmal auf das stattdessen eingefügte Briefsymbol doppelklicken müssen. Andererseits können Sie so auch mehrere Nachrichten auf einmal kompakt dargestellt anhängen und haben die Originalnachricht mit allen enthaltenen Bildern sowie Anlagen eingefügt (beim Einfügen als Text sind diese nicht enthalten). Nach einem Doppelklick auf die Anlage können Sie die Funktionen *Antworten*, *Weiterleiten* und *Allen antworten* so nutzen, als hätten Sie die Mail direkt im Posteingang geöffnet – also quasi so, als ob Sie die Mail in eine Wiedervorlagemappe gelegt und mit einem Datum, einer Priorität und bei Bedarf mit einer Erinnerung versehen hätten. Sie wird später automatisch in Ihren Aufgaben auftauchen – mehr dazu in den nächsten Kapiteln.

4. Outlook öffnet ein neues Aufgabenformular und übernimmt automatisch den Betreff der E-Mail. Sollte sich die neue Aufgabe nicht automatisch im Vordergrund öffnen, holen Sie sie mit ⎡Alt⎤ + ⎡🔁⎤ in den Vordergrund. Ergänzen Sie den Eintrag – tragen Sie z.B. ein Fälligkeitsdatum ein und definieren Sie bei Bedarf eine Erinnerung.

5. Speichern und schließen Sie die neue Aufgabe durch Klicken auf die entsprechende Schaltfläche.

## So erstellen Sie schnell einen neuen Kontakteintrag für den Absender einer E-Mail

1. Ziehen Sie einfach die gesamte Mail mit gedrückter linker (in diesem Fall wollen Sie ja den Text kopieren) Maustaste auf die Gruppenschaltfläche *Kontakte* unten im Navigationsbereich.

   Outlook legt einen neuen Kontakt an. Die Absenderadresse sowie den Namen übernimmt es dabei automatisch aus der Nachricht und im Notizfeld wird der gesamte Text der ursprünglichen Mail angezeigt.

2. Markieren Sie den gesamten Text mit Ausnahme der Signatur.

3. Drücken Sie `Entf`, um den Text aus dem Notizfeld zu löschen, sodass nur die Signatur übrig bleibt.

4. Markieren Sie den Firmennamen.

5. Ziehen Sie mit gedrückter linker Maustaste den markierten Firmennamen auf das Textfeld *Firma*.

6. Wiederholen Sie die Schritte 4 und 5 für alle anderen relevanten Daten, z.B. Telefonnummer(n).

7. Wenn Sie die Daten übertragen (sowie ggf. überflüssige Daten gelöscht) haben, speichern und schließen Sie den neuen Kontakt durch Klicken auf die entsprechende Schaltfläche.

Legen Sie für jeden eventuell relevanten Ansprechpartner einen Eintrag in Ihren Outlook-Kontakten an. Wenn Sie dieses Verfahren ein paarmal geübt haben, dauert es nur noch wenige Sekunden, um aus einer E-Mail mit Signatur einen neuen Kontakt anzulegen. Die Vorteile der Kontakteinträge:

◎ Bei einer inzwischen aktualisierten Telefonnummer oder Mailadresse finden Sie in Ihren Kontakten (anders als in älteren E-Mails) die aktuell gehaltenen Daten.

◎ Sie müssen nicht mehr Dutzende E-Mails durchsuchen, wenn der Absender in den folgenden Nachrichten anders als beim Erstkontakt die Adressdaten nicht mehr mitsendet.

◎ Die Kontaktdaten stehen dann auch in gedruckten Adresslisten bzw. Ihrem iPhone oder BlackBerry zur Verfügung, wenn Sie sie unterwegs benötigen.

◎ Sie können Ihren Kollegen die Kontaktdaten ebenfalls zur Verfügung stellen, indem Sie den Kontakt in einem öffentlichen bzw. freigegebenen Ordner anlegen.

### So erstellen Sie Aufgaben und Termine aus einzelnen Teilen einer längeren E-Mail

Wenn eine E-Mail z.B. mehrere Absätze enthält, die jeweils eine eigenständige Aufgabe (bzw. einen Termin) darstellen, gehen Sie folgendermaßen vor:

1. Markieren Sie die entsprechenden Passagen.

2. Lassen Sie die Maustaste los und platzieren Sie den Mauszeiger über dem markierten Text.

3. Ziehen Sie die Markierung mit gedrückter Maustaste auf die entsprechende Gruppenschaltfläche im Navigationsbereich – beispielsweise *Aufgaben* oder *Kalender* – und lassen Sie dann die Maustaste wieder los.

4. Outlook öffnet ein neues (Termin- bzw.) Aufgabenformular und übernimmt den markierten Text in das Notizfeld des neuen Eintrags. Ergänzen Sie einen aussagekräftigen Betreff und ggf. weitere Informationen.

5. Speichern und schließen Sie die neue Aufgabe bzw. den neuen Termin durch Klicken auf die entsprechende Schaltfläche.

## So fügen Sie mehrere E-Mails in bestehende Aufgaben und Termine ein

Sie können auch einzelne oder mehrere Nachrichten (sowie Termine, Aufgaben, Kontakte und Notizen) an bereits vorher eingetragene Termine, Aufgaben und Kontakteinträge anfügen (z.B. eine Mail mit Zugangsdaten für eine Telefonkonferenz und zwei mit den neuen dort zu besprechenden Dokumenten):

1. Öffnen Sie den betreffenden Eintrag z.B. durch Doppelklicken auf den Termin im Kalender.

2. Wählen Sie im daraufhin geöffneten Terminformular in Outlook 2007-2013 auf der Registerkarte *Einfügen* in der Gruppe *Einschließen* den Befehl *Outlook-Element* bzw. in Outlook 2003 im Menü *Einfügen* den Befehl *Element*.

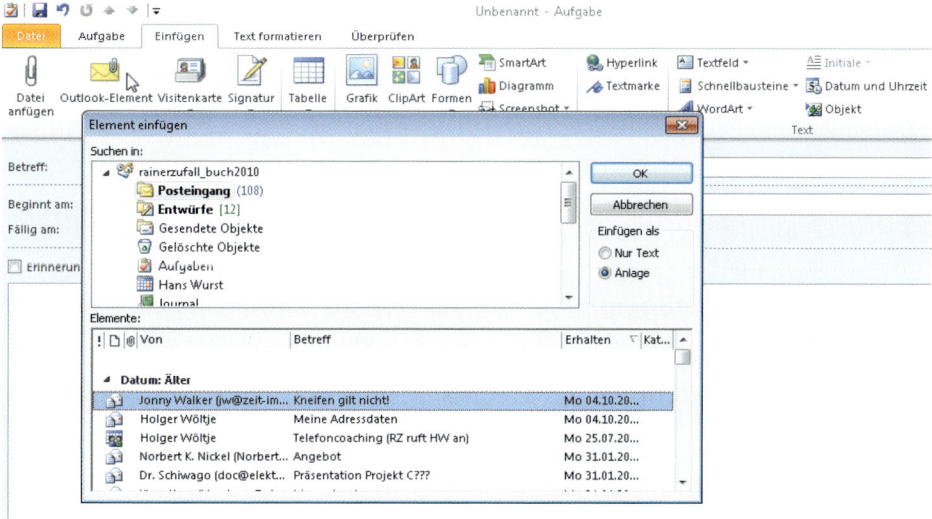

**Abbildung 1.5:** Fügen Sie bestimmte E-Mails in Termine und Aufgaben ein, um die Daten dort zu sehen, wo sie hingehören

3. Wählen Sie im Dialogfeld *Element einfügen* im Feld *Suchen in* den betreffenden Ordner aus und markieren Sie dann im Feld *Elemente* die gewünschte Nachricht.

4. Klicken Sie auf *OK*, um die Nachricht einzufügen.

5. Speichern und schließen Sie den geänderten Termin durch Klicken auf die entsprechende Schaltfläche.

## So kennzeichnen Sie eine E-Mail in Outlook 2007-2013 mit einem Fähnchen als Aufgabe

Klicken Sie mit der rechten Maustaste in die Spalte mit den Fähnchen (*Kennzeichnungssta-tus*), um über das daraufhin geöffnete Kontextmenü eine Fälligkeit zuzuweisen (*Heute*, *Morgen* usw.) und die E-Mail automatisch als Aufgabe in Ihre Vorgangsliste (siehe ▶ Kapitel 2) und damit auch in die *Aufgabenleiste* (siehe ▶ Kapitel 3 und ▶ Kapitel 4) zu übernehmen. Über das Kontextmenü können Sie bei Bedarf auch die E-Mail *Als erledigt kennzeichnen*, die *Kennzeichnung löschen* oder eine *Erinnerung hinzufügen* (»Alarm«, der in Outlook 2007-2013 auch dann angezeigt wird, wenn Sie die E-Mail aus Ihrem Posteingang in einen anderen Ordner verschieben).

Mit dem Befehl *Schnellklick festlegen* im Kontextmenü bestimmen Sie die Funktion des Fähnchens bei einem Linksklick in die Spalte (z.B. Fälligkeit auf *Morgen* oder *Heute* setzen). So reicht künftig ein einziger Klick in die Fähnchenspalte, um die E-Mail als z.B. morgen fällige Aufgabe zu kennzeichnen. Ein weiterer Linksklick kennzeichnet die E-Mail (und damit die entsprechende Aufgabe) als erledigt.

Die Vorteile gegenüber der Variante per Drag & Drop bzw. Verschieben auf die Gruppen-schaltfläche *Aufgaben* (wie oben beschrieben):

◎ Outlook zeigt Ihnen direkt die Original-E-Mail in Ihrer *Vorgangsliste* an. Wenn Sie die E-Mail in einem beliebigen E-Mail-Ordner als erledigt kennzeichnen, haben Sie damit auch die Aufgabe als erledigt markiert – und wenn Sie die E-Mail in der Vorgangsliste aus einer Aufgabenansicht heraus als erledigt abhaken, haben Sie damit auch die in Ihrem Posteingang (bzw. einem anderen Ordner) liegende E-Mail als erledigt gekenn-zeichnet. Wenn Sie die E-Mail in der Vorgangsliste oder aus den E-Mails löschen, ist sie damit auch gleich an der anderen Stelle und in der Aufgabenleiste gelöscht.

◎ Sie können Ihre Aufgabenansichten nun auch (ohne weitere Zwischenschritte) nach dem Feld *Symbol* sortieren oder filtern (siehe ▶ Kapitel 2), um z.B. die E-Mails immer ganz unten oder in bestimmten Ansichten gar nicht anzuzeigen bzw. nur die E-Mails, aber keine »normalen« Aufgaben anzuzeigen.

Die auch in älteren Outlook-Versionen schon vorhandene Variante, E-Mails per Drag & Drop in Aufgaben umzuwandeln, behält drei entscheidende andere Vorteile:

◎ Wenn Sie die E-Mail im Posteingang zur besseren Übersicht löschen wollen, aber später noch darauf reagieren müssen, ist sie als Anlage noch vorhanden. (Beim Kennzeichnen mit dem Fähnchen verschwindet auch die Aufgabe, wenn Sie die E-Mail löschen. Beim Kopieren/Verschieben in eine Aufgabe hingegen entscheiden Sie, ob Sie die Mail behal-ten möchten und können unabhängig davon später die Aufgabe mit der enthaltenen Mail(kopie) löschen.)

◎ Sie heben alle später zu erledigenden Dinge nur zusammengefasst an einem Ort auf – in Ihrem Aufgabenordner. Egal ob Sie eine E-Mail zu einem Projekt in x Monaten wieder vor sich sehen und bearbeiten müssen, die Präsentationsfolien für einen Vortrag aktua-lisieren wollen, einen kurzen Rückruf führen oder neuen Druckertoner bestellen müs-sen, alles liegt in einem Aufgabenordner als Aufgabe notiert. Wenn Sie die E-Mail hinge-gen mit einem Fähnchen kennzeichnen, ist das eine andere Datenquelle, die in manchen Outlook-Ansichten nicht auftaucht und in Outlook 2007 bei vielen Anwendern je nach angezeigten Feldern hin und wieder zu Verwirrung/mangelnder Übersicht geführt hat. (Wir ersparen Ihnen an dieser Stelle die technischen Details, da sie erstens versionsspezifisch und zweitens sehr kompliziert und langwierig zu erklären sind. Stattdessen die Kurzform: Zum intensiven Arbeiten als Wiedervorlage nehmen Sie besser die Variante per Drag & Drop, sobald Sie hin und wieder den Betreff anpassen oder weitere Informationen im Notizfeld hinzufügen möchten.)

◎ Außerdem können Sie bei der Variante mit Drag & Drop der E-Mail im Notizfeld der Aufgabe bei Bedarf (z.B. beim Delegieren) weitere, umfangreiche Kommentare sowie weitere Mails/Dateianlagen hinzufügen, ohne dabei auch die Original-E-Mail zu verändern.

Ob Sie in den neueren Outlook-Versionen Ihre E-Mails besser wie früher per Drag & Drop oder mit der neuen Aufgabenkennzeichnung in Aufgaben umwandeln, bleibt daher Geschmackssache – je nachdem, wie Sie arbeiten und wie komplex die aus Ihren E-Mails entstehenden Aufgaben sind. (Ändern Sie Betreffzeilen als Aufgaben markierter E-Mails überhaupt, oder schreiben Sie intern immer so klare Betreffzeilen, dass das nicht nötig ist? Markieren Sie viele E-Mails als Aufgabe und wollen diese in einigen Ansichten separat sehen?)

## Erstellen und verwenden Sie Ihre eigene Ordnerstruktur

Es dauert etwa ein bis zwei Stunden, eine sinnvolle Ordnerstruktur für Nachrichten zu entwerfen, anzulegen und die bisher aufgehobenen Nachrichten dort einzusortieren. Es hat sich bewährt, mit maximal sieben Hauptordnern (zusätzlich zu *Posteingang*, *Entwürfe* usw.) zu arbeiten. Für jeden Hauptordner können Sie weitere Unterordner anlegen, auch hier möglichst nur sieben pro Ebene, damit Sie sich nachher schnell und sicher zurechtfinden.

Welche Einteilung sich für Sie am besten eignet, hängt von Ihrem Arbeitsbereich und -stil ab. Wer z.B. fünf große Projekte betreut, könnte für jedes einen Hauptordner anlegen und somit thematisch sortieren. Andere sortieren gern zeitlich, z.B. »bereits bearbeitet«, »spätestens heute Abend antworten«, »diese Woche bearbeiten«, »diesen Monat bearbeiten«, »wartet auf Antwort«, »Ende der Woche nachfassen, wenn keine Antwort«. Das Ganze lässt sich auch kombinieren. Der Vorschlag, dass sämtliche Mitglieder eines Teams die gleiche Ordnerstruktur benutzen sollten, muss sicher im Einzelfall diskutiert werden. Hier gibt es keine feste, allgemeingültige Regel, was am besten funktioniert.

Finden Sie eine Struktur, mit der Sie persönlich gut arbeiten können. Setzen Sie sich z.B. einmal mit einem Kollegen zusammen, der ähnlich arbeitet wie Sie – zu zweit findet man manchmal bessere Ideen. Oder bitten Sie ggf. jemanden, der bereits erfolgreich seinen Posteingang mit einer Ordnerstruktur aufgeräumt hält, von seinen Erfahrungen hiermit zu berichten und Ihnen Tipps zur Einteilung zu geben.

Beispiele für mögliche Einteilungskriterien Ihrer Ordnerstruktur:

◎ Personen/Ansprechpartner (egal ob Kolleginnen, Kunden oder Lieferanten)

◎ Themen/Fachgebiete

◎ Projekte/Produkte

◎ Prioritäten (siehe ▶ Kapitel 2)

- Orte (z.B. Länder, Stadtteile/Werke, Firmenstandorte)
- Artikelnummern, Aktenzeichen, Kundennummern
- Zeitlich (z.B. »Heute erledigen – muss abends komplett leer sein«, »Bis zum Wochenende«, »Diesen Monat«)

Am Anfang muss man sich ein wenig an die neue Struktur gewöhnen. Wenn Sie jedoch nach drei bis maximal fünf Wochen Ihre Struktur noch als sperrig oder unübersichtlich empfinden, immer wieder Nachrichten nicht zuordnen können oder nicht wiederfinden, sollten Sie unter Berücksichtigung dieser Erfahrungen die Struktur ändern.

### So legen Sie neue Ordner an

1. Klicken Sie mit der rechten Maustaste in der Ordnerliste auf den gewünschten übergeordneten Ordner (z.B. den Namen Ihres Postfachs oder *Persönliche Ordner*) und wählen Sie dann im Kontextmenü den Befehl *Neuer Ordner*. Alternativ können Sie auch die Tastenkombination `Strg`+`⇧`+`E` drücken und dann festlegen, an welcher Stelle der neue Ordner eingefügt werden soll.

2. Tragen Sie im Dialogfeld *Neuen Ordner erstellen* eine passende Bezeichnung in das Textfeld *Name* ein.

3. Korrigieren Sie ggf. die Angabe im Listenfeld *Ordner enthält Elemente des Typs* auf den Eintrag *E-Mail und Bereitstellung* (Outlook 2003-2010) bzw. *E-Mail und bereitgestellte Elemente* (Outlook 2013), wenn Sie das Dialogfeld nicht aus einer E-Mail-Ansicht heraus geöffnet hatten.

4. Schließen Sie das Dialogfeld mit *OK*, um den neuen Ordner zu erstellen.

Outlook sortiert Ihre Ordner alphabetisch. Beginnen Sie den Ordnernamen mit »@«, »z« oder einer Ziffer, um ihn ganz an den Anfang, das Ende bzw. eine bestimmte Position innerhalb der Liste zu setzen.

### So verschieben Sie Nachrichten in die passenden Ordner

1. Klicken Sie in Ihrem Posteingang (oder einem beliebigen anderen Ordner) auf die gewünschte Nachricht und halten Sie die linke Maustaste gedrückt.

2. Ziehen Sie die Nachricht auf den Zielordner und lassen Sie dann die Maustaste wieder los, um die Nachricht dorthin zu verschieben.

Soll die Nachricht kopiert (nicht verschoben) werden, benutzen Sie die rechte Maustaste und wählen dann im Kontextmenü den betreffenden Befehl. Sie können auch mit `⇧` bzw. `Strg` mehrere Nachrichten gleichzeitig markieren und dann in einem Arbeitsgang verschieben/kopieren. Wenn Sie statt Nachrichten einen kompletten Ordner innerhalb Ihrer Ordnerstruktur verschieben möchten, klicken Sie einfach den Ordner an und ziehen ihn dann in einen der anderen Ordner bzw. zurück auf die Hauptebene (auf *Persönliche Ordner* bzw. den Namen Ihres Exchange-Postfachs).

Nutzen Sie die *Favoritenordner*, um schnell auf Ihre am häufigsten benutzten Ordner zugreifen zu können, ohne sich jedes Mal durch mehrere Ebenen klicken zu müssen. Ziehen Sie einfach einen der (Unter-)Ordner in den Favoritenbereich. Da Sie in den Favoriten die übergeordneten Ordnerebenen nicht sehen, macht es Sinn, die hier zum Schnellzugriff hinterlegten Ordner ggf. durch entsprechende Angaben vor oder hinter dem Ordnernamen zu ergänzen, z.B. »Technische Daten (Produkt D)«. Die Favoriten lassen sich genau wie alle anderen Ordner durch Klicken öffnen oder als Ziel zum Verschieben von Nachrichten per Drag & Drop nutzen.

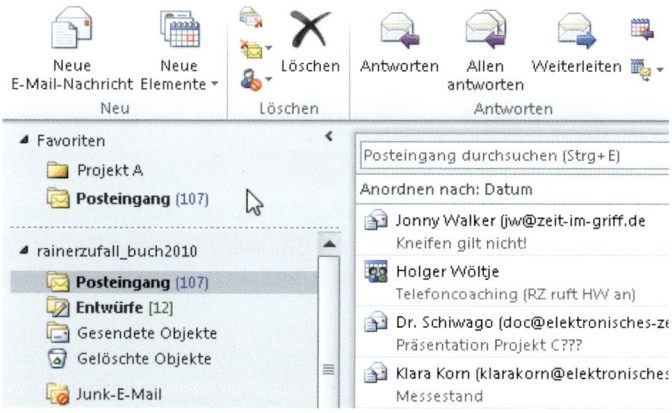

**Abbildung 1.6:** Nutzen Sie den Bereich Favoritenordner zur schnellen Navigation

### So passen Sie die Sortierung der Nachrichten für einzelne Ordner an

Innerhalb der Ordner können Sie die Nachrichten anhand unterschiedlicher Kriterien sortieren und gruppieren, z.B. in einem Ordner nach Betreff und in einem anderen nach Absender, während für alle anderen Ordner weiterhin das Datum das passende Kriterium ist. (Mehr über das Sortieren, Gruppieren und Anpassen von Ansichten erfahren Sie in ▶ Kapitel 4.)

◎ Klicken Sie auf einen Spaltentitel, um die Elemente nach dem entsprechenden Kriterium zu ordnen. Nochmaliges Klicken auf den Spaltentitel kehrt die Sortierreihenfolge um.

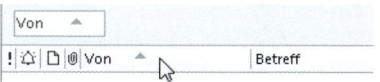

**Abbildung 1.7:** Ändern Sie die Anzeige der im Ordner enthaltenen Elemente ganz schnell und unkompliziert

## Kennzeichnen Sie zur Bearbeitung anstehende Mails

Um keine notwendigen Folgeaktivitäten zu übersehen, können Sie für nicht sofort erledigte Mails entweder wie weiter vorn beschrieben eine Aufgabe mit einer Kopie der Nachricht als Anlage erstellen oder die E-Mail als zur Bearbeitung offen kennzeichnen (wenn es sich z.B. nicht lohnt, dafür extra eine Aufgabe anzulegen, da die Erledigung kurzfristig erfolgen muss). Outlook unterstützt Sie dabei mit der sogenannten Nachrichtenkennzeichnung – kleine far-

2013

2010

2007

2003

bige Kategorien bzw. Fähnchen zum Markieren von Nachrichten. Sie können auch später zu erledigende Mails wie weiter vorn beschrieben in Aufgaben umwandeln und die farbige Kennzeichnung nutzen, um danach zu gruppieren und bestimmte Mails immer ganz oben im jeweiligen Ordner zu halten, wie z.B. wichtige grundlegende Infos in Projekt-Ordnern.

### Outlook 2007-2013: So kennzeichnen Sie E-Mails mit farbigen Kategorien

Klicken Sie mit der rechten Maustaste in die Spalte *Kategorien*, um der E-Mail über das Kontextmenü eine Kategorie zuzuweisen (bzw. bereits gesetzte Kategorien wieder zu entfernen). Mit einem Linksklick in die Spalte *Kategorien* setzen bzw. entfernen Sie eine von Ihnen für das *Schnellklicken* festgelegte Kategorie (legen Sie dafür die Kategorie fest, die Sie am häufigsten verwenden). Wir werden uns in ▶ Kapitel 3 ausführlich mit Kategorien und Beispielen für Kategoriensysteme beschäftigen.

Da eine E-Mail mehrere Kategorien zugewiesen bekommen kann (und eine rote Fahne für die Fälligkeit), können Sie anders als mit den farbigen Fähnchen in Outlook 2003 jetzt auch verschiedene Farben gleichzeitig verwenden, z.B. ein rotes Fähnchen für »heute erledigen« und zum schnellen späteren Wiederfinden ein blaues Quadrat für »Produktspezifikationen« (über eine entsprechende Kategorie).

### So weisen Sie Nachrichten in Outlook 2003 farbige Kennzeichnungen zu

1. Markieren Sie in der Nachrichtenliste die gewünschte Nachricht.

2. Klicken Sie in die Spalte *Kennzeichnungsstatus* (das Fähnchensymbol), um der Nachricht die Standardkennzeichnung zuzuweisen, bzw. klicken Sie mit der rechten Maustaste in die Spalte, wählen Sie den Befehl *Zur Nachverfolgung kennzeichnen* und bestätigen Sie dann mit *OK*.

3. Haben Sie eine Nachricht bearbeitet, die eine Kennzeichnung trägt, können Sie sie über das Kontextmenü als erledigt markieren.

   Über das Kontextmenü können Sie die Kennzeichnung auch wieder komplett aufheben.

   Sie können über die entsprechenden Befehle im Kontextmenü auch eine andere Farbe zur Kennzeichnung auswählen. Über das Untermenü zum Befehl *Standardkennzeichnung setzen* lässt sich außerdem die Standardfarbe (die Sie mit einem einfachen Linksklick auf die Kennzeichnungsspalte zuweisen) verändern.

**Abbildung 1.8:** Das Kontextmenü mit den Optionen zum farbigen Kennzeichnen einer Nachricht in Outlook 2003

Übrigens: BlackBerrys ab BlackBerry OS 5 beherrschen ebenfalls verschiedenfarbige Fähnchen als Nachrichtenkennzeichnung, die komplett beidseitig mit Outlook 2003 synchronisiert wird und auch Alarme anzeigen kann. Mehr dazu finden Sie im Buch »Zeitmanagement mit BlackBerry« von Lothar Seiwert und Holger Wöltje.

Entwickeln Sie für sich ein System zur Benutzung von bis zu sechs Farben. So könnte z.B. Rot »wichtig und unbedingt so schnell wie möglich erledigen« bedeuten, während Grün bis zum Ende der Woche und Blau bis zum Monatsende Zeit hat. Gelb könnte z.B. zwar Ende der Woche fällig sein, aber als lediglich »nice to have« auch einfach entfallen, wenn zu viel anderes ansteht, während Sie lila gekennzeichnete Elemente nur dann ansehen, wenn zwischendurch Zeit übrig ist, ansonsten aber am Monatsende löschen.

## Die Erinnerungsfunktionen von Outlook 2007-2013 – lassen Sie sich keine »Alarme« aufzwingen

Auch früher konnten Sie E-Mails zur Nachverfolgung kennzeichnen und eine Erinnerung hinzufügen, die zum festgelegten Zeitpunkt ein entsprechendes Meldungsfenster öffnet. Allerdings zeigen die älteren Outlook-Versionen Alarme bzw. Erinnerungen nur dann an, wenn sich die E-Mail zum gesetzten Erinnerungszeitpunkt auch im Ordner *Posteingang* befindet. Mit Outlook 2007-2013 sehen Sie (bzw. die Empfänger der Nachricht) eine Erinnerung jetzt auch dann, wenn die E-Mail in einem anderen Ordner liegt. Außerdem können Sie jetzt individuell für sich eine Kennzeichnung mit Alarm und davon getrennt eine andere (oder auch einfach keine) Kennzeichnung mit Alarm für den/die Empfänger festlegen. Damit können Sie sich z.B. zwei Wochen nach dem Senden einer Mail an Rainer Zufall daran erinnern lassen, noch einmal höflich bei ihm nachzufragen, falls er noch keine Antwort geschickt hat – ohne dass bei ihm gleich eine automatische Erinnerung in Outlook erscheint.

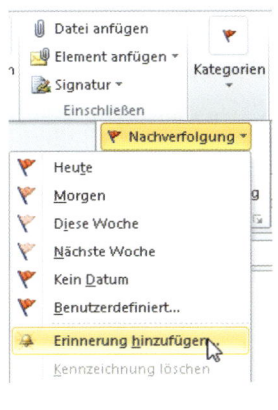

**Abbildung 1.9:** Kennzeichnen Sie eine E-Mail für sich und den Empfänger getrennt zur Nachverfolgung mit Erinnerung

2013

Klicken Sie beim Verfassen einer E-Mail auf der Registerkarte *Nachricht* in der Gruppe *Kategorien* (Outlook 2010/2013) bzw. *Optionen* (Outlook 2007) auf *Nachverfolgung* und wählen Sie im Dropdownmenü den Befehl *Erinnerung hinzufügen* (Outlook 2010/2013) bzw. *Nach Empfängern kennzeichnen* (Outlook 2007). Sie können die Nachricht jetzt für sich und die Empfänger separat kennzeichnen, sodass zum entsprechenden Zeitpunkt eine Erinnerung in Outlook angezeigt wird. Wenn Sie die Nachricht für sich kennzeichnen, ist sie damit automatisch auch als Aufgabe gekennzeichnet und erscheint in Ihrer Vorgangsliste sowie in der Aufgabenleiste.

Bevor Sie jetzt munter für jede gesendete E-Mail diese Funktion verwenden, denken Sie bitte zweimal darüber nach, wie es ankommt, wenn Sie jede E-Mail an Ihre Chefin mit einer Erinnerung versehen und dann bei ihr ständig zu für sie unpassenden Zeiten ein von ihr unerwünschtes Erinnerungsfenster auf dem Bildschirm erscheint, ggf. mit einem geräuschvollen Sound unterlegt …

2010

Diese neue getrennte Kennzeichnung bleibt in jedem Fall praktisch und unaufdringlich, wenn Sie damit eine E-Mail direkt beim Schreiben nur für sich selbst als Aufgabe kennzeichnen, um z.B. eine Woche später zu prüfen (und ggf. nachzuhaken), ob die Antwort mit allen erforderlichen Daten eingetroffen ist.

Wenn Sie in Ihrem Team klare Absprachen treffen und vernünftig mit der Nachverfolgung sowie eventuellen Erinnerungen für Empfänger umgehen, bringt diese Funktion ebenfalls mehr Nutzen als Störung. Fügen Sie z.B. wichtigen Daten zur Messevorbereitung für sich eine Kennzeichnung als Aufgabe für morgen hinzu (um sich dann vorzubereiten), während Sie für einen Kollegen, der gerne mit Erinnerungen arbeitet und bis Montag außer Haus ist, eine Erinnerung auf Mittwoch setzen. So haben Sie beide noch eine Aufgabe bzw. eine Erinnerung, um sich rechtzeitig für die nächste Teambesprechung am Freitag entsprechend vorzubereiten.

2007

Falls einige Absender nun auf die Idee kommen sollten, Sie in Zukunft ständig mit »Alarm-E-Mails« zu bombardieren, die eine von Ihnen unerwünschte Erinnerung öffnen, können Sie sich dagegen erfolgreich wehren – mit dem Regel-Assistenten (siehe ▶ Abschnitt »So erstellen und ändern Sie Regeln mit dem Regel-Assistenten«). Erstellen Sie eine neue Regel (*Regel ohne Vorlage erstellen, Regel auf von mir empfangene Nachrichten anwenden* bzw. *Nachrichten bei Ankunft prüfen*), die Nachrichtenkennzeichnungen bei eintreffenden E-Mails entfernt (siehe Bedingung: *die mit einer Aktion gekennzeichnet ist*, das blau unterstrichene *einer Aktion* anklicken und direkt mit *OK* die Vorgabe *Einer beliebigen Aktion* bestätigen; im nächsten Schritt als Aktion(en) *die Nachrichtenkennzeichnung löschen* wählen und ggf. eine Ausnahme definieren, wenn der Absender eine Kollegin aus Ihrem Team ist, die vernünftig mit der Kennzeichnung für andere Empfänger arbeitet).

**Abbildung 1.10:** Wehren Sie sich mit dem Regel-Assistenten gegen fremdgesteuerte Erinnerungen in Ihrem Outlook

## So fügen Sie Ihren Nachrichten in Outlook 2003 Kurznotizen und Erinnerungen hinzu

1. Wählen Sie im Kontextmenü zur Spalte *Kennzeichnungsstatus* der betreffenden Nachricht (siehe Abbildung 1.8) den Befehl *Erinnerung hinzufügen.*

2. Weisen Sie im Dialogfeld *Zur Nachverfolgung kennzeichnen* (siehe Abbildung 1.11) der Nachricht eine Fälligkeit mit Uhrzeit für einen Alarm zu, damit Outlook Sie zu diesem Zeitpunkt erinnert.

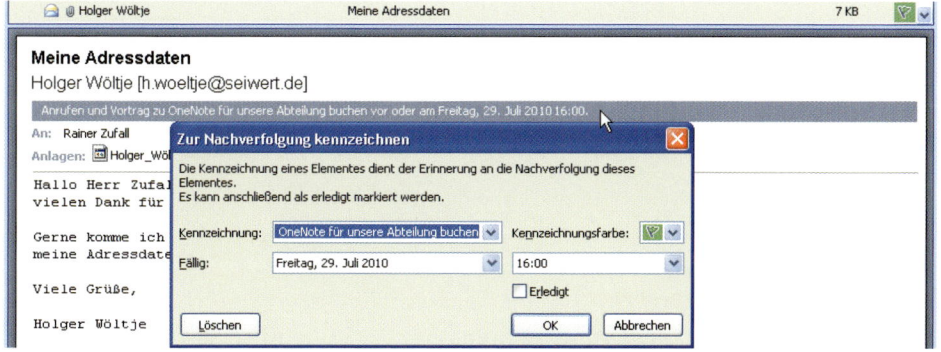

**Abbildung 1.11:** Fügen Sie E-Mails als Kennzeichnung bei Bedarf eine Notiz im Kopfzeilenbereich hinzu

3. Außerdem können Sie im Feld *Kennzeichnung* einen beliebigen Text eingeben, der dann in der Vorschauansicht sowie beim Öffnen der Nachricht in dem grau bzw. gelb unterlegten Infobalken im Kopfzeilenbereich der E-Mail anzeigt wird.

4. Schließen Sie das Dialogfeld *Zur Nachverfolgung kennzeichnen* mit *OK*.

Die Erinnerung öffnet in Outlook 2003 anders als in Outlook 2007-2013 nur dann ein entsprechendes Fenster, wenn die Nachricht zum Erinnerungszeitpunkt im Posteingang liegt. Benutzen Sie diese Funktion also nur für Nachrichten, die Sie keinem Ordner zuordnen können und daher im Posteingang liegen lassen. Oder meiden Sie diese Erinnerungsfunktion am besten ganz und kopieren bzw. verschieben Sie stattdessen Nachrichten in Termine oder Aufgaben, denen Sie dann eine Erinnerung hinzufügen (siehe ▶ Abschnitt »Wandeln Sie E-Mails in Aufgaben und Termine um« weiter vorn in diesem Kapitel).

## Zur Bearbeitung gekennzeichnete Elemente ordnerübergreifend im Überblick behalten

Mithilfe der Suchordner können Sie jeweils eine komplette persönliche oder öffentliche Ordnerdatei mit allen Unterordnern nach E-Mails durchsuchen, auf die bestimmte Kriterien zutreffen. Somit können Sie z.B. alle Nachrichten, die noch zur Bearbeitung gekennzeichnet sind, auf einmal sehen – obwohl diese in verschiedenen Ordnern für unterschiedliche Projekte liegen. Wenn Sie einen Suchordner einmal angelegt haben, können Sie ihn danach einfach mit einem Mausklick wie einen normalen E-Mail-Ordner öffnen.

Der Suchordner selbst enthält keine Nachrichten – Sie sehen immer direkt die Nachrichten aller durchsuchten Ordner, auf die die gewählten Kriterien zutreffen. Wenn Sie z.B. in einem Suchordner für zur Nachverfolgung gekennzeichnete Nachrichten eine im Ordner *Projekt C - Anfragen* abgelegte Nachricht öffnen, den noch offenen Bearbeitungsschritt ausführen und sie daraufhin als erledigt markieren, verschwindet die Nachricht aus dem Suchordner. Im Ordner *Projekt C - Anfragen* bleibt sie trotzdem erhalten (und trägt dort ab sofort auch den Status »erledigt«). Hätten Sie die Nachricht im Suchordner gelöscht, wäre sie auch aus *Projekt C - Anfragen* verschwunden. Sie arbeiten also auch im Suchordner immer mit der Originalnachricht.

**Abbildung 1.12:** Behalten Sie mit Suchordnern im Überblick, in welchen Ordnern Mails zur Bearbeitung anstehen

### So legen Sie eigene Suchordner an

1. Klicken Sie in der Ordnerliste (links im Navigationsbereich) mit der rechten Maustaste auf *Suchordner* (unter dem letzten Ordner Ihres Postfachs) und wählen Sie dann im Kontextmenü den Befehl *Neuer Suchordner*.

2. Markieren Sie im Dialogfeld *Neuer Suchordner* im Listenfeld *Wählen Sie einen Suchordner aus* eines der vordefinierten Suchkriterien.

Wählen Sie z.B. *Kategorisierte E-Mail* (Untereintrag von *Nachrichten organisieren*) bzw. *zur Nachverfolgung gekennzeichnete Nachrichten*, um ein Ergebnis wie in Abbildung 1.12 zu erhalten.

3. Im Dropdown-Listenfeld *Suchen in* können Sie bei Bedarf den zu durchsuchenden persönlichen/öffentlichen Ordner auswählen.

4. Schließen Sie das Dialogfeld *Neuer Suchordner* mit *OK*, um den neuen Suchordner anzulegen. Er füllt sich daraufhin mit den entsprechenden Nachrichten.

Ihren Suchordner können Sie nun wie jeden anderen E-Mail-Ordner öffnen, indem Sie darauf klicken. Falls Sie ihn in der Ordnerliste nicht sehen, müssen Sie die Liste der Suchordner zunächst erweitern. Klicken Sie dazu in der Ordnerliste auf das kleine helle Dreieck bzw. Pluszeichen vor dem Wort *Suchordner*. (Zum Schließen der Liste klicken Sie entsprechend auf das nun angezeigte dunkle Dreieck bzw. Minuszeichen.)

Die Suche können Sie weiter verfeinern, z.B. nur Nachrichten von einem bestimmten Absender anzeigen, bei denen zusätzlich die Kategorie bzw. Kennzeichnungsfarbe Rot ist. Wählen Sie dazu beim Erstellen eines neuen Suchordners im Listenfeld *Wählen Sie einen Suchordner aus* den Eintrag *Benutzerdefinierten Suchordner erstellen* und legen Sie dann über *Auswählen* die gewünschten Kriterien fest (dies funktioniert ähnlich wie das Erstellen von Filtern für Aufgabenansichten; mehr hierzu in ▶ Kapitel 3). Ihren neu angelegten Suchordner können Sie über die entsprechenden Befehle im zugehörigen Kontextmenü anpassen, umbenennen und auch zu Ihren Favoritenordnern hinzufügen.

# Lassen Sie Outlook die Post für Sie vorsortieren

Mit automatischen Filterfunktionen nimmt Outlook Ihnen einen Teil der Postbearbeitung ab. Den Kinonewsletter beispielsweise benötigen Sie dann, wenn Sie einen Film aussuchen möchten – nicht Donnerstagvormittag, wenn er in Ihrem Postfach landet und Sie gerade anderes zu tun haben. Über eine entsprechende Regel können Sie ihn automatisch nach dem Eintreffen in den entsprechenden Ordner verschieben lassen. Das heißt, Sie müssen ihn nicht mehr manuell verschieben und Sie sehen ihn auch nicht mehr – nur eben dann, wenn Sie ins Kino gehen möchten und Ihren Ordner *Privat-Veranstaltungen-Kinonews* öffnen.

## So erstellen Sie Regeln direkt aus einer Nachricht

Eine Regel können Sie besonders einfach direkt aus einer Nachricht, auf die die Regel zutrifft, erstellen:

1. Klicken Sie mit der rechten Maustaste auf die Nachricht, auf der die Regel basieren soll, wählen Sie dann im Kontextmenü den Befehl *Regeln/Regel erstellen* (Outlook 2010/2013) bzw. direkt den Befehl *Regel erstellen* (Outlook 2007/2003).

2. Im daraufhin geöffneten Dialogfeld wird auf der Grundlage der angeklickten Nachricht bereits eine Vorauswahl angeboten, nach welchem Betreff, Absender oder Empfänger gefiltert werden soll.

3. Entsprechen diese Einstellungen Ihren Wünschen, wählen Sie die auszuführende Aktion im Gruppenfeld *Folgendes ausführen*.

4. Schließen Sie das Dialogfeld *Regel erstellen* mit *OK*, um die Regel zu übernehmen. Oder klicken Sie auf die Schaltfläche *Erweiterte Optionen*, wenn Sie weitere Anpassungen vornehmen möchten. Outlook öffnet daraufhin den Regel-Assistenten und bietet Ihnen eine Vielzahl weiterer Optionen an, die es bereits entsprechend der gewählten Nachricht angepasst hat.

### So erstellen und ändern Sie Regeln mit dem Regel-Assistenten

Wenn Sie eine Regel erstellen möchten und gerade keine passende Nachricht als Vorlage zur Hand haben oder eine bestehende Regel ändern möchten, öffnen Sie einen beliebigen E-Mail-Ordner und gehen dann folgendermaßen vor:

1. Wählen Sie in Outlook 2010/2013 auf der Registerkarte *Start* in der Gruppe *Verschieben* den Befehl *Regeln/Regeln und Benachrichtigungen verwalten*. In Outlook 2007/2003 wählen Sie stattdessen im Menü *Extras* den Befehl *Regel-Assistent* bzw. *Regeln und Benachrichtigungen*.

2. Im daraufhin geöffneten Dialogfeld sehen Sie alle bisher definierten Regeln und können neue Regeln hinzufügen, die Bearbeitungsreihenfolge ändern, Regeln löschen und bestehende Regeln ändern oder kopieren, um darauf aufbauend eine geringfügig andere weitere Regel zu erstellen.

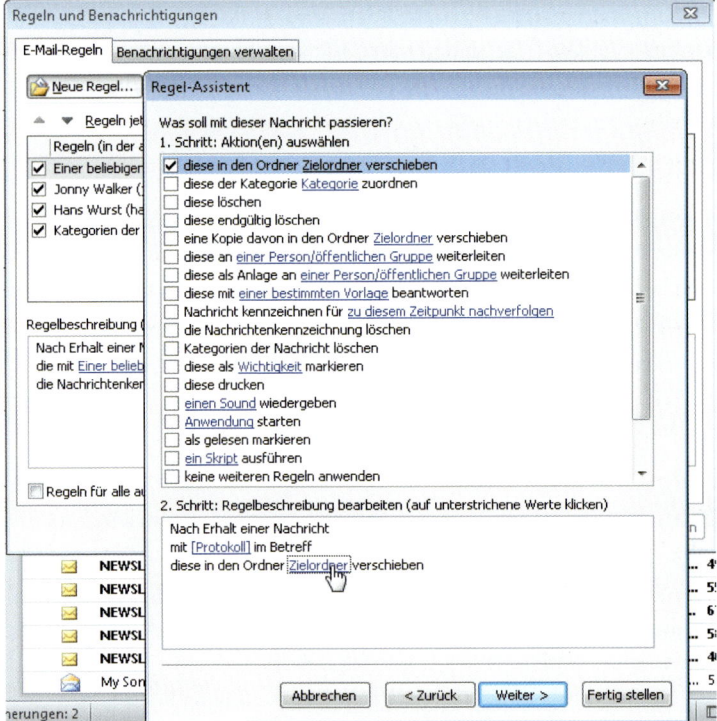

**Abbildung 1.13:** Definieren Sie Regeln zum automatischen Vorsortieren Ihrer Nachrichten

Der Regel-Assistent führt Sie nahezu selbsterklärend durch die Regelgestaltung. Im Wesentlichen aktivieren Sie in den einzelnen Schritten im oberen Listenfeld die Bedingungen bzw.

Aktionen und geben dann im unteren Listenfeld durch Klicken auf die blau unterstrichenen Begriffe die Details zu den gewählten Bedingungen/Aktionen an.

Mit dem Regel-Assistenten können Sie z.B. automatisch Nachrichten Ihrer Vorgesetzten mit einer Farbkennzeichnung versehen, Nachrichten mit den Wörtern »Projekt B« und »zur Info« im Betreff ungelesen in den Ordner *Projekt B - nachlesen bei Bedarf* verschieben und für jede an den Kollegen Rainer Zufall gesendete Nachricht mit »ToDo« im Betreff eine Kopie in den Ordner *Ende der Woche nach Erledigung erkundigen* verschieben.

Bei unbedachtem oder übereiltem Einsatz kann man schnell Nachrichten verlieren oder übersehen. Überlegen Sie lieber in Ruhe und zweimal, bevor Sie eine Regel definieren, die Nachrichten automatisch löscht oder ungelesen in einen Ordner verschiebt, den Sie nicht regelmäßig durchsehen.

# Kommunizieren Sie überlegt

Wer ein paar Formulierungsregeln beachtet, hilft anderen, da seine Nachrichten so schneller und besser bearbeitet werden (können). Wer stattdessen jede Mail ohne nachzudenken in Blitzgeschwindigkeit verfasst und verschickt, bekommt immer wieder den Satz »Wir verlieren die meiste Zeit dadurch, dass wir Zeit gewinnen wollen« zu spüren. Hier lohnt es sich, beim Schreiben ein wenig mehr Zeit zu investieren. Letztendlich führt dies auch für den Absender selbst zu treffenderen, konkreteren Antworten sowie einer reduzierten Anzahl an Rückfragen und damit zu deutlicher Zeitersparnis auf beiden Seiten.

## Schreiben Sie empfängerorientiert

Versetzen Sie sich beim Schreiben gedanklich in den Empfänger:

◎ Ist diese Nachricht für den Empfänger relevant? Ist von ihm eine Reaktion gefordert oder muss er die enthaltene Information zur Verfügung haben? Muss er wirklich auf die Empfängerliste? Halten Sie die Zahl der Empfänger so groß wie nötig, aber so klein wie möglich. Niemand freut sich über 30 zusätzliche Mails am Tag.

◎ Was ist Ihnen klar, aber dem Empfänger nicht? Wo müssen Sie Hintergründe/Sachverhalte erklären?

◎ Haben Sie alle benötigten Informationen eingefügt? Wenn Sie z.B. einen Kollegen bitten, »Heinz Müller« anzurufen, dann schreiben Sie auch die Telefonnummer dazu.

◎ Welchen Stil bevorzugt der Empfänger? Werden Sie nur eine unvollständige Antwort bekommen, wenn die Mail länger als zehn Zeilen ist? Oder wird er mehrere Nachfragen stellen, wenn Sie nicht eine ausführliche Mail mit allen Details liefern?

◎ Verzichten Sie auf formatierte Mails, wenn Sie sich nicht sicher sind, dass der Empfänger HTML-Mails lesen kann/will. Auf Ihrem großen Bildschirm im Büro sehen enorm große Zwischenüberschriften und fett formatierter Text in verschiedenen Farben eventuell gut aus, aber die Ansicht wird spätestens dann unübersichtlich, wenn der Empfänger die gleiche E-Mail unterwegs auf einem kleinen Smartphone-Bildschirm liest.

## Formulieren Sie kurz, konkret und glasklar

Formulieren Sie so kurz und übersichtlich wie möglich, nutzen Sie Absätze mit folgenden Leerzeilen als Gestaltungselement. Das spart Zeit beim Empfänger und erhöht die Chance, dass Ihre wichtigsten Punkte nicht »im Text untergehen«. Bedenken Sie: Je länger Ihr E-Mail-Text, desto größer die Wahrscheinlichkeit, dass er nicht komplett gelesen oder dass irgendetwas missverstanden wird. Wenn Sie komplizierte oder unerwartete Sachverhalte darstellen, kündigen Sie vor der entsprechenden Passage ganz kurz an, worum es geht (»erst die Überschrift, dann der Artikel«). Manche Empfänger beantworten Mails absatzweise und mutmaßen sonst vielleicht ganz andere Absichten.

Drücken Sie klar aus, was Sie erwarten. Statt »Ich frage mich, ob das so funktioniert. Vielleicht ginge es ja auch anders«, schreiben Sie bitte: »Ich schlage vor, folgenden Weg zu wählen: … Was halten Sie davon?«. Statt einer Formulierung wie »Wäre auch gut, den Status mal zu wissen« schreiben Sie klar und deutlich, worum es geht, also z.B. »Zur Info« oder ob Sie eine Reaktion erwarten und bis wann. (Dabei bitte auf die nötige Höflichkeit achten.) Wenn Sie Ergebnisse wünschen: Stellen Sie sicher, dass der Empfänger weiß, *was* genau Sie *in welcher Form* erhalten möchten, ggf. mit Beispiel. »Bitte sendet mir jeden Freitag bis 12:00 einen Statusbericht, siehe angehängte einseitige Vorlage« verhindert außer überflüssigen 20-Seitern auch, dass Sie andere Daten/Antworten erhalten als benötigt.

Schreiben Sie ruhig vor jeden Punkt »ToDo:«, »Zur Antwort«/»Bitte um Rückantwort:«, »Zur Kenntnis«/»FYI:« (for your information), solange Sie damit nicht Gefahr laufen, autoritär zu wirken. Vermeiden (oder erklären) Sie Abkürzungen, wenn Sie nicht sicher sind, dass der Empfänger diese kennt.

Wenn es um zwei völlig verschiedene Themen geht, schreiben Sie am besten auch zwei getrennte Mails. So kann der Empfänger z.B. eine sofort beantworten und die andere als Info ablegen.

Schreiben Sie *immer* einen kurzen, aber klaren und detaillierten Betreff. Sie helfen dem Empfänger damit, schon vor dem Öffnen Inhalt, Wichtigkeit und Dringlichkeit Ihrer Nachricht einzustufen und diese besser wiederzufinden.

# Übungen

1. Prüfen Sie Ihr Reaktionsverhalten auf E-Mail: Wie oft schauen Sie nach neuen Nachrichten? Muss das so häufig sein? Deaktivieren Sie die Benachrichtigung beim Eintreffen neuer Mails, falls Sie diese nicht unbedingt benötigen.

2. Setzen Sie sich einen Termin, um Ihre eigene Ordnerstruktur zum Aufräumen Ihres Postfachs zu erstellen und gleich die ersten Nachrichten einzusortieren. Je nachdem, wie voll Ihr Posteingang ist: Setzen Sie sich ggf. einen zweiten Termin, um die gesamten Nachrichten durchzugehen und ggf. zu löschen oder einzusortieren.

3. Suchen Sie (bzw. führen Sie die Übung dann aus, wenn die nächste entsprechende Nachricht eintrifft) drei E-Mails in Ihrem Posteingang, die nichts weiter als eine Aufgabe oder ein Termin sind, und wandeln Sie sie entsprechend um. Suchen Sie außerdem eine E-Mail, die als Signatur die Kontaktdaten einer Person enthält, die für Sie relevant werden könnten und die Sie noch nicht eingetragen haben. Legen Sie aus dieser E-Mail mit Drag & Drop einen neuen Kontakt an und tun Sie dies künftig für alle relevanten neuen Kontaktdaten.

4. Überprüfen Sie die Nachrichten in Ihrem Posteingang: Welche Betreffzeilen lassen Sie weitgehend im Unklaren über Inhalt und Wichtigkeit der Nachricht sowie darüber, ob und welche Reaktion von Ihnen gefordert wird? Wie hätten Sie den Betreff formuliert, um diese Punkte zu verdeutlichen? Schauen Sie anschließend im Ordner *Gesendete Objekte* Ihre eigenen Betreffzeilen des letzten Monats im Hinblick auf diese Aspekte an.

5. Wiederholen Sie Übung 6 für den Nachrichtentext bezogen auf Stil, Eindeutigkeit der Formulierungen, Klarheit der gewünschten Reaktion und Kürze (bzw. Länge) der Nachrichten. Berücksichtigen Sie diese Ergebnisse künftig beim Schreiben. Tippen Sie ggf. eine kurze Zusammenfassung, was Sie ändern werden, und drucken Sie sie aus.

# Die wichtigsten Neuerungen in Outlook 2013

Für Endanwender von Outlook sind die meisten Änderungen rein kosmetischer Natur. Die Funktionen, Menüs sowie die Anordnung und Beschriftung der Registerkarten und Schaltflächen bleiben überwiegend wie in Outlook 2010. Es gibt jedoch ein paar Details, die sich in der Bedienung und in der Oberfläche von Outlook 2013 verändert haben – hier die wichtigsten davon zum Thema E-Mail.

## Die neue E-Mail-Ansicht mit Nachrichtenvorschau

In Ihrem Posteingang (und auch allen anderen E-Mail-Ordnern) finden Sie in Outlook 2013 ein paar praktische kleine Neuerungen, um Ihre E-Mails schneller zu bearbeiten, ohne einzelne Mails mit Doppelklick öffnen zu müssen (siehe Abbildung. 1.14):

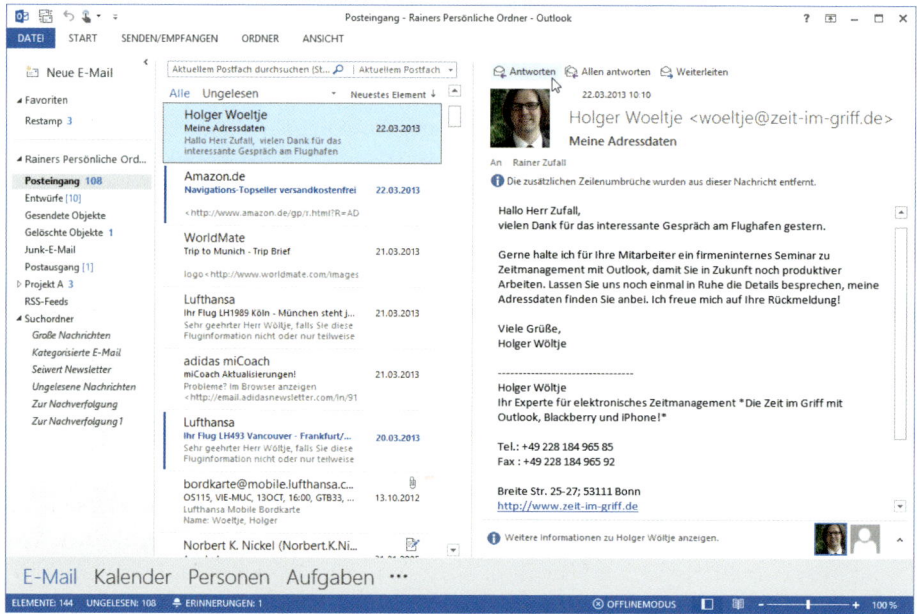

**Abbildung 1.14:** Outlook 2013 erleichtert Ihnen die Priorisierung und Erledigung Ihrer Mails direkt im Posteingang

◎ **Gelesen/Ungelesen:** Ungelesene E-Mails werden nicht mehr nur in fetter Schrift angezeigt, Outlook 2013 färbt zusätzlich den Betreff blau und zeigt einen blauen Balken links neben der E-Mail an. Über der Liste mit Ihren E-Mails im aktuellen Ordner finden Sie links oben die beiden neuen Befehle *Alle* und *Ungelesen*, um mit einem Klick nur Ihre ungelesenen bzw. wieder alle Mails zu sehen.

- **Leichteres Einstufen der E-Mails beim »Überfliegen«:** Outlook hebt den Absender (als wichtigstes Merkmal für die Relevanz der Nachricht) durch wesentlich größere Schrift hervor. Auch der Abstand zwischen den (untereinander angeordneten) E-Mails ist jetzt etwas größer als in früheren Versionen.

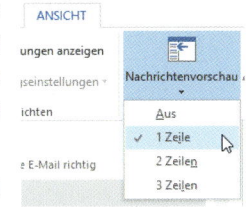

- **Flexiblere AutoVorschau:** Zusätzlich blendet Outlook 2013 den ersten Teil des Textes jeder E-Mail mit ein. Das war zwar schon früher über die *AutoVorschau* möglich, in Outlook 2013 können Sie aber jetzt die Anzahl der unter dem Betreff angezeigten Zeilen des Nachrichtentextes flexibler anpassen: Klicken Sie auf der Registerkarte ANSICHT in der Gruppe *Anordnung* auf die Schaltfläche *Nachrichtenvorschau* und wählen Sie zwischen *Aus, 1 Zeile, 2 Zeilen* und *3 Zeilen.*

- So können Sie sich besser auf eine einzelne neue E-Mail fokussieren und diese schneller mit dem AHA-System abarbeiten (siehe ▶ Abschnitt »Halten Sie Ihren Posteingang aufgeräumt« weiter vorn in diesem Kapitel), manchmal sogar ohne die Nachricht erst im Lesebereich anzeigen zu müssen.

## Antworten und Weiterleiten direkt im Lesebereich

Sie konnten zwar schon vor Outlook 2013 eine E-Mail einfach mit der rechten Maustaste anklicken und über das Kontextmenü *Antworten* oder die Mail *Weiterleiten* (bzw. für die gerade markierte Mail `Strg`+`R`/`Strg`+`F` drücken). Outlook 2013 hat dafür jetzt eigene Schaltflächen links oben im Lesebereich über dem Foto und Namen des Absenders (siehe Abbildung 1.14). Sobald Sie auf eine dieser Schaltflächen klicken, bearbeiten Sie Ihre Antwort direkt im Lesebereich, ohne dass dafür wie früher ein neues Fenster auf- und beim Senden wieder zuklappt. So haben Sie neben Ihrem Lesebereich die anderen E-Mails (Absender, Betreff, Datum und den Anfang des Textes) im Blick – praktisch, falls Sie jemandem z.B. ein Datum, einen Namen oder eine Zahl in der Antwort mitteilen möchten, die Sie gerade von jemand anderem per E-Mail erhalten haben und so direkt beim Schreiben daneben sehen können. Ihre Antwort wird solange mit dem orange gefärbten Wort *[Entwurf]* vor dem Betreff in der Liste Ihrer Nachrichten im aktuellen Ordner (z.B. Posteingang) angezeigt, bis Sie den Entwurf *Senden* oder *Verwerfen.*

Sie bearbeiten Ihre Antwort direkt im Lesebereich. Über dem Text finden Sie wie gewohnt das *An-* und *CC-*Feld, den *Betreff* sowie die *Senden-*Schaltfläche. Direkt über der Senden-Schaltfläche gibt es zwei neue Befehle: *Abdocken,* falls Sie für diese Antwort doch lieber wieder ein eigenes Fenster öffnen möchten, und *Verwerfen,* wenn Sie das Schreiben abbrechen und den bisherigen Entwurf löschen möchten. Im Menüband finden Sie beim Bearbeiten Ihres Entwurfs die neue Registerkarte *NACHRICHT* (mit den gewohnten Befehlen z.B. zum *Datei anfügen,* Text formatieren oder *Signatur* einfügen).

## Warnung vor vergessenen Anhängen

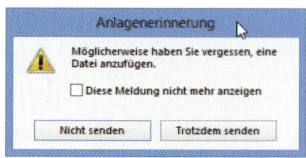

Outlook 2013 überprüft den Text von Ihnen verfasster E-Mails und zeigt Ihnen ein Warnfenster, wenn es vermutet, dass Sie einen Anhang vergessen haben – so können Sie mit *Nicht senden* den Fehler vorm Senden noch korrigieren oder Outlook mit *Trotzdem senden* mitteilen, dass alles ok ist. Outlook prüft den Text Ihrer E-Mail auf bestimmte Wörter in einem bestimmten Kontext, um zu entscheiden, ob Sie einen Anhang vergessen haben. Verlassen Sie sich aber bitte nicht darauf, sondern seien Sie lieber aufmerksam beim Schreiben. In der ersten veröffentlichten Version von Outlook 2013 funktionierte die Warnung in englischen Texten zwar oft, in deutschen Texten aber häufig nicht. Sie können das Warnfenster über den Befehl *DATEI/Optionen/E-Mail* im Bereich *Nachrichten senden* mit dem Kontrollkästchen *Warnen, wenn ich eine Nachricht senden möchte, an der ggf. eine Anlage fehlt* an- bzw. ausschalten.

# »Bei mir ist alles wichtig!« Wie Sie mit Aufgaben und Prioritäten effektiver arbeiten

# Warum Möchtegern-Actionhelden alles gerade noch in letzter Minute schaffen – oder eben auch nicht

Haben Sie auch so viel zu tun, dass vieles lange liegen bleibt? Dass Sie schon mal etwas vergessen oder am Ende die Zeit viel zu knapp wird, weil Sie einfach nicht eher anfangen konnten? Haben Sie manchmal das Gefühl, dass einfach zu wenig Zeit ist und Sie gar nicht mehr alles erledigen können?

## Es brennt mal wieder

Heute Morgen hätte Rainer Zufall den Marketingplan für das nächste Jahr abgeben sollen. Vor vier Wochen ist ihm auf einmal aufgefallen, dass er ihn ja vor Beginn des neuen Geschäftsjahres noch erstellen muss. Heute Morgen hätte er sich auch gleich weiter dransetzen können, aber er hat in den letzten eineinhalb Stunden erst einmal fünf Facebook-Freundschaftsanfragen bestätigt und 40 Mails erledigt – da hat man wenigstens das Gefühl, was geschafft zu haben! Zu 70 % fertig ist der Marketingplan ja immerhin schon. Wird nur etwas Ärger geben mit seinem Vorgesetzten und das ganze Budget wird wegen der Verzögerung später als vorgesehen zur Verfügung stehen. Aber irgendwie wird Rainer das schon hinbiegen. Dafür wird er schließlich bewundert, dass er in letzter Minute oft noch vieles rettet – na ja, nicht alles und auch nicht immer.

So wie neulich, als er es einfach nicht mehr geschafft hatte, die seit Langem anstehende Verkaufspräsentation für den interessantesten potenziellen neuen Großkunden dieses Jahres vorzubereiten. »Unter Druck kann ich am besten arbeiten«, hatte er sich gedacht und alles für die letzte Woche aufgehoben. Und dann war er genau in dieser Woche krank geworden und konnte sie nicht mehr nutzen. Die Konkurrenz hingegen war perfekt vorbereitet. Damit hatte Rainer den Auftrag verloren – aber so was passiert halt ...

Wer dauernd von einer Krise zur anderen hetzt und das meiste noch irgendwie in den Griff bekommt, fühlt sich, als habe er viel geschafft. »Möchtegern-Actionhelden« zeichnen sich dadurch aus, dass sie Überstunden, Stress und das Erledigen wichtiger Dinge in der letzten Minute als Maß für ihre Produktivität nehmen – wer so viel Stress hat, der muss besonders wichtig sein. Es sieht auf den ersten Blick auch nach ungeheurem Einsatz und Leistung aus. Fatal ist, dass es dafür meist auch noch Bewunderung und Applaus von außen gibt.

»Feuerlöschen macht Spaß« könnte man das Ganze nennen. Wie langweilig ist es hingegen, stattdessen rechtzeitig »Brandschutzvorkehrungen« zu treffen. Dafür wird man nur selten bewundert. Dass es »nie brennt«, fällt nicht auf – das ist nicht so spannend, denn derjenige rettet ja nie in letzter Minute alles aus der Krise. Dafür hat dieses Verhalten andere Vorteile: Wer rechtzeitig plant, sich früh genug mit anstehenden Aufgaben größeren Ausmaßes befasst und diese vor den Kleinigkeiten erledigt, bei dem klappt es auch zeitlich. Und er hat wenig Stress. Er kann meist pünktlich nach Hause. Wenn etwas schiefgeht, hat er noch genug Zeit, es aufzufangen.

Oftmals verlieren wir uns in den vielen kleinen Dingen, die sich durch Dringlichkeit hervortun. Morgen könnte es dafür zu spät sein. Oder irgendjemand liegt uns damit immer wieder in den Ohren. Wer hier nicht Nein sagt, hat bald keine Zeit mehr für wichtige Dinge, die »nicht von selbst Druck machen« – keine Zeit mehr für vernünftige Vorbereitung wichtiger Projekte und Präsentationen, keine Zeit, um selbst zu gestalten. Man wird zum reinen Reagierer.

## Packen wir's an!

In diesem Kapitel gehen wir die ersten Schritte auf dem Weg zu effektiverem Zeitmanagement, die die Grundlagen zur Wochen- und Tagesplanung darstellen:

◎ Verschaffen Sie sich mit schriftlicher Planung einen Überblick über alle anstehenden Tätigkeiten.

◎ Entscheiden Sie, was Sie weit nach vorn bringt und die größten Auswirkungen auf Ihren Erfolg hat.

◎ Befassen Sie sich frühzeitig mit langfristigen Tätigkeiten »mit hoher Hebelwirkung« – auch wenn diese nicht sofort fällig sind und niemand ständig auf ihre Erledigung drängt.

◎ Unterscheiden Sie, was dringender und was wichtiger als der Rest ist.

◎ Trennen Sie die Spreu vom Weizen. Sagen Sie Nein zu Dingen, die Sie von Wichtigerem abhalten.

◎ Planen Sie flexibel mit Aufgabenlisten.

# Wie man in den 24 Stunden eines Tages ein Land wie die USA regieren kann – setzen Sie Prioritäten

Wie heißt es so schön? »Für alles, was wir tun, verpassen wir etwas anderes. Für alles, was wir verpassen, gewinnen wir Zeit für etwas anderes.« (Nun gilt es nur noch, die wertvolleren, wichtigen Dinge zu tun und den Rest zu verpassen.) Effektives Zeitmanagement bedeutet, sich ganz bewusst zu entscheiden.

 Wenn Sie das Gefühl haben, dass Sie einfach zu wenig Zeit haben, um alles erledigen zu können, dann haben Sie recht – und damit haben Sie einen der wichtigsten Grundsätze im Zeitmanagement erkannt. Als Nächstes gilt es, sich diese Tatsache immer wieder bewusst zu machen und auf dieser Grundlage zu entscheiden, was Ihnen wertvoll genug ist, um Ihre knappe Zeit dafür einzusetzen.

Wenn man am richtigen Platz seinen Stärken entsprechend arbeitet und die Motivation stimmt, gibt es kein Zaubermittel, das einem langfristig mehr Zeit verschafft. Jeder Tag hat für jeden Menschen genau 24 Stunden. Ob Stadtstreicher oder Millionär, ob Staatsoberhaupt oder Parkplatzanweiser, ob mittlerer Manager oder spezialisierte Fachkraft – alle haben jeden Tag neu exakt die gleiche Menge Zeit zur Verfügung. Und in allen Berufsgruppen werden einige mit ihren Aufgaben nicht fertig und klagen über chronische Zeitnot, während andere bei gleicher Verantwortung sowie gleichem Aufgabengebiet nicht nur beruflich erfolgreich sind, sondern auch noch Zeit für ihre Familie, Freunde, Hobbys und soziales Engagement finden. Wie viel Zeit jemand für die erfolgreiche Bewältigung seiner Aufgaben benötigt, hängt nur bedingt von der von ihm zu tragenden Verantwortung oder seinem Berufsfeld ab. Der wichtigste Punkt ist, die Aufgaben, die den größten positiven Einfluss haben, zu identifizieren und konsequent zu erledigen. Sie diszipliniert zu erledigen, auch wenn es mal keinen Spaß macht. Und konsequent dabeizubleiben, was auch immer sich ablenkend oder besonders dringlich dazwischendrängeln will.

»**Die Hauptsache** ist,
**die Hauptsache**
immer
**die Hauptsache** bleiben zu lassen« *(Zig Ziglar)*

# Konzentrieren Sie sich auf das Wesentliche (Pareto-Prinzip)

Vilfredo Pareto beschäftigte sich gegen Ende des 19. Jahrhunderts u.a. mit Fragen der Einkommens- und Besitzverteilung. Er entdeckte ein wiederkehrendes mathematisches Verhältnis zwischen dem Anteil von Personen (als Prozentsatz der gesamten relevanten Bevölkerung) und der Höhe des Einkommens oder Reichtums dieser Gruppe.

Bei dieser Beobachtung kommt es weniger auf die genaue Prozentverteilung an als auf die Tatsache, dass die Reichtumsverteilung in der Bevölkerung berechenbar unausgewogen war.

Dieses Phänomen tritt auch in allen anderen Bereichen des Lebens auf und wurde später in Bereiche wie Prozessoptimierung und Zeitmanagement übertragen. Ein typisches Verteilungsmuster zeigt etwa:

- 20 % der Kunden verursachen 80 % des Umsatzes.
- 20 % der Produktpalette sorgen für 80 % des Gewinns.
- 20 % unserer Kleider tragen wir in 80 % unserer Zeit.
- 20 % des Produktionsablaufs generieren 80 % der Fehler.

Allgemein zusammengefasst ist es oft so,

- dass 80 % der Wirkungen durch 20 % der Ursachen bedingt sind,
- dass 80 % der Ergebnisse auf 20 % der Anstrengungen zurückgehen usw.

Diese Regel lässt sich natürlich auch auf die Verteilung unserer Zeit und die erzielten Ergebnisse übertragen. Meistens ergeben sich 80 % der Wertschöpfung aus 20 % des Einsatzes und die verbleibenden 20 % des Wertes kommen von den restlichen 80 % des Einsatzes.

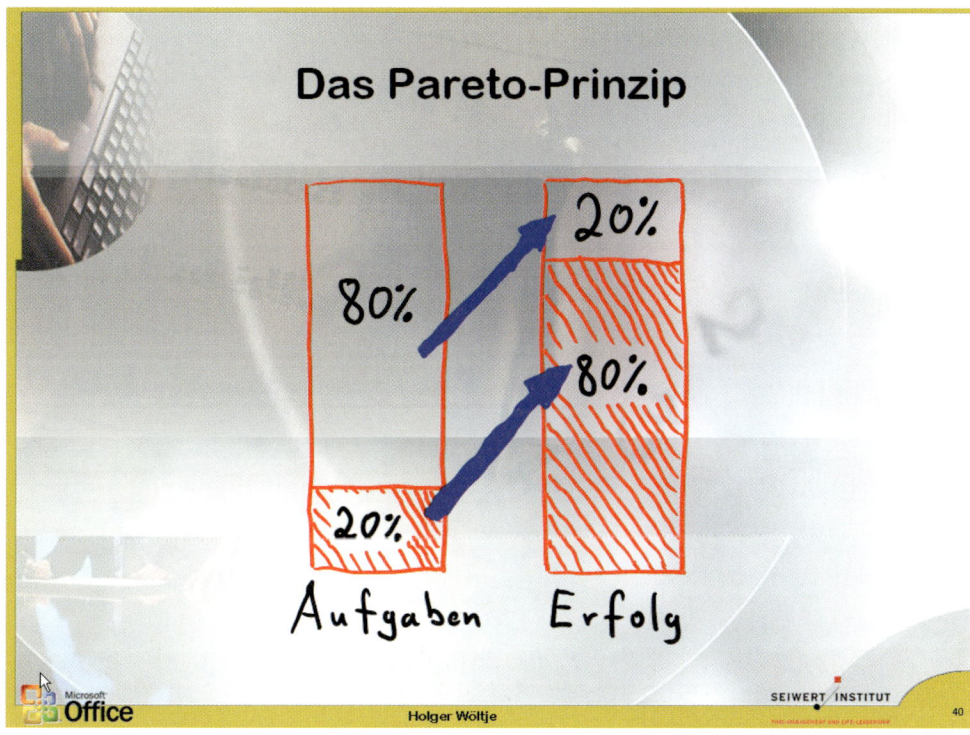

**Abbildung 2.1:** Das Pareto-Prinzip: Mit 20 % des Aufwands erzielen Sie oft 80 % der Wirkung

 Konzentrieren Sie sich auf die wenigen entscheidenden Dinge. Um im Leben voranzukommen, braucht man nicht alles zu tun und nicht alle Aufgaben zu bewältigen. Filtern Sie die wichtigsten Sachen heraus. Nehmen Sie sich die nötige Zeit, indem Sie konsequent Nein zu anderen Dingen sagen.

# Entscheiden Sie, was Vorrang hat – grobe Prioritäten setzen mit dem Eisenhower-Diagramm

Wie wichtig Prioritätensetzung ist, wusste bereits Dwight D. Eisenhower, der berühmte US-General, der später auch US-Präsident wurde. Er hat dazu ein relativ einfaches, aber dennoch sehr hilfreiches Modell entwickelt, das bereits damals half, ein Land wie die USA in den nur 24 Stunden eines Tages zu regieren. Und es hat sich seitdem immer wieder für die Aufgabenplanung sowie inzwischen auch für das Bearbeiten von E-Mails bewährt. Finden Sie vor allem diejenigen Aufgaben heraus, die den größten Einfluss auf Ihre Erfolge haben. Dabei helfen Ihnen Prioritäten.

Das Eisenhower-Diagramm kombiniert die Kriterien »wichtig« und »dringend«, sodass vier Prioritätenklassen entstehen. Für Ihre Planung müssen Sie alle anstehenden Aufgaben analysieren, miteinander vergleichen und einordnen. Natürlich ist vieles von dem, was Sie zu tun haben, wichtig. Aber welche Ihrer Aufgaben sind wichtiger als die anderen? So bekommen Sie eine erste grobe Rangfolge.

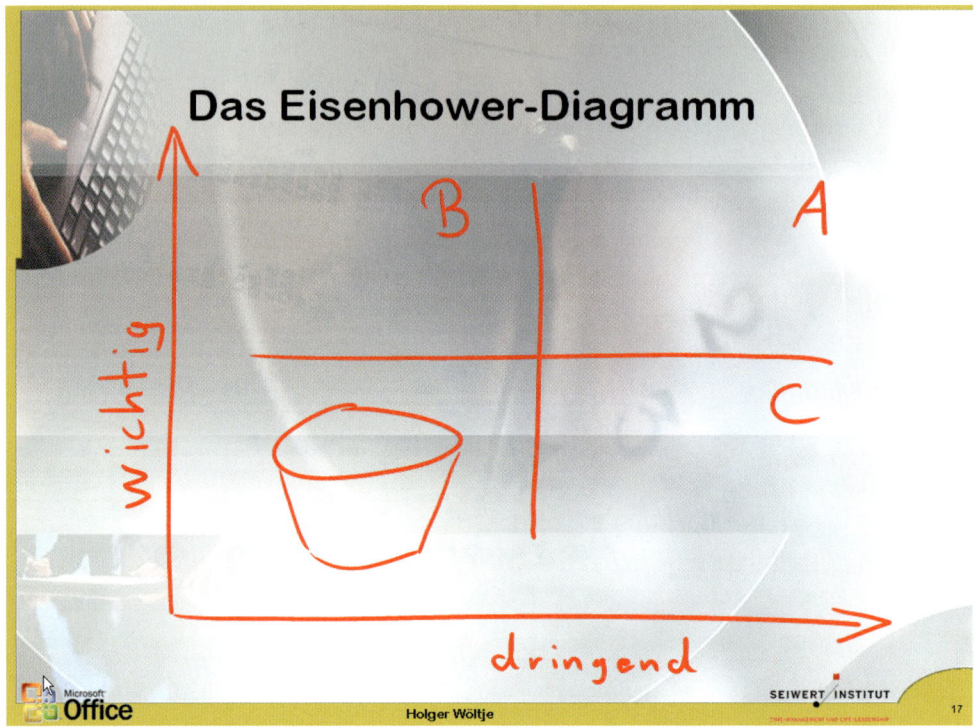

**Abbildung 2.2:** Setzen Sie als ersten Schritt Prioritäten mit dem Eisenhower-Diagramm

◎ Aufgaben, die wichtig und dringend sind, erhalten die *Priorität A*. Man kann sie als Krisen bezeichnen: Wenn Sie sie nicht sofort (je nach Zeithorizont und Komplexität der Aufgabe kann dies Minuten, den aktuellen Tag oder auch die aktuelle Woche bedeuten) erledigen, haben Sie ein größeres Problem. (Beispiele hierfür sind: wichtige Vertragsverhandlungen, Ausfall einer Produktionsmaschine, Fertigstellung eines Programmmoduls, ohne das die Kollegen ab morgen nicht weiter an den anderen arbeiten können.)

◎ *B-Aufgaben* sind wichtig, aber nicht dringend. Sie sind der Schlüssel zu effektivem Zeitmanagement – und werden leider häufig vernachlässigt.

Nicht dringliche *Aufgaben mit hoher Wichtigkeit (B)* erhalten deshalb eine höhere Priorität als rein dringliche Aufgaben, weil sie oft *für die Produktion wichtiger Ergebnisse verantwortlich* sind oder *hohen Einfluss auf die gesamte Leistung* haben. Ein typisches Beispiel ist das Erlernen des Zehnfingersystems für die optimierte Arbeit am PC. Ein Teil der B-Aufgaben sind sogenannte »Wanderaufgaben« (z.B. ein aufwendiger Bericht für die Vorstandssitzung, eine umfangreiche Angebotspräsentation für ein Großprojekt), die, wenn man sie liegen lässt, immer dringlicher werden und so schließlich in den Bereich der A-Aufgaben rutschen.

◎ Aufgaben mit hoher Dringlichkeit, die im Vergleich zu A- und B-Aufgaben weniger wichtig sind, erhalten die *Priorität C*. Man muss sie entweder bald erledigen (sonst ist es zu spät) oder einfach gleich streichen, um Zeit für A- und B-Aufgaben zu gewinnen. Zu den C-Aufgaben gehören auch alle Dinge, die man gut delegieren kann, aber trotzdem lieber selbst erledigt.

◎ Das größte Streichpotenzial bieten schließlich *D-Aufgaben*, die von allen die geringste Dringlichkeit und Wichtigkeit besitzen. Es sind unnütze »Fluchtaufgaben«, der größte Teil an Werbepost sowie wieder einmal per Cc an fünf Personen mehr als notwendig verschickte E-Mails, in denen wir oft ziellos herumscrollen.

Microsoft Outlook kennt nur drei Prioritätsstufen: *Hoch*, *Normal* und *Niedrig*. Es gibt drei Wege, damit umzugehen:

◎ Sie verwerfen D-Aufgaben ganz, anstatt sie zu notieren.

◎ Sie fassen C- und D-Aufgaben unter der Priorität *Niedrig* zusammen.

◎ Sie verwenden ein zusätzliches Feld zur Prioritätensetzung. Manche Anwender haben z.B. das Eisenhower-Prinzip noch weiter unterteilt in A1 bis A4 (usw. bis D4) und schreiben diese Buchstabenkürzel einfach vor den Betreff der Aufgabe. Andere legen entsprechende Kategorien an und filtern die Ansicht zu gegebener Zeit danach. Wir werden für die feinere Priorisierung der Aufgaben im Rahmen der Tagesplanung ein neues Feld verwenden (siehe ▶ Abschnitt »Verfeinern Sie Ihre Prioritäten mit der 25.000-$-Methode« weiter hinten in diesem Kapitel).

## Sagen Sie öfter »Nein!« – und damit »Ja!« zu dem, was Ihnen wichtig ist

Machen Sie sich klar, dass Sie nie genug Zeit haben werden, um all das zu tun, was Sie tun könnten und was andere gerne von Ihnen wollen. Sorgen Sie dafür, dass Sie Ihre Zeit für das nutzen, was Ihnen am wichtigsten ist und Sie Ihren Zielen näher bringt. Die Zeit dafür können Sie nur dadurch gewinnen, dass Sie Nein zu den unwichtigeren Dingen sagen und sie unterlassen.

Lernen Sie, B-Aufgaben rechtzeitig den Vorzug vor C- und D-Aufgaben zu geben und diese wo nötig auch zugunsten von B-Aufgaben zu opfern bzw. zu streichen. So können Sie sich manchen Stress ersparen und produzieren im Allgemeinen bessere Ergebnisse. Hinzu kommt ein Gefühl der besseren Kontrolle über Ihre eigene Zeit.

◎ Denken Sie daran: Wichtigkeit und Dringlichkeit sind grundverschiedene Dinge. Wichtiges bringt Sie Ihrem Ziel näher, Dringliches erfordert Ihre unmittelbare Aufmerksamkeit.

◎ Beachten Sie die Vorfahrtsregel: Wichtigkeit geht vor Dringlichkeit. Nicht alles, was eilig ist, muss auch erledigt werden. Nur so schaffen Sie es, sich nicht länger dem »Diktat der Dringlichkeit« zu unterwerfen. Die Gefahr besteht darin, sich in zu vielen dringlichen, aber relativ unwichtigen Aktivitäten zu verzetteln.

# Planen Sie schriftlich

»Wer viel plant, kommt unter die Tyrannei des Terminkalenders.« »Manchmal ist es mir zu viel, alles aufzuschreiben. Warum es nicht lieber gleich tun? Außerdem will ich mich nicht immer festlegen. Schriftliche Planung tötet jede Spontaneität.« Solche Argumente werden häufig angeführt. Aber sie stimmen nicht. Wenn Sie richtig planen, gewinnen Sie Zeit für Ungeplantes und Kreativität.

Planung ist der beste Weg, um aus dem Verhaltensmuster des bloßen Reagierens herauszukommen und die wichtigsten Dinge rechtzeitig zu erledigen, damit es erst gar nicht zur Krise kommt. So haben Sie mehr frei einteilbare Zeit und gewinnen die Kontrolle über Ihren Tag zurück.

Schriftliches Planen lohnt sich:

◎ Durch Planen wird Ihr Kopf frei für die Konzentration auf die aktuelle Aufgabe oder für Kreativität.

◎ Sie vergessen nichts mehr.

◎ Schriftliche Planung wirkt wie ein Vertrag mit sich selbst und schafft Verbindlichkeit. Sie erledigen die Dinge dann auch eher.

◎ Planung macht Sie berechenbarer für Partner, mit denen Sie im Team zusammenarbeiten (siehe ▶ Kapitel 5).

◎ Nur eine schriftliche Planung ermöglicht Ihnen Rückblick und Kontrolle. So können Sie feststellen, warum Sie viel weniger geschafft haben, als Sie wollten. Haben Sie Dinge mit niedriger Priorität vorgezogen? Haben Sie deutlich länger gebraucht, als Sie dachten (können Sie etwas verbessern, um solche Aufgaben schneller zu erledigen, oder ist es für die Zukunft realistischer, hier mehr Zeit einzuplanen)? Das ist die Grundlage für die Optimierung Ihrer Arbeitsweise: Realitätsüberprüfung, Verbesserungspotenzial/Probleme sowie deren Ursachen erkennen und dann beseitigen.

Notieren Sie alle Aufgaben, Termine und Telefonnummern/Kontaktadressen sofort in Microsoft Outlook oder in Ihrem Smartphone. Nur so behalten Sie in jeder Situation den Überblick und können sich auf das Wesentliche konzentrieren. Ihre geistigen Kapazitäten sind viel zu wertvoll, um sie mit Dingen zu belegen, die auch Ihr PC übernehmen kann. Planen Sie schriftlich. Halten Sie so Ihren Kopf für die wichtigen Dinge frei!

# Planen Sie flexibel und effektiv mit Aufgabenlisten

Outlook unterstützt Sie optimal bei Ihrer schriftlichen Planung von Terminen und Aufgaben. Sie können Aufgaben bereits Wochen vor deren Fälligkeit eintragen. Über die Sortier- und Filterfunktionen von Outlook können Sie die angezeigten Aufgaben z.B. auf alle heute fälligen oder für ein bestimmtes Projekt anstehenden Aufgaben reduzieren und diese dann nach Priorität ordnen, um schnell den Überblick zu bekommen.

Das erfolgreiche Arbeiten mit Aufgaben erfordert allerdings etwas mehr Strategie, Nachdenken, ein bisschen mehr Arbeit und Übung, als einfach alles in den Kalender zu schreiben. Darum werden wir in diesem und den folgenden zwei Kapiteln die nötigen Schritte gemeinsam gehen: Grundlagen, Prioritäten und Einrichten der Ansichten, Filter, Wochenplanung, Kategorien und Gruppieren, Tagesplanung, Blockbildung, stille Stunden, 25.000-$-Methode und Abarbeiten der Aufgabenliste. Sie erhalten damit ein bewährtes, nach der ersten Einarbeitung relativ einfaches, flexibles und dabei hocheffektives System, um Ihre Aufgabenliste nach Prioritäten zu ordnen und damit Ihre Zeit in den Griff zu bekommen.

## Aufgabe vs. Termin

Beachten Sie die Unterscheidung zwischen Terminen und Aufgaben:

◎ Ein Termin ist an ein festes Zeitfenster gebunden. Er antwortet auf die Frage »*Wann genau?*«.

◎ Eine Aufgabe hingegen antwortet auf die Frage »*Was* genau?« (bzw. »Wie wichtig?«); manchmal völlig ohne zeitlichen Aspekt, manchmal mit einem Fälligkeitsdatum.

Ein Termin (z.B. Telefonkonferenz mit fünf Personen oder Zahnarzttermin) findet also genau dann statt, wann er geplant wurde. Wann Sie hingegen eine Aufgabe erledigen, ist völlig egal, solange sie am Fälligkeitsdatum abgeschlossen ist. Damit sind Sie beim Planen mit Aufgaben flexibler und können z.B. nach Wichtigkeit und Projekt selektieren. In bestimmten Fällen kann es auch sinnvoll sein, zur Erledigung einer Aufgabe einen »Termin mit sich selbst« zu setzen (wann dies sinnvoll ist, erfahren Sie in den beiden folgenden Kapiteln).

## Aufgaben in Outlook

Eine neue Aufgabe ist ganz einfach und schnell anzulegen, ohne dass Sie sich durch viele Menüs klicken müssten:

◎ Drücken Sie in Outlook 2003/2007 `Strg`+`⇧`+`T` bzw. in Outlook 2010/2013 `Strg`+`⇧`+`K` und geben Sie dann im Aufgabenformular die betreffenden Daten ein.

### Mit System

Rainer Zufall hält Unterrichtsstunden für Werkstudenten. Diesmal beschließt er, das Ganze mit System anzugehen: Vor einem Monat hatte er eine Aufgabe zur Planung seiner drei Unterrichtseinheiten in diesem Monat angelegt, die heute fällig ist und die er nun auch pünktlich erledigt hat. Er hat sein Thema auf drei Unterrichtseinheiten verteilt und für die Vorbereitung jeder einzelnen Unterrichtseinheit je eine Aufgabe angelegt (Dauer jeweils ca. 20 bis 45 Minuten).

Er braucht für diese Woche natürlich nur den Unterricht dieser Woche vorzubereiten, darum bekommt jede Woche ihre eigene Aufgabe mit jeweils einem eigenen Thema. Am Freitag findet dann morgens der Unterricht statt; er muss ihn also am Vortag vorbereitet haben, sodass die Aufgabe am Donnerstag der jeweiligen Woche fällig ist. Wenn er den Donnerstag voller Termine oder einfach irgendwann in der Woche vorher einmal Zeit hat, kann er sie natürlich auch schon früher erledigen.

Hier eine kurze Einführung in die wichtigsten Elemente des Aufgabenformulars (Abbildung 2.3 zeigt das Formular in Outlook 2010, das zwar an vielen Stellen anders aussieht als in Outlook 2003, die wichtigsten Funktionen, Befehle und Datenfelder sind jedoch nahezu identisch. In Outlook 2007/2013 sieht das Formular dem aus Outlook 2010/Abbildung 2.3 sehr ähnlich.):

◎ Wählen Sie zuerst einen aussagekräftigen *Betreff*. Also nicht »Müller anrufen«, sondern dazuschreiben, was das Ziel des Anrufs ist. Halten Sie den Betreff kurz, maximal eine Zeile. Weitere Details können Sie in das große Notizfeld im unteren Bereich des Aufgabenformulars einfügen. Wählen Sie die ersten zwei bis drei Wörter des Betreffs so, dass Sie bereits hier sehen können, worum genau es geht (auch für die Einschätzung der Wichtigkeit), wie lange das Ganze etwa dauern wird und wie aufwendig es ist (z.B. »Unterrichtsstunde vorbereiten«).

◎ Das Feld *Beginnt am* können Sie nutzen, wenn eine Aufgabe erst an einem bestimmten Datum von Ihnen angefangen werden kann (oder um für größere Aufgaben, die mehrere Tage dauern, den Start festzulegen). Übertreiben Sie es aber für den Anfang nicht und nutzen Sie lieber die Aufgabenliste nur für Dinge, die Sie in ein bis zwei Stunden erledigen können; größere Projektpläne mit Abhängigkeiten usw. fertigen Sie besser mit Microsoft Project an. Da die Felder *Beginnt am* und *Fällig am* miteinander gekoppelt sind, führt eine Änderung in *Beginnt am* automatisch zu einer Änderung des Fälligkeitsdatums – fatal, wenn Sie dadurch einen wichtigen Abgabetermin verpassen, bloß weil Sie statt wie ursprünglich geplant 14 Tage vorher nun doch nur eine Woche vorher alles vorbereiten wollten und Outlook Ihnen die Fälligkeit um eine Woche nach hinten verschiebt.

Kurz gesagt: In der Praxis macht das Feld *Beginnt am* meist mehr Aufwand und Probleme als es nützt. Lassen Sie es daher am besten einfach leer und arbeiten Sie nur mit *Fällig am*. Wenn Sie eine Woche vor Abgabetermin mit der Vorbereitung beginnen möchten, tragen Sie diesen Tag (eine Woche vorher) in *Fällig am* ein – also den Tag, an dem Sie die Aufgabe zur Bearbeitung auf dem Tisch haben möchten.

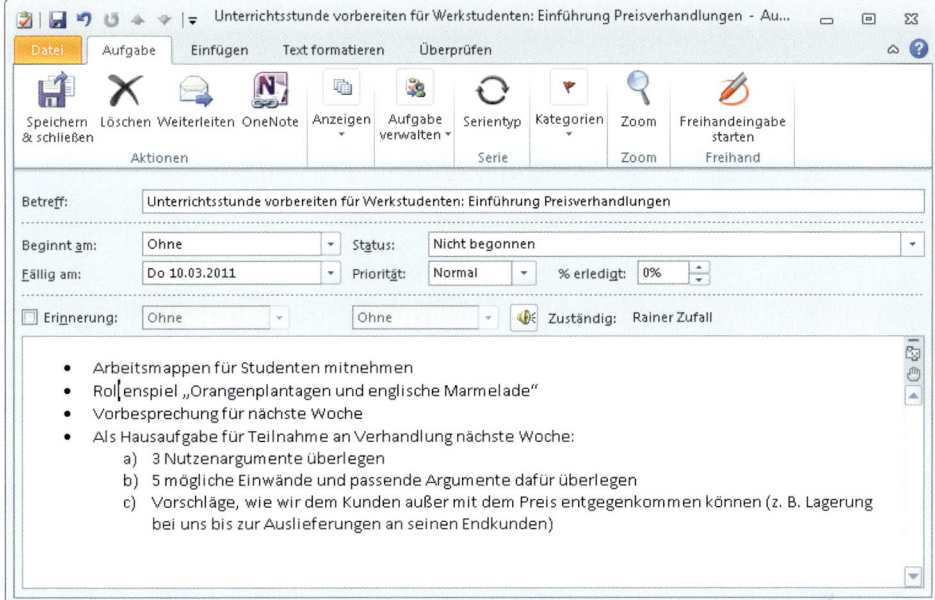

**Abbildung 2.3:** Rainer hält diesen Monat drei Unterrichtsstunden für Werkstudenten. Die Vorbereitung hat er jeweils als Aufgabe angelegt; die für die nächste Stunde (findet Freitag statt) ist bis Donnerstag fällig.

◎ Tragen Sie in das Feld *Fällig am* ein Fälligkeitsdatum ein (in Outlook 2003 finden Sie das Feld *Fällig am* vor *Beginnt am*, in Outlook 2007-2013 hingegen ist die Reihenfolge umgekehrt). Schätzen Sie hier, wenn Sie sich nicht sicher sind – es dauert einige Zeit, das richtige Gefühl zum Setzen des Datums zu finden und Sie können es später noch ändern. Setzen Sie ruhig für eine erst in Monaten oder sogar nie fällige B-Aufgabe ein früheres Fälligkeitsdatum, wenn Sie diese Aufgabe eher erledigen möchten. Auch wenn eine Aufgabe eigentlich erst nächste Woche fällig ist, die nächste Woche aber schon mit Terminen vollgepackt, diese Woche hingegen noch relativ frei ist und Sie die Aufgabe schon jetzt beginnen können, ziehen Sie das Fälligkeitsdatum einfach auf diese Woche vor. Was Sie wann genau erledigen, werden wir im Rahmen der Wochenplanung (siehe ▶ Kapitel 3) und Tagesplanung (siehe ▶ Kapitel 4) noch verfeinern. So kann es durchaus sein, dass Sie sowohl für eine A-Aufgabe (Priorität *Hoch*) als auch für eine B-Aufgabe (Priorität *Normal*) den morgigen Tag als Fälligkeitsdatum setzen. Das bedeutet dann Folgendes: Die A-Aufgabe ist nicht nur so wichtig wie die B-Aufgabe, sie ist zusätzlich auch dringend. Wenn also morgen nur für eine der beiden Aufgaben Zeit bleibt, so erledigen Sie die A-Aufgabe und verschieben die B-Aufgabe.

◎ Versuchen Sie, bereits zu Anfang die *Priorität* nach dem Eisenhower-Diagramm einzuschätzen. Setzen Sie diese grundsätzlich auf *Niedrig*. Gehört eine Aufgabe zu Ihren wichtigsten, so setzen Sie sie auf *Normal*. Ist sie zusätzlich besonders dringlich, so setzen Sie sie auf *Hoch*.

◎ Für eine größere Aufgabe, die Sie nicht an einem Stück bearbeiten, können Sie im Feld *% erledigt* vermerken, wie weit Sie bereits sind. Auf diese Weise kommt man aber auch schnell durcheinander oder schleppt lauter halb erledigte Aufgaben mit sich herum. (Um den Status größerer Aufgaben, die Sie an andere delegiert haben, zu kontrollieren, ist dieses Feld jedoch praktisch.) Zumindest für den Anfang empfehlen wir Ihnen daher, jede größere Aufgabe in Teilschritte von maximal ein bis zwei Stunden zu zerlegen. Tragen Sie diese dann als einzelne Aufgaben ein und erledigen Sie sie nur jeweils komplett am Stück. Im Feld *Status* können Sie zudem oder auch alternativ Informationen wie *Wartet auf jemand anderen* oder (vorerst) *Zurückgestellt* hinterlegen. Diese Felder beeinflussen sich gegenseitig und stehen mit dem kleinen Kästchen zum Abhaken in der Aufgabenliste in Beziehung: Setzen Sie z.B. dort das Häkchen, so setzt Outlook *% erledigt* auf *100* und *Status* auf *Erledigt*.

Sie können Ihre Aufgabenliste nach jedem dieser Felder filtern und gruppieren, um so z.B. nur alle Aufgaben anzuzeigen, die im Feld *Status* den Wert *Wartet auf jemand anderen* enthalten und nächsten Monat beginnen (mehr zum Thema Filtern weiter hinten in diesem Kapitel im ▶ Abschnitt »Räumen Sie mit Filtern Ihre Ansichten auf« und in ▶ Kapitel 3).

◎ Die Möglichkeiten, die sich durch das Zuordnen von *Kategorien* ergeben, werden in ▶ Kapitel 3 ausführlich besprochen (in Outlook 2007-2013 ordnen Sie Kategorien mit dem gleichnamigen Befehl auf der Registerkarte *Aufgabe* zu, in Outlook 2003 finden Sie die entsprechende Schaltfläche sowie ein *Kategorien*-Textfeld rechts unten unter dem großen Notizfeld).

◎ Im großen Notizfeld im unteren Teil des Aufgabenformulars können Sie noch weitere Details eintragen, z.B. Stichpunkte zur Durchführung der Aufgabe. Sie können hier auch Kopien von Dokumenten einfügen, die mit der Aufgabe zu tun haben – wählen Sie in Outlook 2007-2013 dazu auf der Registerkarte *Einfügen* die Befehlsschaltfläche *Datei anfügen*, in Outlook 2003 im Menü *Einfügen* den Befehl *Datei*. Ein anderes Outlook-Element, z.B. die Kopie einer E-Mail, die mit der Aufgabe zu tun hat, können Sie direkt (ebenfalls Registerkarte *Einfügen*) mithilfe der Befehlsschaltfläche *Outlook-Element* hinzufügen (in Outlook 2003 wählen Sie im Menü *Einfügen* den Befehl *Element*). Wenn Sie die Aufgabe später erneut öffnen, haben Sie so die zugehörigen eingefügten Dateien und E-Mails einfach mit einem Doppelklick auf den Dateinamen im Notizfeld direkt geöffnet vor sich. In Outlook 2007-2013 stehen die Textbearbeitungsfunktionen, die Sie von Microsoft Word kennen, als Editor für Text im Notizfeld zur Verfügung – damit haben Sie zum übersichtlichen Gestalten Ihrer Notizen auf der Registerkarte *Text formatieren* z.B. schnellen Zugriff auf Nummerierungen, Listen mit mehreren Ebenen, *Schnellformatvorlagen*, farbiges Hervorheben von Text; außerdem können Sie auf der Registerkarte *Überprüfen* z.B. die *Freihandeingabe starten*, um auf Tablet-PCs Handschrift und Skizzen einzufügen.

**So fügen Sie statt Kopien Verweise auf Dateien ein**

Falls Sie eine sehr große Datei einfügen möchten, ohne viel Platz in Ihrem Outlook-Postfach zu belegen, oder falls Sie von der Aufgabe aus immer die aktuellste Version einer Datei verfügbar haben möchten (z.B. eine PowerPoint-Datei, die Sie in Ihrem lokalen Dateisystem abgelegt haben und die Sie noch ein paarmal bearbeiten werden, bevor Sie die Aufgabe angehen), können Sie statt der Datei auch einfach nur einen Verweis darauf einfügen.

1. Öffnen Sie die betreffende Aufgabe.

2. Klicken Sie auf der Registerkarte *Einfügen* (Outlook 2003: Menü *Einfügen*) auf *Datei anfügen* (bzw. *Datei*).

3. Suchen und markieren Sie die gewünschte Datei im Dialogfeld *Datei einfügen*.

4. Klicken Sie auf den Dropdownpfeil rechts neben der Schaltfläche *Einfügen*.

5. Wählen Sie im daraufhin angezeigten Menü den Befehl *Als Hyperlink einfügen*.

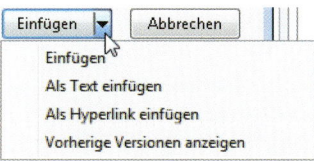

**Abbildung 2.4:** Sparen Sie Platz und fügen Sie statt der Datei einen Link ein

Auf diese Weise können Sie übrigens E-Mails sowie beliebige Dateien auch in Termine (z.B. PDF-Datei mit Onlineticket oder Flugdaten) und Kontakteinträge (z.B. Anfahrtsskizze) einfügen.

# Der Editor von Outlook 2007-2013

Wenn Sie eine Aufgabe (oder eine E-Mail, einen Termin oder Kontakteintrag) mit Doppelklick oder der Tastenkombination `Strg`+`⇧`+`T` (bzw. `Strg`+`⇧`+`K`) in einem eigenen Fenster öffnen, sehen Sie den Editor in Outlook 2007-2013. Er stellt Ihnen eine Menge erweiterter Funktionen zur Verfügung.

## Die Registerkarte »Einfügen«

**Abbildung 2.5:** Die Funktionen der Registerkarte *Einfügen*

Außer Dateien, Elementen (Gruppe *Einschließen*) und Hyperlinks/Links (Gruppe *Hyperlinks* in Outlook 2010/2007 bzw. Link in Outlook 2013, siehe ▶ Abschnitt »So fügen Sie statt Kopien Verweise auf Dateien ein«) können Sie nach einem Klick auf die Registerkarte *Einfügen* nun eine ganze Reihe weiterer aus Microsoft Word 2010/2007 bekannter Funktionen und Elemente benutzen. Besonders praktisch sind dabei die *Schnellbausteine* (in der Gruppe *Text*) und Tabellen. Falls Sie den Befehl *Einfügen* aus dem alten Menü *Bearbeiten* suchen: Er befindet sich jetzt auf der Registerkarte *Text formatieren* in der Gruppe *Zwischenablage* (es gilt weiterhin die Tastenkombination ⌨Strg + ⌨V ).

Markieren Sie häufiger benutzte lange Wörter, Sätze oder Absätze (z.B. den Mauszeiger bei gedrückter linker Maustaste über den Text bewegen oder Dreifachklick auf den Absatz). Klicken Sie danach in der Gruppe *Text* auf *Schnellbausteine* und wählen Sie im daraufhin geöffneten Menü den Befehl *Auswahl im Schnellbaustein-Katalog speichern*. Sie können nun einen Namen für den Schnellbaustein eingeben und diverse weitere Optionen wählen (z.B. zur Unterteilung Ihrer Schnellbausteine in Kategorien wie Angebots-E-Mails, Besprechungseinladungen usw.). Ab sofort können Sie einen so gespeicherten Text nach einem Klick auf *Schnellbausteine* mit einem weiteren Klick in die aktuelle E-Mail bzw. das Notizfeld der Aufgabe, des Termins bzw. des Kontaktes einfügen.

Der Editor beherrscht auch *Tabellen* und *Schnelltabellen* (wie die eben beschriebenen Schnellbausteine, nur fügen Sie diesmal statt Text eine komplette Tabelle mit Inhalt ein). So können Sie z.B. für die Vorbereitung einer Besprechung eine Standardcheckliste als Schnelltabelle anlegen (eine Spalte mit Vorbereitungsschritten wie »Unterlagen überarbeitet«, »Mittagessen bestellt« usw., dahinter eine Spalte, in die Sie bei Erledigung ein kleines »x« eintragen oder einen Namen, z.B. bei »Protokoll führt:« dann »Anna Conda«). Wann immer Sie dann eine Besprechung, ein Seminar, Kundenbesuche, Bewerbungsgespräche usw. vorbereiten, reicht ein Klick auf *Einfügen/Tabelle/Schnelltabellen* und Auswählen des eben angelegten Eintrags, um Ihre Checkliste vollständig einzufügen.

### Die Registerkarte »Text formatieren«

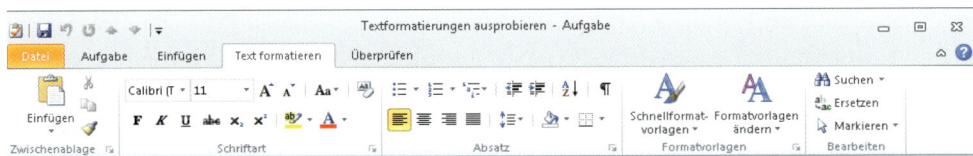

**Abbildung 2.6:** Schneller Zugriff auf die Textformatierungen in einer Aufgabennotiz mit der Registerkarte *Text formatieren*

Die Registerkarte *Text formatieren* ermöglicht Ihnen, besonders schnell mit jeweils nur einem Klick sämtliche Formatierungen von Text im Notizfeld einer Aufgabe, eines Termins/ Kontaktes bzw. in einer E-Mail wieder zu entfernen (*Formatierung löschen* – das Radiergummisymbol in der Gruppe *Schriftart*), Text farbig hervorzuheben (wie mit einem Textmarker), die Textfarbe oder Schriftgröße zu ändern und vieles mehr. Einiges davon gab es bereits früher im Menü *Format* bzw. in der Symbolleiste *Format*, doch es sind etliche neue Features wie z.B. *Formatvorlagen* oder Gliederungen (*Liste mit mehreren Elementen*) hinzugekommen.

Sämtliche Funktionen des Outlook-Editors hier aufzuzählen, würde weit mehr Platz beanspruchen, als für das gesamte Buch zur Verfügung steht. Von daher schließen wir die Übersicht über den Editor nun ab – mit zwei Funktionen, die Ihnen helfen, wenn Sie Text in mehreren Sprachen eingeben, und viele lange Mauswege ersparen können, wenn Sie intensiv mit Textformatierungen arbeiten.

### Text formatieren ohne lange Wege mit der Maus: Nutzen Sie die Minisymbolleiste

Wenn Sie einen Text in einer E-Mail oder dem Notizfeld eines Elements z.B. mit gedrückter linker Maustaste markieren, erscheint in Outlook 2013 sehr gut sichtbar, in Outlook 2010/2007 jedoch nur sehr schwach sichtbar (fast vollständig transparent) rechts oder links über dem markierten Text eine Leiste mit Schaltflächen. Bewegen Sie den Mauszeiger ein kleines Stück nach rechts bzw. links oben (auf die Leiste zeigen), um sie vollständig einzublenden und sichtbar zu machen. Sie haben nun die am häufigsten verwendeten Befehle zur Textformatierung direkt neben ihrem markierten Text mit einem Klick im Zugriff.

In Outlook 2007 müssen Sie diese Miniatursymbolleiste ggf. erst einmal aktivieren (falls das nicht schon Ihre IT-Abteilung für Sie erledigt hat): Klicken Sie auf die *Office-Schaltfläche* (die runde Schaltfläche mit dem Office-Logo ganz links oben in der Ecke des Standardaufgabenformulars) und dann auf die ganz rechts unten platzierte Schaltfläche *Editier-Optionen*. Sie befinden sich nun im Dialogfeld *Editoroptionen* in der Kategorie *Häufig verwendet*. Aktivieren Sie hier das Kontrollkästchen *Minisymbolleiste für die Auswahl anzeigen*.

## Nutzen Sie die mehrsprachige Rechtschreibprüfung und das Fremdwörterbuch in Outlook 2010/2013

Hier sieht Outlook 2010/2013 deutlich anders aus als Outlook 2007. Wenn Sie Outlook 2007 benutzen, lesen Sie bitte den entsprechenden Abschnitt gleich im Anschluss.

Klicken Sie in einer in einem eigenen Fenster geöffneten Aufgabe (bzw. einem Termin, Kontakt oder einer E-Mail) auf die Registerkarte *Überprüfen*, dann erhalten Sie Zugriff auf die Synonym- und Fremdsprachenwörterbücher. In Outlook 2010/2013 arbeiten Sie mit Microsoft Word als (in Outlook nahtlos eingepassten) Editor für die einzelnen Outlook-Elemente. Nicht nur beim Schreiben von E-Mails, sondern auch dann, wenn Sie in das Notizfeld eines Elements umfangreichen Text eingefügt haben, kommt Ihnen daher nun auch die mehrsprachige Rechtschreibprüfung von Word zugute (z.B. deutsche und englische Textpassagen gemischt). Auf Wunsch unterstreicht Outlook Text während der Eingabe rot, wenn er nicht im Wörterbuch gefunden wird. Wenn Sie die Rechtschreibprüfung während der Eingabe ein- bzw. ausschalten oder die AutoKorrekturoptionen anpassen möchten, wählen Sie auf der Registerkarte *Datei* den Befehl *Optionen,* klicken im dann geöffneten Dialogfeld *Outlook-Optionen* am linken Rand auf die Kategorie *E-Mail,* dort auf die Schaltfläche *Editoroptionen* und in den nun geöffneten *Editoroptionen* links oben am Rand auf *Dokumentprüfung,* um die Optionen für Rechtschreibkorrektur und AutoKorrektur anzupassen. Lassen Sie sich nicht davon irritieren, dass das Dialogfeld *Editoroptionen* nur vom »Inhalt der E-Mails von Outlook« spricht – die hier vorgenommenen Einstellungen gelten ebenso für die Notizfelder von Aufgaben, Terminen und Kontakten.

**2010**  
**2013**

In älteren Outlook-Versionen versteckte sich hinter dem Befehl *Extras/Recherchieren* nach weiteren Klicks für die Auswahl eines Fremd- oder Synonymwörterbuches eine Übersetzungs- und Formulierungshilfe. In Outlook 2010/2013 können Sie nun noch einfacher und zeitsparender nachschlagen: Markieren Sie (z.B. mit Doppelklick) ein Wort im Notizfeld eines Elements (in einem eigenen Fenster geöffnete Aufgabe, Termin oder Kontakt) bzw. im Text einer E-Mail. Auf der Registerkarte *Überprüfen* rufen Sie dann in der Gruppe *Dokumentprüfung* über *Thesaurus* bzw. in der Gruppe *Sprache* über *Übersetzen* das jeweilige Nachschlagewerk auf.

**2007**

### Nutzen Sie die mehrsprachige Rechtschreibprüfung und das Fremdwörterbuch in Outlook 2007

Hier sieht Outlook 2007 deutlich anders aus als Outlook 2010/2013. Wenn Sie Outlook 2010/2013 benutzen, lesen Sie bitte den vorhergehenden Abschnitt.

In einer in einem eigenen Fenster geöffneten Aufgabe (bzw. einem Termin, Kontakt oder einer E-Mail) finden Sie am rechten Rand der Registerkarte *Aufgabe* die auf den ersten Blick spartanisch wirkende Gruppe *Dokumentprüfung* mit dem Befehl *Rechtschreibprüfung*. Klicken Sie auf den Pfeil der Schaltfläche *Rechtschreibprüfung*, dann erhalten Sie Zugriff auf die Synonym- und Fremdsprachenwörterbücher. In Outlook 2007 arbeiten Sie mit Microsoft Word als (in Outlook nahtlos eingepassten) Editor für die einzelnen Outlook-Elemente. Nicht nur beim Schreiben von E-Mails, sondern auch dann, wenn Sie in das Notizfeld eines Elements umfangreichen Text eingefügt haben, kommt Ihnen daher nun auch die mehrsprachige Rechtschreibprüfung von Word zugute (z.B. deutsche und englische Textpassagen gemischt). Auf Wunsch unterstreicht Outlook Text während der Eingabe rot, wenn er nicht im Wörterbuch gefunden wird. Wenn Sie die Rechtschreibprüfung während der Eingabe ein- bzw. ausschalten oder die AutoKorrekturoptionen anpassen möchten, klicken Sie auf die *Office-Schaltfläche* (ganz links oben in der Ecke des Standardaufgabenformulars), klicken dann rechts unten auf die Schaltfläche *Editor-Optionen* und wählen die Kategorie *Dokumentprüfung*. Lassen Sie sich nicht davon irritieren, dass das Dialogfeld *Editoroptionen* nur vom »Inhalt der E-Mails von Outlook« spricht – die hier vorgenommenen Einstellungen gelten ebenso für die Notizfelder von Aufgaben, Terminen und Kontakten.

In älteren Outlook-Versionen versteckte sich hinter dem Befehl *Extras/Recherchieren* nach weiteren Klicks für die Auswahl eines Fremd- oder Synonymwörterbuches eine Übersetzungs- und Formulierungshilfe. In Outlook 2007 können Sie nun noch einfacher und zeitsparender nachschlagen: Markieren Sie (z.B. mit Doppelklick) ein Wort im Notizfeld eines Elements bzw. im Text einer E-Mail. Auf der Registerkarte *Aufgabe* rufen Sie dann nach einem Klick auf den Pfeil der Schaltfläche *Rechtschreibprüfung* mit dem Befehl *Thesaurus* bzw. dem Befehl *Übersetzen* das jeweilige Nachschlagewerk auf. Hinter dem ebenfalls dort angeordneten Befehl *QuickInfo für die Übersetzung* wählen Sie mit einem Klick die gewünschte Zielsprache (bzw. deaktivieren die Funktion wieder), um ab sofort immer dann eine Übersetzung zu sehen, wenn Sie den Mauszeiger etwas länger als eine Sekunde auf einem Wort stehen lassen. Nach einer Weile verschwindet die eingeblendete Übersetzung wieder – wenn Sie sie erneut benötigen, bewegen Sie einfach den Mauszeiger kurz auf ein anderes Wort und dann wieder zurück. Die Übersetzung wird nur dann angezeigt, wenn der Text einer anderen als der gewünschten Zielsprache zugeordnet wird (wenn sie also z.B. einen deutschen Text schreiben, die *QuickInfo für die Übersetzung* auf *Deutsch* als Zielsprache einstellen und dann die Funktion ausprobieren wollen, sehen Sie keine Übersetzung).

# Definieren Sie eigene Ansichten

Besonders für Aufgaben praktisch ist die Möglichkeit, in Outlook verschiedene eigene Ansichten zu definieren. Sie geben jede Aufgabe nur einmal ein, definieren aber quasi verschiedene Aufgabenlisten, für die Outlook dann die jeweils zutreffenden Einträge heraussucht und die anderen ausblendet. So können Sie z.B. nur alle in dieser Woche fälligen oder nur heute fällige Aufgaben anzeigen lassen. Mit einem Klick schalten Sie anschließend auf lediglich die in diesem Monat für ein bestimmtes Projekt fälligen Aufgaben um (siehe hierzu den ▶ Abschnitt »Filtern und gruppieren Sie nach Kategorien« in Kapitel 3). So behalten Sie den Überblick auch über große Mengen von Aufgaben und wenn Sie bestimmte Dinge bereits Wochen vor der Fälligkeit eintragen.

## So legen Sie eine neue Ansicht an

Nachdem Sie eine neue Ansicht einmal definiert haben, können Sie sie jederzeit mit einem bzw. ein paar Mausklicks schnell wieder mit genau diesen Kriterien aufrufen.

1. Wählen Sie aus einer beliebigen Aufgabenansicht heraus in Outlook 2010/2013 auf der Registerkarte *Start* oder der Registerkarte *Ansicht* nach einem Klick auf *Ansicht ändern* (in der Gruppe *Aktuelle Ansicht*) den Befehl *Ansichten verwalten*; in Outlook 2007 wählen Sie den Menübefehl *Ansicht/Aktuelle Ansicht/Ansichten definieren* und in Outlook 2003 den Menübefehl *Ansicht/Anordnen nach/Aktuelle Ansicht/Ansichten definieren*.

2. Im daraufhin geöffneten Dialogfeld können Sie eine bestehende Ansicht durch Klicken auf die Schaltfläche *Kopieren* als Vorlage für eine neue Ansicht verwenden, die Sie dann entsprechend bearbeiten. Wenn Sie keine der vorhandenen Ansichten als Vorlage verwenden möchten, klicken Sie auf die Schaltfläche *Neu*.

3. Geben Sie der neuen Ansicht einen Namen (z.B. *Nur diese Woche fällige unerledigte*), belassen Sie die Voreinstellung für den *Ansichtentyp* bei *Tabelle* und klicken Sie dann auf die Schaltfläche *OK*.

4. Die im daraufhin angezeigten Dialogfeld vorhandenen Einstellungen können Sie mit *OK* und anschließend *Ansicht übernehmen* bestätigen, um die neue Ansicht anzulegen.

   Sie können aber auch das Dialogfeld geöffnet lassen, um als Nächstes Filter zu definieren (siehe hierzu den folgenden ▶ Abschnitt »Räumen Sie mit Filtern Ihre Ansichten auf«).

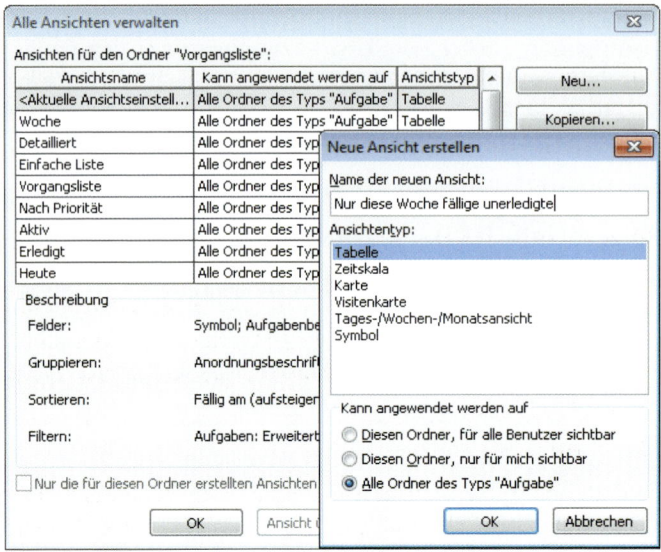

**Abbildung 2.7:** Erstellen Sie für den schnellen Überblick Ihre eigenen Ansichten

 Outlook 2010 aktiviert als Standard für neue Ansichten den Lesebereich im rechten Teil des Fensters. Er zeigt auch umfangreiche Notizen zu einer Aufgabe als Vorschau an, ohne dass Sie die Aufgabe per Doppelklick öffnen müssen – dafür nimmt er aber viel Platz in Anspruch, der für die Darstellung Ihrer gesamten Aufgabeliste fehlt. Bei E-Mails ist der Lesebereich zum schnellen Bearbeiten praktisch, bei Aufgaben hingegen reicht häufig der Betreff für eine Entscheidung, was zu tun ist – nutzen Sie den Platz besser für eine größere Darstellung Ihrer Aufgabenliste. Deaktivieren Sie den Lesebereich auf der Registerkarte *Ansicht* in der Gruppe *Layout* im Menü zu Schaltfläche *Lesebereich* mit dem Befehl *Aus*.

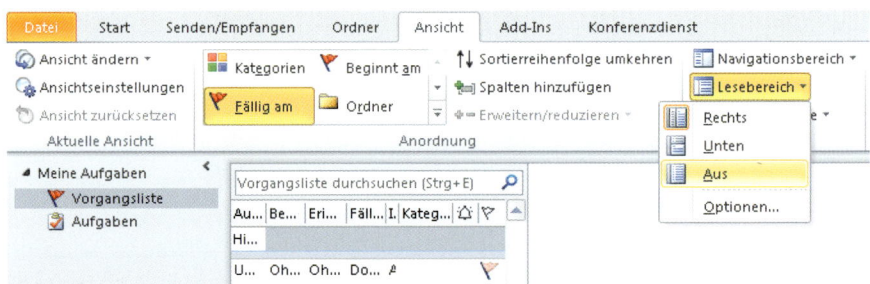

**Abbildung 2.8:** Outlook 2010 aktiviert in neuen Ansichten den Lesebereich – schalten Sie ihn für Aufgaben aus

# Räumen Sie mit Filtern Ihre Ansichten auf

Filter dienen zum Aufräumen Ihrer Ansichten, sodass nur bestimmte Aufgaben angezeigt werden. Nur die Aufgaben, die den von Ihnen gewählten Kriterien entsprechen, können den Filter passieren.

### So setzen Sie einen einfachen Filter für Ihre Ansicht

1. Ist das Dialogfeld zum Anpassen der Ansicht (aus dem letzten Schritt zum Anlegen neuer Ansichten) nicht mehr geöffnet oder möchten Sie eine Ansicht nachträglich verändern, so klicken Sie in Outlook 2010/2013 auf der Registerkarte *Ansicht* in der Gruppe *Aktuelle Ansicht* auf *Ansichtseinstellungen*. In Outlook 2003 und 2007 klicken Sie stattdessen einfach links im Navigationsbereich auf den Link *Aktuelle Ansicht anpassen*, um das Dialogfeld zu öffnen.

2. Klicken Sie auf die Schaltfläche *Filtern*.

3. Legen Sie nun die Kriterien fest, z.B. für nur in dieser Woche fällige Aufgaben im Dropdown-Listenfeld *Zeit* den Wert *Fällig* und im Dropdown-Listenfeld daneben den Wert *Diese Woche*.

4. Schließen Sie alle geöffneten Dialogfelder mit *OK*.

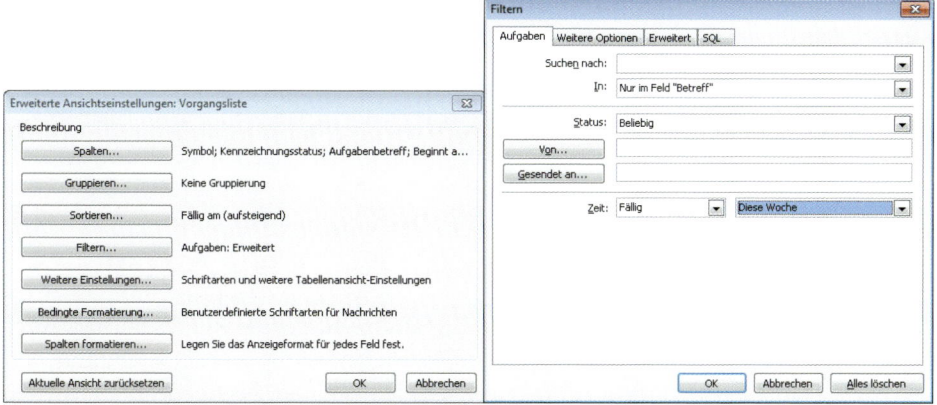

**Abbildung 2.9:** Ordnung schaffen durch Filter

### So blenden Sie alle erledigten Aufgaben aus

1. Wiederholen Sie die oben beim Erstellen eines Filters beschriebenen Schritte 1 bis 3.

2. Klicken Sie auf die Registerkarte *Erweitert*.

3. Klicken Sie auf die Schaltfläche *Feld* und wählen Sie dann in der Liste *Häufig verwendete Felder* die Option *Erledigt*.

4. Wählen Sie in den daraufhin aktivierten Dropdown-Listenfeldern als *Bedingung* den Eintrag *entspricht*, als *Wert* den Eintrag *Nein* und klicken Sie dann auf die Schaltfläche *Zur Liste hinzufügen*.

5. Schließen Sie alle geöffneten Dialogfelder mit *OK*.

Sie sehen jetzt nur noch Aufgaben, die noch nicht erledigt sind. Sobald Sie eine Aufgabe auf 100% erledigt setzen (bzw. den *Status* auf *erledigt* setzen oder das kleine Kontrollkästchen *Erledigt* aktivieren), wird die Aufgabe in dieser Ansicht nicht mehr angezeigt.

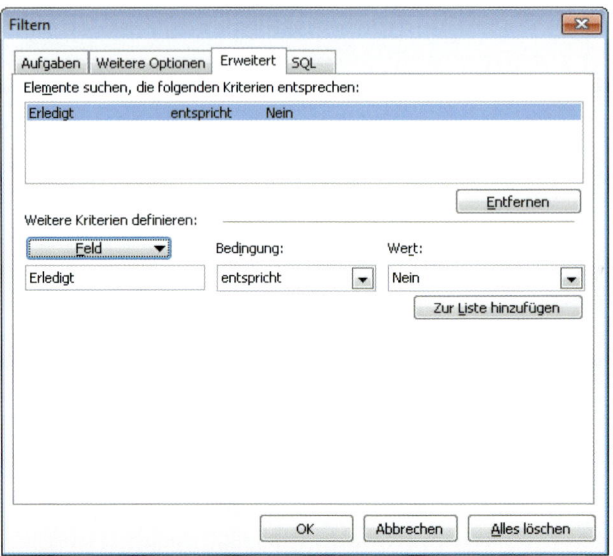

**Abbildung 2.10:** Erledigte Aufgaben mit einem Filter ausblenden

In ▶ Kapitel 3 werden wir auf weitere Filtermöglichkeiten sowie das Gruppieren von Ansichten als Alternative bzw. Ergänzung zu Filtern eingehen und Ihnen zeigen, wie Sie Filter wieder entfernen.

## Verfeinern Sie Ihre Prioritäten mit der 25.000-$-Methode

Um Ihre Planung nach einer ersten Einteilung mit dem Eisenhower-Diagramm im nächsten Schritt mit Outlook weiter zu konkretisieren, ist die 25.000-$-Methode optimal geeignet. Sie gehört zu den Zeitmanagementtaktiken, die bereits sehr alt, aber heute noch genauso aktuell wie vor 100 Jahren sind – sie hat sich einfach bestens bewährt.

### Die 25.000-$-Methode

Nachdem Charles Michael Schwab Präsident eines der damals größten Konzerne der Welt gewesen war – der United States Steel Corp. –, übernahm er die Bethlehem Steel, die er im Dezember 1904 an die Börse führte. Bethlehem Steel war durch ihre Produkte maßgeblich am Beginn des Wolkenkratzer-Zeitalters beteiligt und wurde so später zum zweitgrößten Stahlkonzern der Welt. Charles Schwab engagierte Ivy Lee, einen Unternehmensberater, als persönlichen Coach. Die Honorarvereinbarung klang fair: »Zeigen Sie mir, wie ich meine Zeit besser nutzen kann. Wenn Ihre Tipps funktionieren, zahle ich Ihnen jedes Honorar innerhalb vernünftiger Grenzen.«

Ivy Lee gab ihm ein Blatt Papier – Outlook stand damals leider noch nicht zur Verfügung – und sagte ihm: »Schreiben Sie einfach einmal alles auf, was Sie morgen zu tun haben. Wenn Sie alle Aufgaben aufgelistet haben, vergleichen Sie sie nach ihrer Priorität: Falls morgen plötzlich völlig unerwartet einige Maschinen defekt sind, dadurch die ganze Produktion stillsteht, Sie sich umgehend darum kümmern müssen und so nur noch für eine einzige Aufgabe von der eben erstellten Liste Zeit hätten, welche würden Sie auswählen? Für welche würden Sie sich entscheiden, wenn Sie nur eine einzige von der ganzen Liste erledigen könnten? Schreiben Sie vor diese die Nummer eins.

Welche von den dann noch verbleibenden Aufgaben würden Sie wählen, wenn Sie nur noch eine einzige davon unterbringen könnten? Dieser geben Sie die Nummer zwei. Und so weiter, bis Sie eine Rangfolge für die gesamte Liste gebildet haben. Fangen Sie dann morgen zuerst mit der Nummer eins an, gleich als Erstes. Tun Sie nichts anderes, bis Sie diese Aufgabe erledigt haben. Überprüfen Sie danach Ihre Liste noch einmal: Hat sich inzwischen etwas verändert, sodass die dortige Nummer zwei nach unten rutscht? Ist irgendetwas passiert, das so wichtig ist, dass Sie sich gleich darum kümmern sollten und es somit zur neuen Nummer zwei wird? Passen Sie gegebenenfalls Ihre Liste an und machen Sie mit der Nummer zwei weiter. Tun Sie nichts anderes, bis Sie diese Aufgabe erledigt haben. Dann legen Sie eine kurze Erholungspause ein und setzen sich danach an die Nummer drei usw.

Auch wenn Sie am Ende des Tages nicht alles erledigt haben, ist das nicht so tragisch. So ist das Leben. Aber mit dieser Methode haben Sie wenigstens die allerwichtigsten Dinge geschafft, anstatt sie dauernd liegen zu lassen – das, was wirklich zählt. Der Schlüssel zum Erfolg ist es, dies täglich zu tun: Listen Sie Ihre Aufgaben auf und bewerten Sie deren relative Wichtigkeit im Vergleich zueinander. Erstellen Sie einen Tagesplan, indem Sie über die Prioritäten entscheiden, und halten Sie sich daran. Schriftliche Priorisierung ist auch ein ganz wichtiger Schritt zu mehr Selbstdisziplin bei der konsequenten Umsetzung. Kümmern Sie sich zuerst um die wichtigsten Aufgaben und bleiben Sie dabei, solange sich die Prioritäten nicht verschieben. Machen Sie dies zu einer Gewohnheit für jeden Tag. Versuchen Sie es, solange Sie wollen. Wenn Sie von der Wirksamkeit dieses Systems überzeugt sind, schicken Sie mir einen Scheck und entscheiden Sie selbst, was Ihnen dieser Tipp wert ist.«

Einige Wochen später schickte Charles Schwab einen Scheck über 25.000 US-Dollar an Ivy Lee. Später sagte er, dass dies die gewinnbringendste Lektion gewesen sei, die er in seiner gesamten Managementkarriere gelernt habe.

(Nach R.A. Mackenzie, »Die Zeitfalle«, Heidelberg 1974, S. 41 f.)

## So definieren Sie eine »25.000-$-Ansicht«

Wenn Sie diese Ansicht einmal (wie weiter vorn im ▶ Abschnitt »Definieren Sie eigene Ansichten« beschrieben) angelegt haben, können Sie sie künftig zur Planung nach der 25.000-$-Methode benutzen. Fügen Sie danach ein benutzerdefiniertes Feld ein, das Sie z.B. *25.000 $* nennen (siehe Abbildung 2.11).

1. Schalten Sie in die neue Aufgabenansicht um, indem Sie in Outlook 2010/2013 auf der Registerkarte *Ansicht* in der Gruppe *Aktuelle Ansicht* im Menü zur Schaltfläche *Ansicht ändern* auf den Namen der neuen Ansicht klicken (z.B. *25.000 $*). In Outlook 2007/2003 klicken Sie links im Navigationsbereich unter *Aktuelle Ansicht* auf den Namen der Ansicht.

2. Klicken Sie mit der rechten Maustaste auf einen der Spaltentitel der Ansicht, z.B. *Fällig am*, und wählen Sie dann im Kontextmenü den Befehl *Feldauswahl*.

3. Klicken Sie im Fenster *Feldauswahl* auf die Schaltfläche *Neu*.

4. Geben Sie im Feld *Name* die Bezeichnung *25.000 $* ein, wählen Sie im Dropdown-Listenfeld *Typ* die Option *Nummer* und klicken Sie dann auf *OK*.

---

 Wählen Sie beim Anlegen des neuen Feldes im Dropdown-Listenfeld *Typ* unbedingt die Option *Nummer* – ansonsten wird z.B. die Aufgabe mit dem Eintrag »12« später zwischen »1« und »2« einsortiert (oder Sie müssten jedes Mal »01«, »02« usw. eingeben). Der Typ *Nummer* sorgt für die korrekte Sortierung.

---

5. Ziehen Sie das Feld *25.000 $* mit gedrückter linker Maustaste aus dem Fenster *Feldauswahl* neben einen der anderen Spaltentitel in die Aufgabenansicht, z.B. neben *Aufgabenbetreff* bzw. *Betreff* – siehe rechts in Abbildung 2.11.

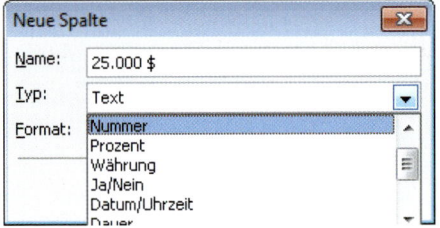 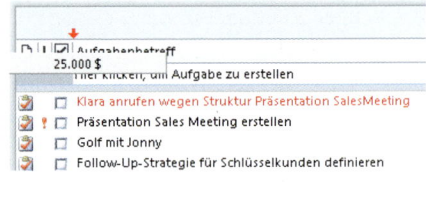

**Abbildung 2.11:** Wählen Sie für das Feld den Typ *Nummer* und fügen Sie das Feld als neue Spalte in die Ansicht ein

---

 Felder, die Sie nicht benötigen und die (je nach Outlook-Version) in Ihrer neuen Ansicht noch eingeblendet sind, können Sie ganz einfach loswerden: Ziehen Sie ggf. vorhandene überflüssige Felder wie z.B. *Beginnt am* und *Erinnerungszeit* mit gedrückter linker Maustaste aus der Ansicht in das Fenster *Feldauswahl*. Die Felder werden in dieser Ansicht nun nicht mehr angezeigt – bei Bedarf können Sie sie jederzeit wieder aus der Feldauswahl in die Ansicht ziehen, um sie erneut einzublenden.

---

6. Schließen Sie die *Feldauswahl* durch einen Klick auf die *Schließen*-Schaltfläche (das x) rechts in der Titelleiste des Fensters.

7. Sortieren Sie abschließend die Ansicht aufsteigend nach der neu eingefügten Spalte: Klicken Sie ein Mal mit der linken Maustaste auf die Spaltenüberschrift *25.000 $*.

## So nutzen Sie Ihre 25.000-$-Ansicht zur verfeinerten Priorisierung

Ab sofort können Sie mit der neuen Ansicht arbeiten und die erste grobe Klassifizierung nach der Eisenhower-Methode nun konkretisieren, sodass Sie eine absolute Reihenfolge der Aufgaben bilden:

1. Wenn alles schiefgeht und Sie heute nur noch für eine dieser Aufgaben Zeit hätten, welche würden Sie dann unbedingt geschafft haben wollen? Tragen Sie hier *1* in das Feld *25.000 $* ein.

2. Sobald Sie nun eine andere Aufgabe anklicken, wandert die soeben mit »1« gekennzeichnete Aufgabe nach unten. Aufgabe Nummer zwei wird Outlook später dahinter (einen Platz weiter unten) einsortieren. Alle noch nicht nummerierten Aufgaben erscheinen oben in der Liste.

3. Welche von den verbleibenden, noch nicht nummerierten Aufgaben ist nun die wichtigste? Diese erhält Nummer »2« usw.

 Die anderen Aufgabenansichten werden übrigens durch Ihr »25.000-$-Feld« nicht beeinflusst und verhalten sich unabhängig von den in das Feld eingetragenen Werten genau wie vorher.

4. Vielleicht rätseln Sie ein wenig, welche Aufgabe nun die nächstwichtigste ist. Überlegen Sie nicht zu lange, sondern entscheiden Sie sich. Es gibt keine hundertprozentig »richtige« Lösung, sondern es geht darum, eine ungefähre Rangfolge der Aufgaben im Vergleich der Wichtigkeiten untereinander zu bekommen. Übung macht hier den Meister. Vielleicht sehen Sie eine Aufgabe, von der Ihnen gleich klar ist, dass es die unwichtigste aller noch verbleibenden unnummerierten ist und die deshalb gleich auf den letzten Platz soll. Welche Nummer bekommt diese dann? Verlassen Sie sich hier nicht auf die in der Statusleiste angezeigte Gesamtzahl der Aufgaben, denn diese ist ggf. ungleich der Anzahl der am Bildschirm angezeigten Aufgaben, wenn Sie die Ansicht gefiltert haben. Sie müssen hier aber trotzdem nicht zählen, sondern können dieser Aufgabe z.B. einfach die Nummer »99« zuordnen (falls Sie nicht gerade 150 Aufgaben für heute aufgelistet haben). Die nächstunwichtigste bekommt dann Nummer 98 usw. Auch wenn Sie z.B. nur 17 Aufgaben für heute haben, sortiert Outlook so richtig.

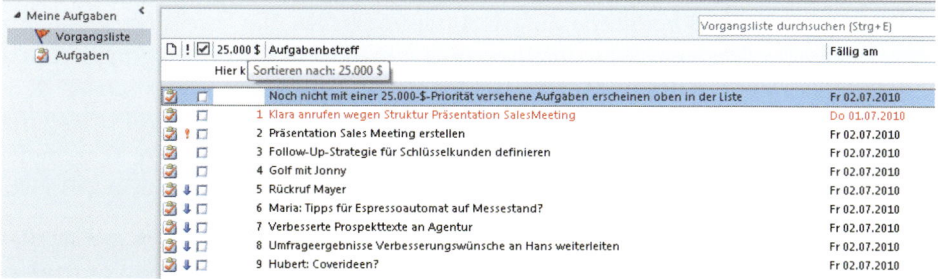

**Abbildung 2.12:** Erstellen Sie eine 25.000-$-Ansicht, um zu entscheiden, welche Aufgabe als Nächstes dran ist

Wir werden die 25.000-$-Methode im Rahmen der Tagesplanung (siehe ▶ Kapitel 4) weiter verfeinern – davor kommt allerdings noch der Schritt der Wochenplanung (siehe ▶ Kapitel 3).

Wenn Sie gerne sehr detailliert planen, eignet sich diese Methode auch gut, um zusätzlich Ihre Aufgabenliste auf Wochenebene oder nur die Aufgaben für ein bestimmtes größeres Projekt usw. bereits umfangreich zu priorisieren. Sie können dafür wie oben beschrieben weitere Ansichten (»25.000-$-Projekt A« usw.) anlegen, um diese dann mit einem Klick aufzurufen. Fügen Sie für diese Ansichten ebenfalls das 25.000-$-Feld mit einem entsprechend detaillierten Namen ein (z.B. »Proj. A 25.000-$-Prio«). Somit behalten Sie auch bei komplexer Verschachtelung den Überblick: Eine Aufgabe kann bezogen auf das Projekt die Nummer eins, bezogen auf die Woche Nummer fünf und bezogen auf den aktuellen Tag die Nummer 2 sein. Dies als Tipp für alle, die nach den von uns beschriebenen Tipps und einfacheren Methoden zur Wochenplanung noch tiefer ins Detail gehen möchten. Für alle anderen gilt: Übertreiben Sie es mit der Planung nicht, sonst kehrt sich der positive Effekt ins Gegenteil um – gerade am Anfang reicht *eine* 25.000-$-Ansicht (am besten für den Tag).

## Die Vorgangsliste – behalten Sie Aufgaben aus mehreren Ordnern und zu bearbeitende Mails auf einmal im Blick

Outlook 2007-2013 schaffen die beiden größten Hindernisse beim Arbeiten mit mehreren Aufgabenordnern aus dem Weg. Erstens zeigt Outlook nun Erinnerungen/Alarme für Aufgaben unabhängig davon an, in welchem Ordner die Aufgabe gespeichert ist (früher nur für Aufgaben, die im Standardordner *Aufgaben* lagen). Zweitens können Sie nun endlich nicht nur die jeweils in einem bestimmten Ordner liegenden Aufgaben sehen, sondern auch alle Aufgaben aus allen Ihren Aufgabenordnern auf einmal. Das hilft, den Überblick zu bewahren.

Wenn Sie in Outlook zum Modul *Aufgaben* wechseln und dort z.B. mit verschiedenen Ansichten arbeiten (siehe ▶ Abschnitt »Definieren Sie eigene Ansichten«), so sehen Sie jeweils nur alle Aufgaben aus dem gerade gewählten Aufgabenordner (bzw. in der Vorgangsliste alle Aufgaben aus allen Ordnern). Sie können genau wie für E-Mails auch für Aufgaben neue und damit mehrere Ordner (siehe ▶ Kapitel 1) anlegen (z.B. um die Zugriffsrechte auf Ihre Aufgaben für Ihre Kollegen beim Arbeiten im Team für jeden Ordner und damit alle darin enthaltenen Aufgaben individuell anzupassen oder um außer den Kategorien noch eine weitere Stufe zum Sortieren und Einteilen Ihrer Aufgaben zu haben, z.B. private und berufliche Aufgaben oder Aufgaben, die jeweils bestimmte Projekte/Produkte betreffen und dann innerhalb des Ordners nach Kategorien gruppiert werden). Beim Arbeiten mit mehreren Aufgabenordnern kommt man allerdings schnell durcheinander. Das Arbeiten mit mehreren Aufgabenordnern bleibt daher weiterhin Geschmackssache – kann in bestimmten Einzelfällen aber durchaus sehr nützlich sein. Wir empfehlen Ihnen generell, möglichst nur einen Aufgabenordner zu verwenden (und jeweils nicht benötigte Aufgaben mit Filtern auszublenden).

Wenn Sie in den Outlook-Aufgaben im Bereich *Meine Aufgaben* auf das Wort *Vorgangsliste* (Outlook 2010/2007 zeigen ein rotes Fähnchen vor dem Wort, Outlook 2013 hat hier kein Fähnchen mehr) klicken, zeigt Outlook alle Aufgaben aus den darunter aufgelisteten Ordnern gesammelt an. Zusätzlich sehen Sie auch alle E-Mails, die Sie zur Nachverfolgung als

Aufgabenelement gekennzeichnet haben (mit einem je nach Fälligkeitsdatum mehr oder weniger roten Fähnchen, siehe ▶ Kapitel 1). Die Aufgabenleiste am rechten Bildschirmrand (siehe ▶ Kapitel 1 und ▶ Kapitel 4) zeigt übrigens wie die *Vorgangsliste* auch als Aufgabe gekennzeichnete E-Mails sowie die Aufgaben aus allen Ihren Aufgabenordnern an.

Die entsprechend gekennzeichneten E-Mails sehen Sie nur dann in der aktuellen Aufgabenansicht, wenn Sie statt einem einzelnen Aufgabenordner die *Vorgangsliste* ausgewählt haben. Wenn Sie nur die Aufgaben aus einem bestimmten Ordner sehen wollen, klicken Sie im Bereich *Meine Aufgaben* auf den Namen des entsprechenden Ordners.

# Übungen

1. Überlegen Sie: Welche Tätigkeiten bringen Sie besonders weit voran? Welche Tätigkeiten (z.B. E-Mail-Ordner anlegen und Posteingang aufräumen, Verbesserungen, Weiterbildung usw.) würden sich durch Zeit- und Kostenersparnis oder gesteigerte Effizienz in anderen Bereichen deutlich auszahlen?

2. Wenn Sie noch nicht mit Outlook-Aufgaben arbeiten: Führen Sie Ihre To do Listen ab jetzt in Outlook. Tragen Sie (jeweils mit aussagekräftigem Betreff) 20 Aufgaben ein, die Sie nächste Woche erledigen müssen oder wollen.

3. Setzen Sie die *Priorität* für alle auf *Niedrig*. Suchen Sie maximal drei A-Aufgaben heraus, deren *Priorität* Sie auf *Hoch* umstufen, und maximal fünf B-Aufgaben, deren *Priorität* Sie auf *Normal* setzen. Arbeiten Sie diese (spätestens am Fälligkeitstag) vor allen anderen ab. Je weniger Aufgaben Sie auf diese Weise als wichtiger bzw. auch noch dringlicher als die anderen einstufen, desto höher ist die Wahrscheinlichkeit, dass Sie sie im Laufe der Woche auch alle erledigen können.

4. Sortieren Sie die Aufgabenliste nach Priorität, zeigen Sie (mithilfe eines Filters) nur die in dieser Woche fälligen Aufgaben an und blenden Sie alle erledigten aus.

5. Erstellen Sie eine Ansicht *25.000-$-Tagesprioritäten*, die nur heute fällige Aufgaben zeigt, fügen Sie das Feld *25.000 $* ein und sortieren Sie nach dieser Spalte.

# Die wichtigsten Neuerungen in Outlook 2013

Outlook 2013 zeigt Ihnen jetzt überall mit einer Mausbewegung zur Navigationsleiste kurz die aktuellen Aufgaben für heute in einem Popup-Fenster. Außerdem wirkt es auf den ersten Blick so, als ob der weiter vorn in diesem Kapitel beschriebene neue Editor für das Notizfeld in den Kontakten nicht mehr funktioniert, sobald Sie einen einmal eingegebenen Kontakt wieder öffnen. Im folgenden Abschnitt erfahren Sie, wie Sie auch in Outlook 2013 wieder Zugriff auf den Editor und Ihre mit diesem formatierten Notizen erhalten.

# Editor in den Kontakten nutzen/formatierte Kontaktnotizen

Wenn Sie in Outlook 2013 mit dem *Personen*-Befehl der Navigationsleiste in die Outlook-Kontakte wechseln, zeigt Outlook im Lesebereich die Daten für den aktuell ausgewählten Kontakt. Sie können mit einem Klick in den Lesebereich mit dieser Person *eine Besprechung planen* oder an die Person eine *E-Mail senden*. Wenn Sie den Outlook Social Connector mit einem sozialen Netzwerk verbunden haben (siehe ▶ Kapitel 1), zeigt Outlook einen zusätzlichen Kontakteordner mit Ihren Kontakten aus diesem sozialen Netzwerk an. Outlook 2013 versucht in der *Personen*-Ansicht, Daten aus sozialen Netzwerken und Ihren in Outlook gespeicherten Kontakten zu verbinden – so sehen Sie auch in Ihrem lokalen Kontakt-Fenster ein Foto von Personen, zu denen Sie nur Name und Mailadresse abgespeichert hatten, wenn für diesen Namen z.B. ein Linkedin-Kontakt mit gleicher Mailadresse und einem Foto vorhanden ist.

Wenn Sie im Lesebereich auf *NOTIZEN* klicken, sehen Sie Ihre Notizen zu dem Kontakt, allerdings werden Formatierungen wie fette oder mit anderen Farben hervorgehobene Schrift ebenso wie in die Notizen eingefügte Bilder nicht dargestellt und Hyperlinks in den Notizen sind nicht anklickbar. Auch ein Klick auf *Bearbeiten* oder ein Doppelklick auf die Person öffnet nicht direkt den Outlook-Editor mit allen Möglichkeiten zur Formatierung. Das liegt daran, wie Outlook die aus verschiedenen Datenquellen zusammengeführten Informationen anzeigt. Klicken Sie im Lesebereich in der Gruppe *Datenursprung anzeigen* auf *Outlook (Kontakte)* (siehe Abbildung 2.13), um wieder den kompletten Editor und alle Formatierungen in den Notizen zu sehen. Alternativ können Sie auf der Registerkarte *ANSICHT* in der Gruppe *Aktuelle Ansicht* mit dem Befehl *Ansicht ändern* auch irgendeine andere Ansicht als *Personen* wählen, damit ein Doppelklick auf einen Kontakt wieder formatierte Notizen und den gewohnten Outlook-Editor öffnet.

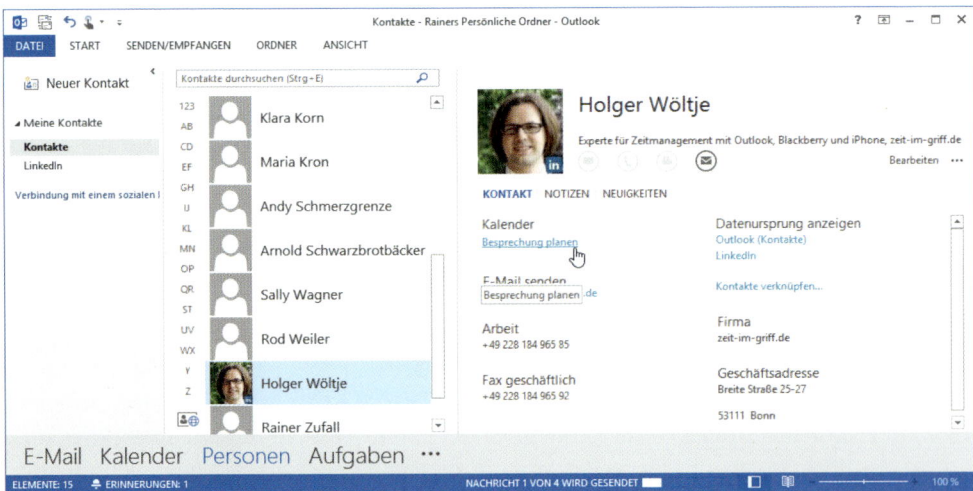

**Abbildung 2.13:** In Outlook 2013 mit einem Klick in den Lesebereich für Kontakte eine Besprechung planen

2013

# Das Aufgaben-Popup-Fenster von Outlook 2013 anpassen

Wenn Sie mit der Maus auf einen der Befehle *Kalender, Personen* oder *Aufgaben* in der Navigationsleiste fahren, öffnet Outlook ein Popup-Fenster zum Nachschlagen der Termine eines Datums im Kalender, zum Suchen einer Person aus Ihren Kontakten oder der Anzeige Ihrer Aufgaben (den Kalender werden wir in ▶ Kapitel 3 und ▶ Kapitel 4 detaillierter beschreiben). Das kleine Aufgaben-Popup-Fenster können Sie zum schnellen Eingeben neuer Aufgaben benutzen und es mit einem Filter oder anderen Ansichtseinstellungen anpassen, wie Sie es in diesem Kapitel gelernt haben.

Klicken Sie im Aufgaben-Popup-Fenster mit der rechten Maustaste auf das Rechteck mit dem Text *Neue Aufgaben eingeben* und wählen Sie im Kontextmenü den Befehl *Anordnen nach* zum schnellen Gruppieren oder *Ansichtseinstellungen,* um die Ansicht anzupassen und z.B. einen Filter zu setzen, der nur die heute fälligen, unerledigten Aufgaben zeigt. So können Sie z.B. in der Bildschirmmitte Ihre Aufgaben nach Projekten/Kategorien gruppieren (siehe ▶ Kapitel 3) und die Teilaufgaben der

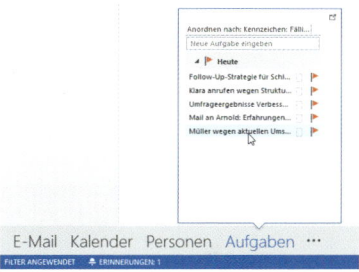

nächsten Wochen für ein Projekt planen, während Sie kurz mit der Maus in der Navigationsleiste das Aufgaben-Popup-Fenster mit allen heute fälligen Aufgaben zusätzlich einblenden.

# »Dafür hab ich keine Zeit!« Wie Sie mit effektiver Wochenplanung mehr Zeit für das Wesentliche gewinnen

# Was zählt – und warum bleibt das dauernd liegen?

Eine Woche ist überschaubar genug, um bereits konkret Termine und Aufgaben zu planen. Gleichzeitig ist sie – anders als der Tag – lang genug, um sich für die Balance um alle Lebensbereiche zu kümmern und einen aus dem Ruder gelaufenen oder übervollen Tagesplan auszugleichen. Nutzen Sie die Woche als Zeitraum zur ganzheitlichen Planung daher auch für Ihre Planung in Microsoft Outlook.

## Rainer hat schon wieder keine Zeit ...

Rainer Zufall fühlt sich ausgepowert. Die ständige Hitze dieses Sommers und das viele Reisen – früher hat er das alles viel besser weggesteckt. Früher hat er auch regelmäßig gejoggt und Basketball gespielt. Seine Kollegin Klara Korn ist neuerdings auf dem Wellnesstrip und behauptet, das hänge zusammen. Er müsse sich mal wieder ein bisschen bewegen, dann wäre er wieder fitter. Und könne besser arbeiten. »Würde sich bei dir genauso lohnen wie ein Schreibmaschinenkurs, so viel, wie du tippst«, neckt sie ihn. Aber Klara hat gut reden – er jedenfalls hat dazu jetzt keine Zeit. Vielleicht nächstes Jahr ...

Seine Abteilung betreut 152 Kunden, von denen die größten zehn insgesamt 56 % des Umsatzes bringen – und sehr zufrieden sind. Seit Februar hat er sich vorgenommen, nach Wegen zu suchen, wie er diese zehn noch intensiver betreuen und weitere Individuallösungen bieten kann. Schließlich bedeutet das nicht nur, dass seine Kunden noch weiter nach vorn kommen – für seine Abteilung bedeutet das auch mehr Umsatz und Gewinn. Aber das muss ja nicht heute sein und im Tagesgeschäft bleibt momentan auch einfach keine Zeit dafür.

Begeistert ist er ja von Telefonkonferenzen, die er bequem mit seinem drahtlosen Headset vom Besprechungsraum nebenan führt – weniger Reisen, straffer organisiert und schneller beendet als herkömmliche Meetings. Seine Frau hingegen hat sich gerade beschwert, dass die Telefonkonferenz offenbar zunehmend auch zu seiner bevorzugten und bald einzigen Kommunikationsform mit ihr wird ...

Sie haben Ihre Prioritäten gesetzt, nur haben manche B-Aufgaben trotzdem kein Fälligkeitsdatum und bleiben daher ewig liegen? Manchmal ist im Tagesgeschäft kaum noch Platz für die Aufgabenliste?

Anders als z.B. bei der Bewältigung Ihrer täglichen E-Mails oder der Tagesplanung, bei der abends immer wieder etwas unerledigt geblieben ist, sind die Probleme bei der Wochenplanung auf den ersten Blick nicht offensichtlich. Viele Menschen führen gar keine Wochenplanung durch: Es gibt (wenn überhaupt) die Jahres- oder Quartalspläne zumindest für den beruflichen Bereich. Was man Wochen oder Monate im Voraus einträgt, findet man in Outlook dann ja sowohl in der Monats- als auch in der Wochen- und in der Tagesansicht. Wozu also die Woche separat planen?

Die Wochenplanung ist der Schlüssel für das Erreichen langfristiger Ziele, ein Leben in Balance und die Erledigung Ihrer B-Aufgaben, auch wenn diese kein baldiges oder gar kein Fälligkeitsdatum mitbringen. Wenn diese ewig liegen bleiben, wenn Sie z.B. immer wieder Ihr Privatleben oder Ihre Gesundheit für den Beruf vernachlässigen oder nur noch kurzfristigen Plänen und Zielen hinterherrennen, dann ist eine effektive Wochenplanung der beste Weg, dem entgegenzusteuern.

Selbst für Workaholics, die sich für die Karriere als allerwichtigsten Lebensinhalt entschieden haben, gilt, was wissenschaftliche Studien belegen: Wer dreimal wöchentlich joggt (schwimmen geht, tanzt o.Ä.) und ein ausgeglichenes Privatleben mit Zeit für Freunde und Partner hat, der schafft nicht nur pro Stunde, sondern auf lange Sicht auch absolut mehr (also z.B. in einer 55-Stunden-Woche insgesamt mehr als unausgeglichene Vielarbeiter in einer 70-Stunden-Woche). Zudem ist er kreativer, arbeitet zuverlässiger und kann Krisen besser wegstecken.

## Packen wir's an!

Dieses Kapitel zeigt Ihnen, wie Sie

◎ mit Outlook-Kategorien Ihre gesamten Aufgaben nach Projekten und Bereichen ordnen,

◎ Ihr eigenes Kategoriensystem finden und damit den Überblick für die Woche bewahren,

◎ Ihre unterschiedlichen Lebensbereiche in Balance halten,

◎ Beruf und Privatleben zusammen planen,

◎ mit Schlüsselaufgaben in allen Bereichen regelmäßig und langfristig weiterkommen,

◎ für diese Schlüsselaufgaben Zeiten in Ihrem Kalender blockieren, damit Sie auch ohne dringende Fälligkeit in stressigen Phasen regelmäßig Zeit für die Dinge finden, die Ihnen am wichtigsten sind.

 Nehmen Sie sich jede Woche ca. 20 bis 30 Minuten Zeit für die Wochenplanung – Sie werden merken, dass sich dies nach ein paar Monaten durch mehr Balance, Zufriedenheit, bessere Leistungsfähigkeit und langfristige (nicht nur) berufliche Erfolge auszahlt.

# Nutzen Sie Kategorien zum Zusammenfassen von Aufgaben

Bevor wir die Woche mithilfe von Kategorien und dem Kieselprinzip planen, beschäftigen wir uns in diesem Abschnitt mit Grundlagen zum Thema Kategorien. Kategorien sind sehr praktisch, um bei vielen Aufgaben zu verschiedenen Bereichen den Überblick und die Balance zu wahren.

Sie dienen der Zuordnung von »Themen« bzw. »Stichwörtern« zu Aufgaben. (Dort sind sie am hilfreichsten – wenn Sie erst einmal damit vertraut sind, können Sie sie auch für andere Outlook-Einträge wie z.B. Termine benutzen). Beispiele für Kategorien finden Sie weiter hinten in diesem Kapitel im ▶ Abschnitt »Legen Sie ein eigenes Kategoriensystem an«.

# Sorgen Sie mit Kategorien für Durchblick

Bevor wir im nächsten Schritt nach Kategorien filtern und gruppieren, hier zunächst eine Anleitung und Beispiele für das Zuweisen und Auswählen von Kategorien. In Outlook 2007 wurde das Kategoriensystem um neue Funktionen erweitert und die Bedienung (z.B. zum Zuweisen von Kategorien) an vielen Stellen verändert. Die Strategien zum Arbeiten mit Kategorien sind in allen Outlook-Versionen die gleichen, die auf den nächsten Seiten für Outlook 2007, 2010 und 2013 gezeigten Bedienschritte sind jedoch in Outlook 2003 anders. Außerdem sind in Outlook 2003 nicht alle Zusatzfunktionen (z.B. Schnellklicken und frei wählbare Tastenkombinationen zum Zuweisen einzelner Kategorien) vorhanden. Wir zeigen Ihnen daher zuerst das Kategoriensystem in Outlook 2007-2013, danach auf Seite 83 das Kategoriensystem in Outlook 2003 und beschreiben dann ab Seite 86 im ▶ Abschnitt »Legen Sie ein eigenes Kategoriensystem an« praktische Strategien zum Arbeiten mit Kategorien, die wieder für alle Versionen gleich sind. Wenn Sie mit Outlook 2003 arbeiten, lesen Sie nun bitte ab Seite 83 weiter.

In Outlook 2007-2013 können Sie nicht mehr wie aus vorigen Versionen gewohnt einfach in das Feld *Kategorien* einer gerade in einem eigenen Fenster geöffneten Aufgabe (bzw. eines Termins oder Kontaktes) oder in die entsprechende Spalte in einer Tabellenansicht klicken und einfach drauflostippen, um eine Kategorie zuzuweisen. Dieses Vorgehen war auch recht fehleranfällig, weshalb wir bereits in den vorigen Auflagen dieses Buches das Zuweisen über die Hauptkategorienliste empfohlen haben. In den neuen Outlook-Versionen ist die Verwendung der angepassten Kategorienliste nun noch einfacher geworden.

## So weisen Sie Aufgaben Kategorien zu

Die *Kategorien* finden Sie nicht mehr wie früher rechts unten im Standardformular – der entsprechende Befehl ist durch ein vierfarbiges Quadrat symbolisiert (*Kategorisieren*), das in der Gruppe *Kategorien* (Outlook 2010/2013) bzw. *Optionen* (Outlook 2007) auf der Registerkarte *Aufgabe* platziert ist. Mit einem Klick auf diese Befehlsschaltfläche weisen Sie neue Kategorien zu und ändern die aktuell zugewiesenen Kategorien (*Alle Kategorien* ganz unten in der Liste der Namen bringt Sie zu der neuen Kategorienliste, die wir gleich noch besprechen werden).

Alle zugewiesenen Kategorien erscheinen nun in einem entsprechend der Kategorie gefärbten Balken direkt über dem Betreff der Aufgabe.

In einer Listenansicht der Aufgaben klicken Sie mit der rechten Maustaste in die Spalte *Kategorien* in der zu einer Aufgabe gehörenden Zeile, um direkt aus der Liste mit einem Klick auf den entsprechenden Namen der Kategorie eine neue Kategorie zuzuweisen bzw. eine bereits zugewiesene Kategorien wieder von der Aufgabe zu entfernen.

### »Schnellklicken« mit der linken Maustaste

Wenn Sie mit der rechten Maustaste in die Spalte *Kategorien* klicken, sehen Sie ganz unten im dann geöffneten Kontextmenü den Befehl *Schnellklick festlegen*. Wählen Sie mit diesem Befehl Ihre am häufigsten benötigte Kategorie aus. Sie können diese Kategorie danach direkt mit einem Linksklick in die Spalte *Kategorien* für die angeklickte Aufgabe setzen bzw. mit einem weiteren Klick wieder entfernen.

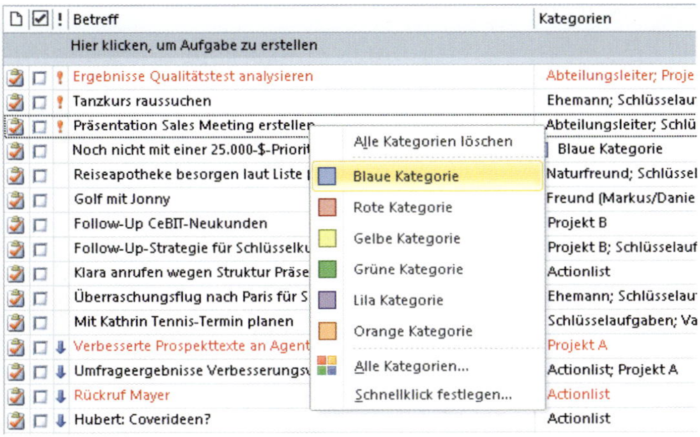

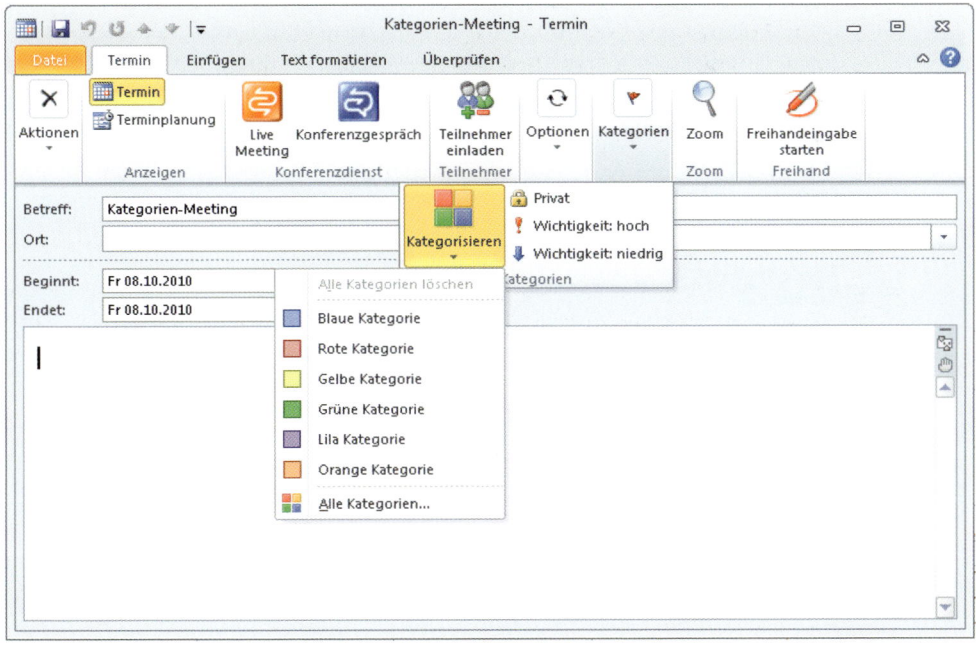

**Abbildung 3.1:** Weisen Sie Aufgaben Kategorien zu

## So weisen Sie die Kategorien im Kalender zu

Wenn Sie einen Termin (z.B. mit Doppelklick) in einem eigenen Fenster geöffnet haben, klicken Sie auf der Registerkarte *Termin* in der Gruppe *Kategorien* (Outlook 2010/2013) bzw. *Optionen* (Outlook 2007) auf die Schaltfläche *Kategorisieren* und wählen im aufklappenden Menü die gewünschte Kategorie. Alles Weitere (Kategorienliste, Anzeige der zugewiesenen Kategorien direkt über dem Betreff) ist wie eben bei den Aufgaben beschrieben.

In der *Tages-/Wochen-/Monatsansicht* Ihres Kalenders klicken Sie einen Termin mit der rechten Maustaste an und wählen im Kontextmenü den Befehl *Kategorisieren*.

**Abbildung 3.2:** Terminen weisen Sie über die Befehlsschaltfläche *Kategorisieren* eine Kategorie zu

### So weisen Sie E-Mails Kategorien zu

In Ihrem Posteingang (und anderen E-Mail-Ordnern) weisen Sie in Outlook 2007-2013 jetzt auch E-Mails einfach und schnell Kategorien über die entsprechende Spalte zu – genau wie oben für die Aufgaben beschrieben.

Wenn Sie eine E-Mail (z.B. mit Doppelklick) zum Bearbeiten in einem eigenen Fenster geöffnet haben, finden Sie bei empfangenen Nachrichten auf der Registerkarte *Nachricht* in der Gruppe *Kategorien* (Outlook 2010/ 2013) bzw. *Optionen* (Outlook 2007) direkt den Befehl *Kategorisieren*. Wenn Sie gerade dabei sind, eine neue E-Mail zu verfassen, ist die Vorgehensweise etwas anders: Klicken Sie auf der Registerkarte *Nachricht* rechts neben dem Gruppennamen *Kategorien* bzw. *Optionen* auf den kleinen Pfeil (das sogenannte Startprogramm für ein Dialogfeld), um das Dialogfeld *Eigenschaften* bzw. *Nachrichtenoptionen* zu öffnen. Sie finden in diesem Dialogfeld links unten die Schaltfläche *Kategorien* (mit einer Liste der bisher zugewiesenen Kategorien daneben).

## Die Hauptkategorienliste in Outlook 2007-2013

Die Liste ist anders als bei den Vorgängerversionen nur noch mit den Namen einiger Grundfarben (*Blaue Kategorie*, *Gelbe Kategorie* usw.) vorbelegt. Öffnen Sie wie eben für Aufgaben, Termine und E-Mails beschrieben das Kontextmenü zum Zuweisen einer Kategorie und wählen Sie dort den Befehl *Alle Kategorien*, um die Hauptkategorienliste in einem Dialogfeld namens *Farbkategorien* zu öffnen. In diesem Dialogfeld können Sie jeweils mit einem Klick in das entsprechende Kontrollkästchen ein Häkchen setzen oder entfernen, um die Kategorie dem aktuellen Eintrag hinzuzufügen bzw. wieder vom aktuellen Eintrag zu entfernen. Sie können in Outlook 2007-2013 mit der Schaltfläche *Neu* bzw. nach dem Markieren eines Kategorienamens mit den Schaltflächen *Umbenennen* und *Löschen* sowie den Dropdown-Listenfeldern *Farbe* und *Tastenkombination* direkt die Hauptkategorienliste bearbeiten.

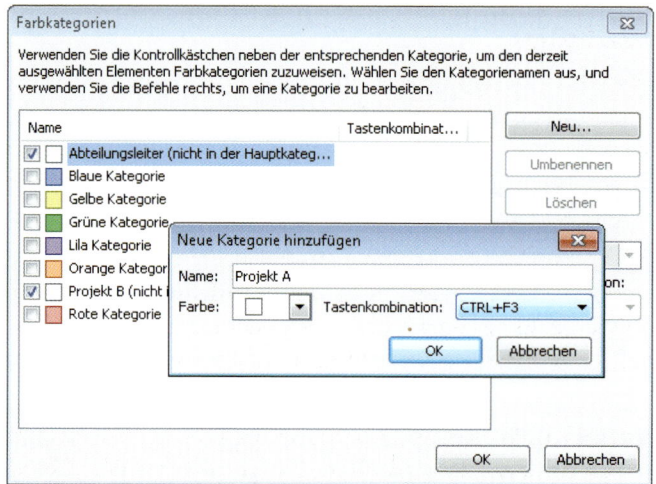

**Abbildung 3.3:** Die Hauptkategorienliste in Outlook 2007-2013 – mit Farben und Tastenkombinationen

2013

### So nutzen Sie Tastenkombination zum schnellen Zuweisen Ihrer wichtigsten Kategorien

Weisen Sie einer bestehenden Kategorie in der Liste über das Dropdown-Listenfeld *Tastenkombination* eine der Tastenkombinationen von ⌨Strg+⌨F2 bis ⌨Strg+⌨F12 zu (nicht erschrecken: aufgrund eines Übersetzungsfehlers zeigen die deutschen Outlook-Versionen CTRL an, obwohl die Taste mit STRG beschriftet ist).

Ab sofort können Sie eine in der Liste angeklickte Aufgabe, einen markierten Termin oder ein mit Doppelklick in einem eigenen Fenster geöffnetes Element mit dieser Tastenkombination der entsprechenden Kategorie zuordnen. Ein erneutes Drücken der Tastenkombination entfernt die Kategorie wieder vom Element. Nur wenn Sie gerade eine neue E-Mail schreiben, funktionieren die Tastenkombinationen nicht, da sie dann vom Editor abgefangen und anders interpretiert werden (⌨Strg+⌨F2 öffnet dann zum Beispiel die Seitenansicht).

## So füllen Sie die Liste mit eigenen Kategorien

1. Klicken Sie auf die Schaltfläche *Neu*.

2. Geben Sie den Namen der gewünschten Kategorie in das Feld *Name* im Dialogfeld *Neue Kategorie hinzufügen* ein.

3. Wählen Sie bei Bedarf durch Klick auf die gleichnamigen Dropdown-Listenfelder eine *Farbe* und eine *Tastenkombination* für Ihre neue Kategorie und schließen Sie das Dialogfeld mit *OK*.

4. Wiederholen Sie diese Schritte für alle weiteren Kategorien, die Sie hinzufügen möchten.

5. Schließen Sie die Hauptkategorienliste mit *OK*. Beispiele zu eigenen Kategorien finden Sie im ▶ Abschnitt »Legen Sie ein eigenes Kategoriensystem an« weiter hinten in diesem Kapitel.

2010

## Die Hauptkategorienliste überarbeiten

Es lohnt sich, die angezeigte Liste der Kategorien anzupassen. So können Sie Ihre eigenen Kategorien künftig mit einem Klick zuweisen und müssen nicht jedes Mal in einer langen Liste blättern, die viele Kategorien enthält, die Sie gar nicht benötigen. Wenn Sie zum Färben Ihrer Termine (siehe nächsten Abschnitt) die vorgegebenen Kategorien *Blaue*, *Gelbe*, *Grüne*, *Lila*, *Orange* und *Rote Kategorie* beibehalten möchten, lassen Sie sie einfach in der Liste. Doch wenn Sie diese Kategorien nicht benötigen, löschen Sie sie besser:

2007

1. Klicken Sie mit der rechten Maustaste auf die zu der betreffenden Aufgabe gehörende Zeile (ob sich der Mauszeiger in der Spalte *Kategorien* oder einer anderen Spalte befindet, ist dabei gleichgültig) und wählen Sie dann im Kontextmenü den Befehl *Kategorisieren/Alle Kategorien*.

   Wenn Sie eine Aufgabe im zugehörigen Aufgabenformular geöffnet haben, ersetzen Sie diesen Schritt durch einen Klick auf die Schaltfläche *Kategorisieren* (in der Gruppe *Kategorien* bzw. *Optionen*) und wählen im nun aufklappenden Menü den Befehl *Alle Kategorien*.

**2.** Klicken Sie die erste von Ihnen nicht benötigte Kategorie an, sofern sie nicht bereits mit blauem Hintergrund markiert ist (z.B. *Blaue Kategorie*), klicken Sie danach auf die Schaltfläche *Löschen*.

**3.** Wiederholen Sie Schritt 2 für alle von Ihnen nicht benötigten Kategorien und schließen Sie die Hauptkategorienliste danach mit einem Klick auf *OK*.

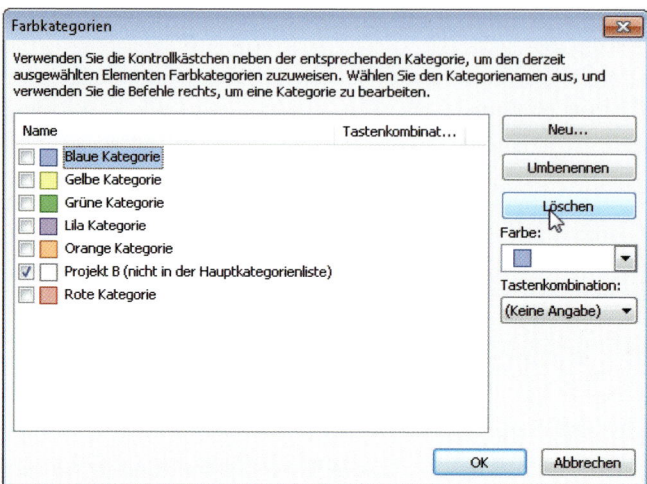

**Abbildung 3.4:** Löschen Sie nicht benötigte Einträge aus der Hauptkategorienliste und fügen Sie eigene hinzu

# Behalten Sie mit Farben für Ihre wichtigsten Kategorien den Überblick

Die mit Kategorien versehenen Einträge erhalten in Outlook 2007-2013 automatisch entsprechend Farben. So können Sie sogar mit einem flüchtigen Blick erkennen, zu welcher Kategorie ein Eintrag gehört, ohne erst den Namen lesen zu müssen – besonders beim Überfliegen von Aufgaben- oder E-Mail-Listen verschafft Ihnen das einen schnelleren Überblick.

### Wie Outlook 2007-2013 die Kategoriefarben anzeigt

Wenn Sie ein Element (z.B. mit Doppelklick) in einem eigenen Fenster geöffnet haben, sehen Sie die Kategorien und entsprechend farbige Balken direkt über dem Betreff (bzw. den Kopfzeilen einer E-Mail-Nachricht und dem Namen eines Kontaktes). Wenn Sie eine neue E-Mail schreiben, verstecken sich die Kategorien im Dialogfeld *Eigenschaften* bzw. *Nachrichtenoptionen* (siehe oben).

In Tabellen-/Listenansichten (z.B. Aufgabenlisten oder den E-Mails in Ihrem Posteingang) sehen Sie in der Spalte *Kategorien* jeweils ein farbiges Quadrat gefolgt vom Namen der Kategorie. Wenn ein Eintrag mehrere Kategorien trägt, sehen Sie zuerst alle farbigen Quadrate nebeneinander und rechts davon die Kategoriennamen nebeneinander aufgelistet. Wenn die Spalte *Kategorien* nicht breit genug ist, werden die Informationen am rechten Rand beginnend abgeschnitten – zuerst verschwinden die Namen, und bei einer entsprechend kleinen Spalte mit entsprechend vielen Kategorien dann auch die am weitesten rechts liegenden farbigen Quadrate. Die Reihenfolge ist dabei weder alphabetisch noch hängt sie von einer bestimmten Hierarchie innerhalb der Kategorien ab – wann immer Sie eine Kategorie zuweisen, wird die zuletzt zugewiesene Kategorie ganz links angefügt. Um also eine bestimmte Kategorie ganz nach links zu setzen (und damit die Sichtbarkeit auch bei schmalen Spalten zu garantieren), müssen Sie diese Kategorie wieder vom Element entfernen und danach erneut zuweisen, damit sie links neben der davor zugewiesenen Kategorie erscheint.

In der *Aufgabenleiste* (siehe ▶ Kapitel 1 und ▶ Kapitel 4) und bei der *täglichen Aufgabenliste*, die in Kalenderansichten unter den Terminen des Tages angezeigt wird (siehe ▶ Kapitel 4), ist der Platz nur sehr begrenzt und die Kategoriespalte daher so schmal, dass nur für ein farbiges Quadrat Platz ist. Anders als bei einer extrem schmal gezogenen Kategoriespalte in anderen Ansichten beschränkt sich Outlook nun aber nicht auf die am weitesten links stehende Farbe, sondern komprimiert in diesen beiden Ansichten die farbigen Symbole: Statt Quadraten zeigt Outlook jetzt zwei bis maximal drei schmalere Rechtecke nebeneinander. Bei vier und mehr Kategorien sehen Sie ebenfalls nur die drei zuletzt zugewiesenen Farben.

### Wie Outlook 2007-2013 Termine nach Kategorien färbt

In der *Tages-/Wochen-/Monatsansicht* Ihres Kalenders erhält ein Termin als Hintergrund die Farbe der ihm zuletzt zugewiesenen Kategorie. Gegebenenfalls weitere ihm zugewiesene Kategorien erscheinen (nur in der Tages- und Wochen-, nicht jedoch in der Monatsansicht) als kleine farbige Rechtecke in der rechten unteren Ecke. Sobald ein Termin einer Kategorie zugewiesen ist – selbst wenn diese Kategorie die Farbe *Kein(e)* trägt –, überschreibt diese

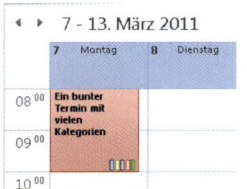

zur Kategorie gehörende Farbe die Ergebnisse aller automatischen Formatierungsregeln für die *Tages-/Wochen-/Monatsansicht* (siehe ▶ Abschnitt »So färben Sie Ihre Termine automatisch nach Kategorien«).

### So vermeiden Sie Probleme mit den Kategoriefarben

Um sinnvoll mit den Kategorien arbeiten zu können, müssen Sie sich also Gedanken über ein Farbsystem machen. Jeder Kategorie einfach eine Farbe zuzuordnen, führt schnell zum Chaos, da dann jeweils die zuletzt zugewiesene Kategorie die Farbe bestimmt. Damit wird es zum reinen Glücksspiel, ob Sie die für Sie wichtigen Kategorien bei der gerade eingestellten Spaltenbreite noch sehen können oder nicht.

Auch reicht bei Terminen dann eine unachtsam zugewiesene Kategorie aus, um das Ergebnis der automatischen Formatierung zu ruinieren. In Outlook 2007-2013 können Sie auch anhand beliebiger Kriterien automatisch die Farbe eines Termins in der *Tages-/Wochen-/Monatsansicht* festlegen lassen (siehe ▶ Abschnitt »So färben Sie Ihre Termine automatisch nach Kategorien«). Wenn Sie z.B. ständig zwischen vier verschiedenen Städten unterwegs sind, färben Sie Ihre Auswärtstermine vielleicht nach dem im Feld *Ort* eingetragenen Wert: grün für Hamburg, gelb für Berlin, rot für München und lila für Köln. Oder Sie können Besprechungsräume immer erst kurzfristig buchen, planen viele Besprechungen und färben daher z.B. alle Termine rot, für die Sie bei *Ort* »noch buchen« eingetragen haben, und orange, wenn Sie »Telko« als Kürzel für Telefonkonferenz vermerkt haben. Sobald Sie nun versehentlich einem solchen Termin eine Kategorie zuweisen (selbst wenn diese Kategorie keine Farbe trägt), wird das Ergebnis der automatischen Formatierung überschrieben und Sie übersehen bei einem schnellen Blick ggf., dass Sie noch einen Raum buchen müssen oder dieser Termin auswärts stattfindet.

Outlook geht inkonsequent mit »farblosen« Kategorien – Farbe *Kein(e)* – um: Wenn Sie einen Termin über eine Kategorie z.B. rot färben und eine grüne Kategorie hinzufügen, wird er danach in grün angezeigt. Wenn Sie dann eine Kategorie ohne Farbe hinzufügen, bleibt er grün. Wenn Sie aber einem über die automatische Formatierung gelb gefärbten Termin eine Kategorie ohne Farbe hinzufügen, zeigt Outlook den Termin farblos (also in der Hintergrundfarbe des Kalenders) statt in gelb an (bis Sie alle Kategorien wieder vom Termin entfernen).

So verhindern Sie, dass Sie sich versehentlich selbst ein Bein stellen: Wenn Sie nach einem anderen Kriterium als den Kategorien färben möchten (siehe obige Beispiele), bleibt Ihnen nur übrig, keinem Ihrer Termine eine Kategorie zuzuweisen. Sobald ein Teil Ihrer Termine auch nur eine einzige (farblose) Kategorie trägt, zerstört sie das Ergebnis der automatischen Formatierung. Um die automatische Formatierung zu nutzen, müssen Sie also auf Kategorien für Termine verzichten. Das Färben über eine Kategorie ist allerdings meist einfacher zu verstehen und schneller einzurichten als das automatische Färben. Falls Sie also z.B. nach Projekten färben möchten, das Projekt für einen Termin in den Kategorien vermerken und jeder Termin nur zu einem Projekt gehören kann, entfärben Sie einfach alle Ihre Kategorien (Farbe: *Kein(e)* zuweisen) und weisen nur den jeweiligen Projektnamen eine Farbe zu. So erkennen Sie zuverlässig anhand der Farbe das zugehörige Projekt, ohne dass eine andere Kategorie versehentlich die Projektfarbe überdecken könnte.

Als letzte Möglichkeit bleibt das manuelle Färben (z.B. wenn Sie vom inzwischen entfernten Feld *Beschriftung* aus Outlook 2002 und 2003 daran gewöhnt waren): Weisen Sie allen Kategorien in Ihrer Hauptkategorienliste die Farbe *Kein(e)* zu. Zusätzlich zu Ihren bisherigen Kategorien nehmen Sie nun *rote Kategorie, blaue Kategorie* usw. auf, die die entsprechende Farbe tragen. So können Sie über die Kategorie Ihre Termine, Aufgaben usw. schnell und einfach manuell farbig kennzeichnen, ohne versehentlich durch das Zuweisen anderer Kategorien für Projekte, Lebenshüte o.Ä. ein Farb-Chaos zu erzeugen.

Falls Sie mit einer umfangreichen Hauptkategorienliste arbeiten: Fügen Sie Ihren »Farbkategorien« eine Vorsilbe hinzu, damit diese Kategorie z.B. immer ganz oben oder ganz unten in der Liste erscheinen und sich nicht Dutzende andere Kategorien dazwischen tummeln (siehe ▶ Abschnitt »Legen Sie ein eigenes Kategoriensystem an«). Wenn Sie die Hauptkategorienliste bearbeiten, erscheinen neu angelegte Kategorien in Outlook 2007-2013 zunächst unten in der Liste. Sobald Sie die Liste jedoch nach der Bearbeitung schließen, wird sie wieder alphabetisch sortiert.

Lesen Sie als Anwender von Outlook 2007-2013 bitte auf Seite 86 im ▶ Abschnitt »Legen Sie ein eigenes Kategoriensystem an« weiter – auf den nächsten Seiten folgt zunächst noch die Anleitung für das Kategoriensystem von Outlook 2003.

## Das Kategoriensystem von Outlook 2003: So weisen Sie Kategorien zu

1. Suchen Sie in der Aufgabenliste die Aufgabe, der Sie neue/andere Kategorien zuweisen möchten.

2. Klicken Sie in das zu dieser Aufgabe gehörende Feld in der Spalte *Kategorien*.

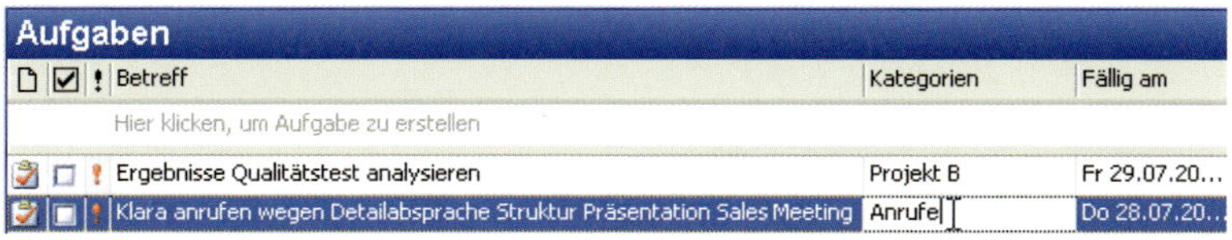

| Aufgaben | | | |
|---|---|---|---|
| 🗋 ☑ ❗ | Betreff | Kategorien | Fällig am |
| | Hier klicken, um Aufgabe zu erstellen | | |
| 🗂 ☐ ❗ | Ergebnisse Qualitätstest analysieren | Projekt B | Fr 29.07.20… |
| 🗂 ☐ ❗ | Klara anrufen wegen Detailabsprache Struktur Präsentation Sales Meeting | Anrufe | Do 28.07.20… |

**Abbildung 3.5:** Das Kategoriefeld einer Aufgabe ermöglicht direktes Editieren

3. Die blinkende Einfügemarke befindet sich nun im Kategoriefeld des markierten Aufgabeneintrags, sodass Sie direkt mit dem Editieren beginnen können.

   Wenn Sie mehrere Kategorien auf einmal zuweisen möchten, trennen Sie sie jeweils durch ein Semikolon voneinander.

4. Klicken Sie auf eine andere Aufgabe oder wechseln Sie zu einer anderen Ansicht (z.B. den Kalender), um Ihre Änderung automatisch speichern zu lassen.

Wenn Sie eine Aufgabe mit Doppelklick im zugehörigen Aufgabenformular geöffnet haben, finden Sie das Feld *Kategorien* unten rechts neben der gleichnamigen Schaltfläche. Hier können Sie ebenfalls direkt Kategorien eintragen und bearbeiten.

Mit der gleichen Vorgehensweise lassen sich auch Betreff, Fälligkeitsdatum usw. der Aufgabe ändern. Auch für in der Listenansicht angezeigte Termine (mehr dazu in ▶ Kapitel 4) können Sie so schnell einzelne Felder aktualisieren.

Diese Art des Änderns und Zuweisens von Kategorien hat jedoch auch Nachteile:

◎ Bei längeren Kategorienamen (z.B. »Lieferantenvertragsentwurfsvorlage«) kann es etwas umständlich sein, jedes Mal die gesamte Bezeichnung einzugeben.

◎ Wenn Sie sich bei einem Kategorienamen vertippen, finden die zugehörigen Filter die Aufgabe nicht mehr und beim späteren Gruppieren nach Kategorien taucht dieser Eintrag dann in einer separaten Gruppe auf.

◎ Wenn Sie anfangen, mit Kategorien zu arbeiten, brauchen Sie (auch als rasend schneller Zehnfingerschreiber mit einer gen null tendierenden Fehlerquote) eine Weile, um sich an einheitliche Namen zu gewöhnen. So kann es passieren, dass man einmal »Besprechung«, das nächste Mal jedoch »Meeting«, »Meetings« oder »Besprechungen« angibt, sodass es auch hier zu Problemen beim Filtern und Gruppieren kommt.

Benutzen Sie alternativ die Hauptkategorienliste, um diese Probleme zu vermeiden – und Kategorien bequemer zuzuweisen.

### So weisen Sie Kategorien über die Hauptkategorienliste zu

1. Klicken Sie mit der rechten Maustaste auf die zu der betreffenden Aufgabe gehörende Zeile (ob sich der Mauszeiger in der Spalte *Kategorien* oder einer anderen Spalte befindet, ist dabei gleichgültig) und wählen Sie dann im Kontextmenü den Befehl *Kategorien*.

   Wenn Sie eine Aufgabe im zugehörigen Aufgabenformular geöffnet haben, ersetzen Sie diesen Schritt durch einen Klick auf die Schaltfläche *Kategorien* (rechts unten im Formular).

**Abbildung 3.6:** Weisen Sie Kategorien per Klick zu – ohne Tippfehler oder Verwechseln von Singular und Plural

2. Weisen Sie im daraufhin geöffneten Dialogfeld der Aufgabe durch Klicken auf das entsprechende Kontrollkästchen die betreffende Kategorie zu (durch ein Häkchen gekennzeichnet) – nochmaliges Klicken auf das Kontrollkästchen (d.h. Entfernen des Häkchens) hebt die Zuweisung wieder auf.

3. Ist eine Kategorie nicht in dieser Liste enthalten, können Sie sie im Feld *Elemente gehören zu den Kategorien* wie gewohnt eingeben. Dort neu eingegebene Kategorien fügen Sie mit einem Klick auf die Schaltfläche *Zur Liste hinzufügen* in die Hauptkategorienliste ein.

4. Schließen Sie das Dialogfeld *Kategorien* mit *OK*.

## Entrümpeln Sie die Hauptkategorienliste

Es lohnt sich, die angezeigte Liste der Kategorien anzupassen. So können Sie Ihre eigenen Kategorien künftig mit einem Klick zuweisen und müssen nicht jedes Mal in einer langen Liste blättern, die viele Kategorien enthält, die Sie gar nicht benötigen.

1. Klicken Sie mit der rechten Maustaste auf die zu der betreffenden Aufgabe gehörende Zeile (ob sich der Mauszeiger in der Spalte *Kategorien* oder einer anderen Spalte befindet, ist dabei gleichgültig) und wählen Sie dann im Kontextmenü den Befehl *Kategorien*.

Wenn Sie eine Aufgabe im zugehörigen Aufgabenformular geöffnet haben, ersetzen Sie diesen Schritt durch einen Klick auf die Schaltfläche *Kategorien* (rechts unten im Formular).

**2.** Klicken Sie im Dialogfeld *Kategorien* auf die Schaltfläche *Hauptkategorienliste*.

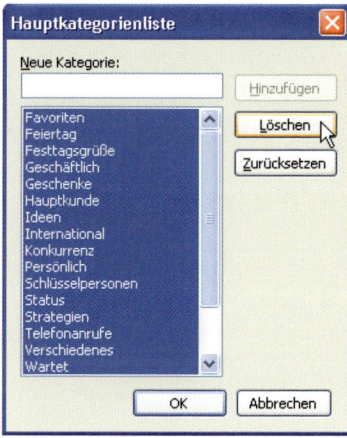

**Abbildung 3.7:** Löschen Sie nicht benötigte Einträge aus der Hauptkategorienliste und fügen Sie eigene hinzu

Wenn Sie die Hauptkategorienliste nicht bereits selbst angepasst oder von Ihrer Firma neu vorbelegt bekommen haben, löschen Sie als Erstes die vorgegebenen Einträge, um sie später durch eigene zu ersetzen, die besser zu Ihrer Arbeits- und Denkweise passen:

**1.** Klicken Sie auf den ersten Eintrag der Liste.

**2.** Klicken Sie mit gedrückter [⇧]-Taste auf den letzten Eintrag in der Liste.

Alle Einträge sind jetzt markiert und erscheinen blau unterlegt (siehe Abbildung 3.7).

**3.** Klicken Sie auf die Schaltfläche *Löschen*.

### So füllen Sie die Liste mit eigenen Kategorien

**1.** Geben Sie den Namen der gewünschten Kategorie in das Feld *Neue Kategorie* ein.

**2.** Klicken Sie auf die Schaltfläche *Hinzufügen*.

**3.** Falls Sie sich vertippt haben sollten, markieren Sie den betreffenden Eintrag und klicken dann auf die Schaltfläche *Löschen*.

**4.** Wiederholen Sie diese Schritte für alle weiteren Kategorien, die Sie hinzufügen möchten.

**5.** Schließen Sie alle geöffneten Dialogfelder mit *OK*.

Beispiele zu eigenen Kategorien finden Sie gleich im Anschluss im nächsten ▶ Abschnitt.

## Legen Sie ein eigenes Kategoriensystem an

Überlegen Sie einmal in einer ruhigen halben Stunde (am besten zusammen mit einem Kollegen, der ähnliche Aufgaben und eine ähnliche Arbeitsweise wie Sie hat), welche Kategorien für Sie am besten passen. Legen Sie dazu wie oben beschrieben eine angepasste Hauptkategorienliste an. Versuchen Sie, die Kategorien so zu definieren, dass Sie alle Ihre Aufgaben problemlos zuordnen können.

Im Folgenden einige Beispiele – übernehmen Sie die Ideen, die für Sie passen, und fügen Sie weitere Kategorien hinzu.

**Abbildung 3.8:** Legen Sie Kategorien für Ihre wichtigsten Lebenshüte und Projekte an

So gut wie immer passend ist es, Kategorien für Ihre wichtigsten Projekte bzw. beruflichen Vorhaben, Funktionen im Unternehmen und Lebenshüte (siehe hierzu weiter hinten in diesem Kapitel den ▶ Abschnitt »Sieben Tage, sieben Hüte «) anzulegen.

**Abbildung 3.9:** Nutzen Sie je nach Aufgabenbereich und Arbeitsweise auch Kategorien für Orte und Zeiten

Lassen Sie die Anzahl der Kategorien nicht zu groß werden, damit Sie sie noch schnell überblicken können. Versuchen Sie, pro Bereich (z.B. *jeweils* für Ihre Projekte, Funktionen im Unternehmen und Lebenshüte) maximal fünf bis neun verschiedene Einträge anzulegen (je weniger, desto besser). Mit sieben verschiedenen Einträgen pro Bereich kommt das menschliche Gehirn gut zurecht.

Vielleicht können Sie bestimmte Aufgaben nur zu bestimmten Tageszeiten erledigen (z.B. Kollegen in weiter entfernten Zeitzonen anrufen) – erstellen Sie dann entsprechende Kategorien dafür.

Wenn Sie z.B. in verschiedenen Büros zu tun haben, verschiedene Baustellen oder Technikinstallationen in Gebäuden betreuen, immer wieder in verschiedenen Großmärkten einkaufen, Wochenendpendler sind oder aufgrund vieler Reisen pro Woche zehn bis zwanzig Stunden im Zug verbringen, macht es Sinn, zusätzlich Kategorien für bestimmte Orte hinzuzunehmen. Welche Aufgaben können Sie nur im Büro erledigen, welche genauso gut im Zug (oder sogar noch besser, weil es weniger Möglichkeiten gibt, sich abzulenken und auch nicht dauernd jemand mit einem Anliegen vorbeikommt)?

Falls Sie intensiv mit dem Orte-Prinzip arbeiten und den meisten Ihrer Aufgaben einen Ort zuweisen, sollten Sie auch eine Kategorie *Überall* anlegen, damit Sie Aufgaben, bei denen Sie das Zuweisen eines Ortes vergessen haben, und solche, die zu keinem bestimmten Ort gehören, nicht verwechseln oder übersehen.

 Damit Zeiten und Orte nicht völlig verstreut zwischen den anderen Kategorien alphabetisch einsortiert werden, hilft ein »Ordnungszeichen« am Anfang (siehe Abbildung 3.9). Es listet Kategorien mit dem gleichen Zeichen nacheinander auf und sortiert sie direkt an den Anfang bzw. das Ende der Liste. Sobald Ihre Kategorienliste umfangreicher wird, können Sie so auch andere thematisch zusammengehörende Kategorien, die Sie oft benutzen und schnell im Zugriff haben möchten, ganz nach oben in die Liste befördern.

»@« erscheint vor Ziffern und Buchstaben. Mit Ziffern können Sie auch mehrere thematische Gruppen in einer bestimmten Reihenfolge an eine bestimmte Position in Ihrer Liste befördern (z.B. Projekte mit einer »1« davor, Lebenshüte mit einer »2« usw.) Das Ausrufezeichen sortiert Outlook noch vor dem Punkt und diesen wiederum vor dem »@« ein. Ganz nach unten in die Liste wandern Einträge mit einem »z« – noch weiter nach unten die mit zwei (bzw. drei usw.) führenden »z«.

Betreuen Sie eine bestimmte Anzahl von Mitarbeitern und erledigen immer wieder zu einem bestimmten Mitarbeiter gehörende Aufgaben? Sie können Aufgaben zwar an den Mitarbeiter delegieren, aber trotzdem kann es sich lohnen, entsprechende Kategorien anzulegen. Vielleicht möchten Sie diese nicht in einer nach »delegiert an« gruppierten Ansicht sehen, sondern auf einen Blick zusammen mit anderen Kategorien, oder Sie möchten die delegierten Aufgaben zusammen mit denen sehen, die Sie selbst erledigen und die zu diesem Mitarbeiter bzw. seinen Projekten oder Ihrer Betreuung für ihn gehören. Oder Sie erledigen Aufgaben für mehrere Vorgesetzte, ohne dass diese sie Ihnen als delegierte Outlook-Aufgabe schicken.

**Abbildung 3.10:** Erstellen Sie Kategorien für Ihre Mitarbeiter und die wichtigsten Halbjahresziele

Auch Ihre wichtigsten lang- bzw. mittelfristigen Ziele machen als Kategorien Sinn, wenn jeweils viele Teilaufgaben dazugehören und Sie das Ziel immer im Blick behalten möchten. Halten Sie andere Ziele jedoch aus der Kategorienliste heraus und beschränken Sie sich auf maximal fünf in der Liste, damit sie nicht zu voll wird, wenn Ihnen diese Idee zusagt. (Oder nehmen Sie gar keine Ziele als Kategorien auf; zum Thema Ziele siehe ▶ Kapitel 6.)

 Vorsicht mit (gerade bei Zielen als Kategorienamen praktischen) Trennzeichen wie Komma (,) oder Semikolon (;) in Kategorienamen: Komma und Semikolon führen dazu, dass Outlook 2003 an dieser Stelle trennt und *zwei* Kategorien (eine mit dem ersten Teil des Namens und eine zweite mit dem zweiten Teil) anlegt. Outlook 2007-2013 lassen die Eingabe von Komma und Semikolon im Kategorienamen daher nicht mehr zu. Erlaubte Trennzeichen in allen Versionen sind hingegen Punkt (.), Doppelpunkt (:) und Bindestrich (-).

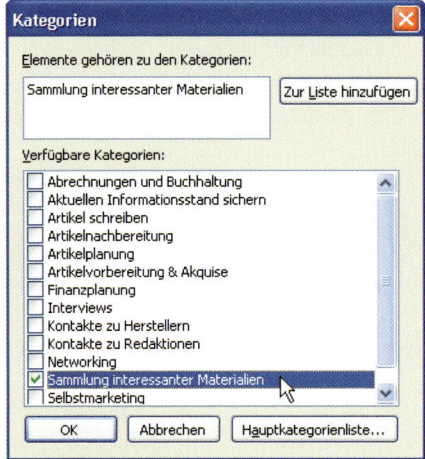

**Abbildung 3.11:** Tätigkeitsbezogene Kategorien für einen freiberuflichen Journalisten

Gerade für Freiberufler eignet sich zudem eine Kategorieneinteilung nach Tätigkeiten (siehe Abbildung 3.11) häufig sehr gut.

Bauen Sie sich aus diesen Anregungen und weiteren eigenen Ideen die für Sie passende Kategorienliste zusammen. Starten Sie am Anfang nicht mit zu vielen Kategorien. Wenn Sie zum ersten Mal mit Kategorien arbeiten, beginnen Sie am besten mit maximal 15. Sobald Sie damit gut zurechtkommen und Ideen für weitere Kategorien haben, die für Sie praktisch wären, fügen Sie diese im Laufe der Zeit einfach nachträglich hinzu.

# Filtern und gruppieren Sie nach Kategorien

Um aus Ihrer gesamten Aufgabenliste nur jeweils bestimmte Einträge zu sehen, hilft Ihnen das Gruppieren und Filtern. Durch das Kombinieren von Filtern und Gruppierungen können Sie noch detailliertere Ansichten erstellen, mit denen Sie die zum momentanen Zeitpunkt relevanten Aufgaben noch schneller und besser im Überblick haben.

## Filtern Sie Ihre Ansichten

Mit einem Filter blenden Sie nur noch die Einträge ein, auf die das Filterkriterium zutrifft. Dabei können Sie außer einem Kriterium wie »Kategorie enthält« auch »Kategorie enthält *nicht*« wählen, sodass sich zwei praktische Arten von Filtern ergeben: Positivfilter (zeigen *nur bestimmte* Einträge) und Negativfilter (zeigen *alles außer bestimmten Einträgen*, blenden diese also aus).

Mit Negativfiltern blenden Sie z.B. in der Ansicht »vormittags« alle Aufgaben aus, die die Kategorie »@Nachmittag« tragen:

◎ Zwischen 8:00 Uhr und 12:00 Uhr macht es wenig Sinn, Geschäftspartner in New York anzurufen, bei denen um diese Zeit gerade Nacht ist. Entsprechende Einträge sollen also ausgeblendet werden.

◎ Aufgaben ohne bestimmte »Zeitkategorie«, z.B. das Weiterarbeiten an einer Präsentation, das Sie jederzeit erledigen können, sollen dabei jedoch weiterhin eingeblendet werden. Darum würde ein Positivfilter auf die Kategorie »@Vormittag« wenig Sinn machen – er würde nicht nur die für später vorgesehenen Aufgaben, sondern auch alle ohne zugeordnete Zeit und damit zu beliebigen Zeiten ausführbaren Aufgaben verschwinden lassen.

## So definieren Sie (Positiv-)Filter für Kategorien

1. Klicken Sie in einer beliebigen Aufgabenansicht mit der rechten Maustaste auf eine der Spaltenüberschriften (z.B. *Fällig am*) und wählen Sie im Kontextmenü den Befehl *Ansichtseinstellungen* (bzw. *Aktuelle Ansicht anpassen* in Outlook 2007/2003). Alternativ klicken Sie in Outlook 2010/2013 auf der Registerkarte *Ansicht* auf *Ansichtseinstellungen*; in Outlook 2007/2003 können Sie auch einfach links im Navigationsbereich auf den Link *Aktuelle Ansicht anpassen* klicken.

2. Klicken Sie auf die Schaltfläche *Filtern*.

3. Klicken Sie auf die Registerkarte *Weitere Optionen*.

4. Klicken Sie auf die Schaltfläche *Kategorien*.

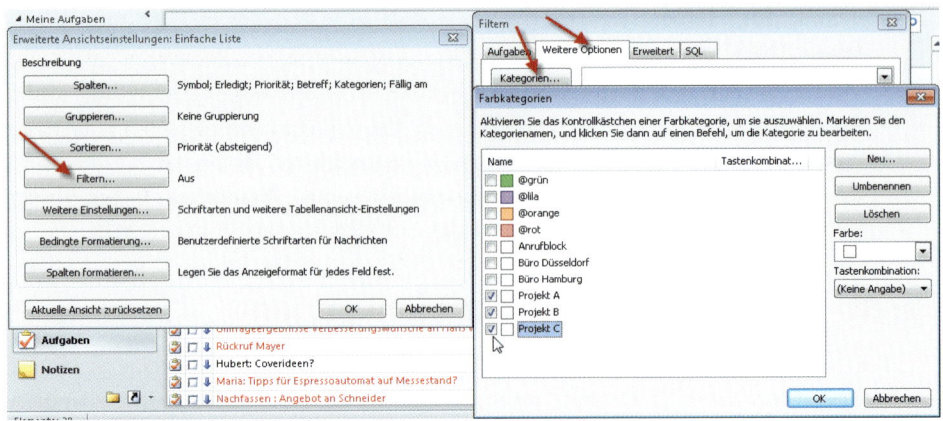

**Abbildung 3.12:** Setzen Sie einen Filter, um nur noch die einem Projekt zugeordneten Aufgaben zu sehen

5. Aktivieren Sie die Kontrollkästchen der Kategorien, die angezeigt werden sollen (z.B. alle Ihre Projekte).

6. Schließen Sie alle geöffneten Dialogfelder mit *OK*.

Ihre Ansicht zeigt nun nur noch die Aufgaben, die einer der gewählten Kategorien zugeordnet sind (im Beispiel also alle Ihre Aufgaben, die zu einem Ihrer wichtigsten Projekte gehören).

Wenn Sie sich beim Definieren eines Filters (gerade falls dieser außer den Kategorien noch mehrere andere Kriterien enthält) einmal vertan und die Übersicht verloren haben oder es Ihnen »unheimlich wird«, weil Sie vermuten, dass auch Aufgaben herausgefiltert worden sind, die Sie eigentlich sehen wollten, können Sie die für die aktuelle Ansicht gesetzten Filter einfach wieder entfernen:

1. Klicken Sie in einer beliebigen Aufgabenansicht mit der rechten Maustaste auf eine der Spaltenüberschriften (z.B. *Fällig am*) und wählen Sie im Kontextmenü den Befehl *Ansichtseinstellungen* (bzw. *Aktuelle Ansicht anpassen* in Outlook 2007/2003). Alternativ klicken Sie in Outlook 2010/2013 auf der Registerkarte *Ansicht* auf *Ansichtseinstellungen*; in Outlook 2007/2003 können Sie auch einfach links im Navigationsbereich auf den Link *Aktuelle Ansicht anpassen* klicken.

2. Klicken Sie auf die Schaltfläche *Filtern*.

3. Klicken Sie unten im Dialogfeld auf die Schaltfläche *Alles löschen*.

4. (Keine Angst, löscht nur die Filterkriterien, sonst nichts.)

5. Schließen Sie alle geöffneten Dialogfelder mit *OK*.

Nun können Sie den Filter auf dem Ausgangszustand aufbauen (oder die Ansicht ungefiltert lassen).

## So erstellen Sie Negativfilter

Negativfilter zum *Ausblenden* bestimmter Einträge (*Einblenden* aller Einträge, die bestimmte Kriterien *nicht* aufweisen) definieren Sie auf einem geringfügig anderen Weg.

1. Klicken Sie in einer beliebigen Aufgabenansicht mit der rechten Maustaste auf eine der Spaltenüberschriften (z.B. *Fällig am*) und wählen Sie im Kontextmenü den Befehl *Ansichtseinstellungen* (bzw. *Aktuelle Ansicht anpassen* in Outlook 2007/2003). Alternativ klicken Sie in Outlook 2010/2013 auf der Registerkarte *Ansicht* auf *Ansichtseinstellungen*; in Outlook 2007/2003 können Sie auch einfach links im Navigationsbereich auf den Link *Aktuelle Ansicht anpassen* klicken.

2. Klicken Sie auf die Schaltfläche *Filtern*.

3. Klicken Sie auf die Registerkarte *Erweitert*.

4. Klicken Sie auf die Schaltfläche *Feld* und wählen Sie dann in der Liste *Häufig verwendete Felder* die Option *Kategorien* (bzw. ein anderes Feld, nach dem Sie filtern möchten; wenn dieses Feld nicht in der Liste *Häufig verwendete Felder* enthalten ist, finden Sie es in der Liste *Alle Aufgabenfelder*).

5. Wählen Sie im Dropdown-Listenfeld *Bedingung* den Eintrag *enthält nicht*.

6. Tragen Sie in das Feld *Wert* z.B. *Projekt* ein (oder *@vormittags*).

 Es werden alle Kategorien ausgeblendet, die dieses Wort im Namen enthalten. *Projekt* blendet also *Projekt A*, *Projekt B* und gleichzeitig auch *Buchprojekt* und *Schultheater-Projekt* aus (obwohl Sie vielleicht gerade nur Ihre beruflichen Projekte ausblenden wollten).

7. Klicken Sie auf die Schaltfläche *Zur Liste hinzufügen*, um dieses Kriterium in den Filter zu übernehmen.

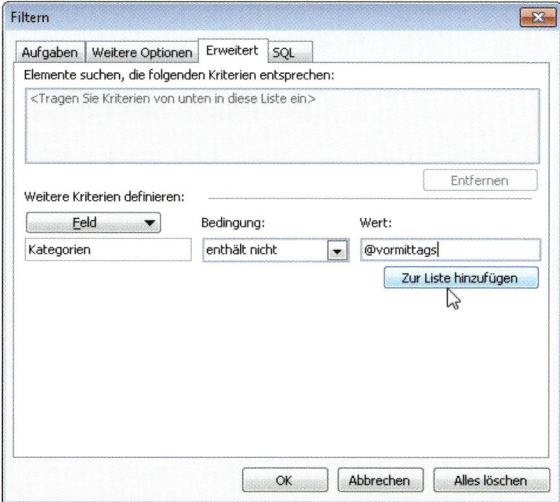

**Abbildung 3.13:** Vergessen Sie beim Definieren von Filterkriterien nicht, sie zur Liste hinzuzufügen

**8.** Schließen Sie alle geöffneten Dialogfelder mit *OK*.

In der Ansicht sind nun alle Aufgaben ausgeblendet, die das entsprechende Wort im Namen einer der zugewiesenen Kategorien enthalten.

Wenn Sie auf diese Weise im *gleichen* Filter *mehrere* Kriterien definieren, die *die Kategorien überprüfen*, so verknüpft Outlook die Bedingungen mit »oder«. (Das Gleiche gilt für andere Kriterien, die mehrfach das gleiche Feld betreffen, z.B. für *Status entspricht* einmal *Nicht begonnen* sowie im gleichen Filter auch *In Bearbeitung*.) *Verschiedene* Felder hingegen verknüpft Outlook mit »und« (z.B. diese Woche fällig und Status nicht erledigt).

Fortgeschrittene, die sich mit Datenbanken bzw. Abfragesprachen auskennen, können durch direktes Bearbeiten des SQL-Statements auch detailliertere Kriterien definieren:

**1.** Klicken Sie im Dialogfeld *Filtern* auf die Registerkarte *SQL*.

**2.** Aktivieren Sie das Kontrollkästchen *Kriterien direkt bearbeiten*.

**3.** Bearbeiten Sie das SQL-Statement, auf das Sie nun Zugriff haben (z.B. das OR bei der Verknüpfung mehrerer Kategorienkriterien durch AND ersetzen).

**4.** Schließen Sie alle geöffneten Dialogfelder mit *OK*.

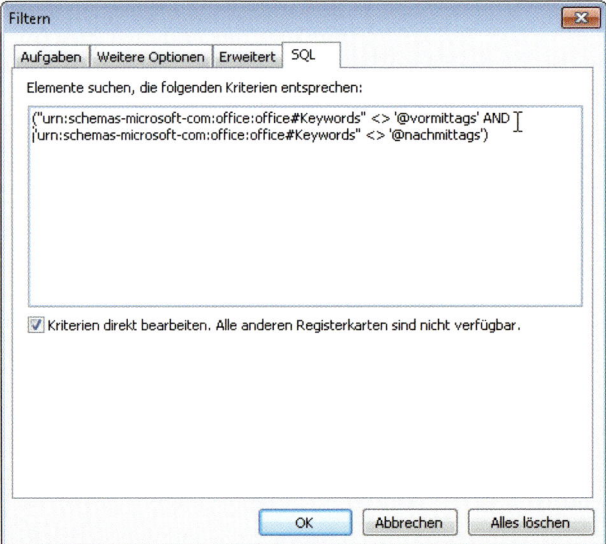

**Abbildung 3.14:** Für Fortgeschrittene – noch mehr Möglichkeiten durch das direkte Bearbeiten des SQL-Statements des Filters

Wenn Sie für diesen Filter statt des SQL-Statements wieder die anderen Registerkarten benutzen möchten, deaktivieren Sie das Kontrollkästchen *Kriterien direkt bearbeiten* wieder.

## Arbeiten Sie mit gruppierten Ansichten

Durch das Gruppieren von Ansichten können Sie z.B. Einträge *thematisch zusammenfassen*, schnell *ein- oder ausblenden* und *nach Kategorien sortieren*.

◎ Der Grundgedanke des Gruppierens: Sie möchten Ihre Aufgaben nach Priorität sortieren, aber für ein besonders wichtiges Projekt Aufgaben mit normaler Priorität trotzdem bevorzugt vor allen anderen Aufgaben für ein im Vergleich nicht so wichtiges Projekt sehen oder einfach einen thematischen Überblick bewahren. Sie sortieren dazu nach Priorität und gruppieren nach Kategorie. So bildet jeweils eine Kategorie eine Gruppe, die alle zugehörigen Aufgaben innerhalb dieser Gruppe nach Priorität sortiert zusammenhängend anzeigt.

◎ Sie möchten kurz sehen, welche Aufgaben jeweils für Ihre laufenden zehn Projekte (als einzelne Kategorien definiert) anstehen. Dafür zehn entsprechend gefilterte Ansichten zu definieren oder jedes Mal den Filter umzuschalten, wäre jedoch etwas aufwendig. Stattdessen können Sie nach Kategorien gruppieren, alle Gruppen reduzieren (d.h. die zur Gruppe gehörenden Einträge verbergen) und dann mit einem Klick alle die zu einem bestimmten Projekt gehörenden Aufgaben ein- bzw. wieder ausblenden (Gruppe erweitern/reduzieren).

◎ Sie möchten Ihre gesamte Aufgabenliste nach Kategorien sortieren. Dies ist jedoch über die Sortierfunktion von Outlook nicht möglich, da ein Eintrag mehreren Kategorien gleichzeitig angehören kann (es geht auch dann nicht, wenn Sie jeden Eintrag trotzdem nur einer einzigen Kategorie zuordnen). Wenn Sie stattdessen nach Kategorien gruppieren, so erscheint eine Aufgabe in allen Gruppen/Kategorien, denen sie angehört. Da die Gruppennamen alphabetisch sortiert sind, haben Sie somit Ihre Aufgaben nach Kategorien alphabetisch sortiert.

### So gruppieren Sie Ihre Aufgaben nach Kategorien

◎ Klicken Sie in einer beliebigen Aufgabenansicht mit der rechten Maustaste auf den Spaltentitel *Kategorien* und wählen Sie dann im Kontextmenü den Befehl *Nach diesem Feld gruppieren*.

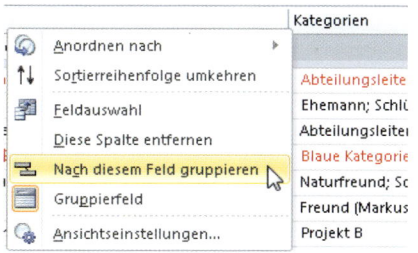

**Abbildung 3.15:** Gruppieren Sie Ihre Aufgabenliste mittels des entsprechenden Kontextmenübefehls

Oder Sie lösen das Ganze per Drag & Drop:

1. Blenden Sie ggf. zunächst das Gruppierfeld ein (siehe hierzu Anleitung weiter hinten).

2. Klicken Sie auf den Spaltentitel *Kategorien* und ziehen Sie dann das Feld in das Gruppierfeld.

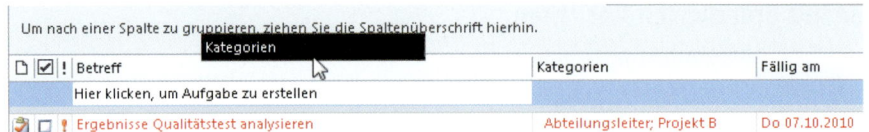

**Abbildung 3.16:** Ziehen Sie einen Spaltentitel in das Gruppierfeld, um nach dem entsprechenden Feld zu gruppieren

 Zum Aufheben der Gruppierung der Aufgabenliste brauchen Sie lediglich das Feld (im vorliegenden Beispiel *Kategorien*) aus dem Gruppierfeld herauszuziehen – das Feld wird hierbei mit einem X durchgestrichen dargestellt.

### So blenden Sie das Gruppierfeld eln bzw. aus (vorgenommene Gruppierungen bleiben trotzdem erhalten)

◎ Klicken Sie in einer beliebigen Aufgabenansicht mit der rechten Maustaste auf einen beliebigen Spaltentitel und wählen Sie dann im Kontextmenü den Befehl *Gruppierfeld*.

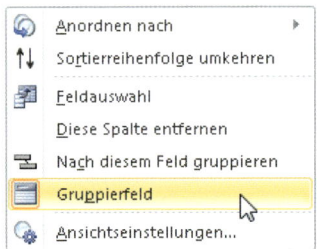

**Abbildung 3.17:** Schalten Sie zum Gruppieren per Drag & Drop das Gruppierfeld ein oder blenden Sie es aus, um mehr Platz in der Ansicht zu haben

### So erweitern bzw. reduzieren Sie die Gruppen

◎ Klicken Sie auf das kleine Dreieck (Plus- bzw. Minussymbol in Outlook 2007/2003) vor einem der Gruppennamen im Gruppenkopf (z.B. ⬛ Kategorien: Abteilungsleiter (3 Elemente) ).

Outlook erweitert daraufhin die Gruppe (zeigt alle zugehörigen Einträge an), wenn die Gruppe vorher reduziert war, bzw. reduziert sie (verbirgt alle zugehörigen Einträge), wenn die Gruppe vorher erweitert war.

◎ Um alle Gruppen auf einmal zu erweitern oder zu reduzieren, klicken Sie mit der rechten Maustaste auf das kleine Dreieck (in Outlook 2007/2003 auf das Plus- bzw. Minussymbol) oder direkt auf eine Gruppenbezeichnung und wählen dann im Kontextmenü den betreffenden Befehl.

**Abbildung 3.18:** Reduzieren Sie alle Gruppen auf einmal, um sich danach ganz auf eine zu konzentrieren

Wenn Sie diese Schritte kombinieren, können Sie z.B. zuerst alle Gruppen erweitern und dann bestimmte Gruppen reduzieren, um diese schnell auszublenden. Oder Sie reduzieren alle Gruppen und erweitern dann eine oder mehrere Gruppen, um sich ganz auf die enthaltenen Einträge ohne Beachtung der anderen Gruppen konzentrieren zu können.

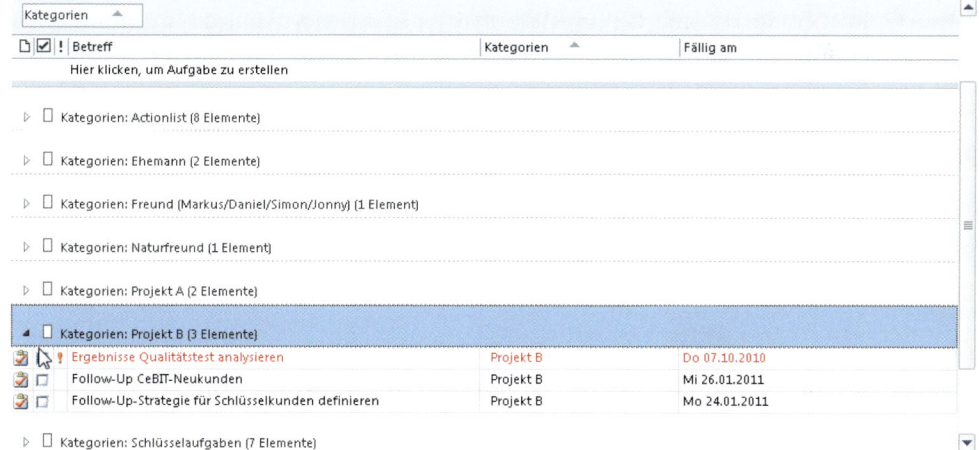

**Abbildung 3.19:** Erweitern Sie einzelne Gruppen, während die anderen reduziert sind, um den Überblick über alle Ihre Aufgaben z.B. für ein bestimmtes Projekt zu erhalten

 Da Sie einer Aufgabe mehrere Kategorien gleichzeitig zuweisen können, taucht eine Aufgabe, der mehrere Kategorien zugewiesen wurden, dann auch in jeder Gruppe separat auf (sie sehen die anderen Kategorien innerhalb dieser Gruppe dann auch im Feld *Kategorien* nicht mehr). So sehen Sie etwa eine Aufgabe »Beispielaufgabe« mit den Kategorien »Abteilungsleiter« und »Projekt A« in jeder dieser Gruppen einmal. Es handelt sich dabei jedoch um ein und dieselbe Aufgabe. Wenn Sie also das Fälligkeitsdatum von »Beispielaufgabe« in der Gruppe »Abteilungsleiter« auf nächsten Mittwoch setzen, so trägt danach auch die in der Gruppe »Projekt A« angezeigte »Beispielaufgabe« das neue Fälligkeitsdatum (da es sich um ein und dieselbe Aufgabe handelt, die lediglich in jeder Gruppe separat angezeigt wird).

# Mit dem Kieselprinzip jede Woche mehr Zeit für das Wesentliche

## Halten Sie Ihr Leben in Balance

Kennen Sie das Gefühl, fast keine Zeit mehr für Ihre Freunde, Ihren Partner, Ihre Kinder und sich selbst zu haben? Selbst wenn man nur die reine Arbeitsleistung betrachtet, lohnt es sich auch von diesem Standpunkt aus, sein Leben in Balance zu halten. Zwar kann man sich – wenn es sein muss – ein paar Wochen komplett auf den Beruf konzentrieren und alles andere vernachlässigen. Aber spätestens nach ein paar Monaten sinkt die Leistungsfähigkeit deutlich. Wer lieber ein paar Stunden weniger im Büro bleibt, schafft dann in etwas weniger Zeit aufgrund höherer Motivation, Ausgeglichenheit und Stressresistenz sogar mehr, da auch Geschwindigkeit und Qualität steigen und bessere Entscheidungen getroffen werden.

 Achten Sie darauf, allen Lebensbereichen regelmäßig Zeit zu widmen.

## Planen Sie Beruf und Privatleben zusammen

Planen Sie Beruf und Privatleben, alle Lebensbereiche und Aktivitäten zusammen, um Terminkonflikte zu vermeiden, nicht durcheinanderzukommen und nichts zu vergessen.

 Wenn Sie in Microsoft Outlook planen, dann planen Sie alles dort – es sei denn, die private Planung auf dem Dienst-PC ist in Ihrer Firma untersagt oder Sie haben am Wochenende und abends keinen Zugriff darauf. Wenn nur der Zugriff auf einen Desktop-PC ohne Möglichkeit zum mobilen Datenabruf oder -abgleich das Problem ist, können Sie fürs Wochenende Tagespläne, einen aktuellen Monatsplan und Aufgabenlisten ausdrucken, um sich in dieser Zeit ergebende Aufgaben und Termine notieren zu können. Übertragen Sie dann am Montagmorgen *sofort* konsequent *alle* neu geplanten Termine und Aufgaben in Ihr Outlook und *vernichten* Sie anschließend *sofort* die handschriftlichen Notizen. Dieses Vorgehen erfordert allerdings viel Disziplin – man muss ungeheuer darauf achten, Termine nicht mehrfach zu verplanen oder ganz zu vergessen. Alternativ können Sie auch einen privaten oder Familienkalender online führen und diesen dann mit Outlook synchronisieren (sofern dies in Ihrem Unternehmen erlaubt und nicht durch Sicherheitsrichtlinien unterbunden ist).

Die Zeiten, in denen man täglich exakt von 9:00 Uhr bis 17:00 Uhr im Büro verbrachte, sind ebenso vorbei wie die, in denen der Durchschnittsbürger vor Mitte zwanzig verheiratet war und sich einer der Partner um den Beruf und die Finanzen und der andere um Haushalt, Kinder und Organisation privater Aktivitäten kümmerte. Berufs- und Privatzeit haben keine festen Grenzen mehr, sondern verteilen und mischen sich zum Teil täglich anders:

◎ Plötzlich müssen Sie für einen Kollegen, der wegen Schneechaos erst Stunden später eintreffen wird, ein paar Aufgaben vor Ort übernehmen und daher abends drei Stunden länger bleiben. Passt so auch ganz gut – für übermorgen haben Sie Ihrer Tochter versprochen, bereits um 15:00 Uhr bei ihrer Schultheateraufführung dabei zu sein, und können das damit gleich wieder ausgleichen.

◎ Ein Zahnarztbesuch oder das Abliefern und Abholen Ihres Pkw in der Werkstatt erfordert keinen komplett freien Tag, aber eine Unterbrechung der Arbeitszeit.

◎ In der nächsten Woche sind Sie vier Tage auf Dienstreise und haben manchmal auch spät abends Termine. Also planen Sie für den späten Nachmittag einen Anruf zu Hause. Außerdem passt es perfekt, dass Sie mal wieder in Köln sind – so können Sie sich mit Ihrem guten alten Freund Markus treffen und machen deshalb mit ihm gleich einen zweistündigen Termin vor Ihrer ersten Besprechung und seinem nächsten Flug nach Chicago aus.

*Planen Sie auch Ihr Privatleben!* Im ersten Moment mag das befremdlich klingen – doch es bedeutet keineswegs, dass Sie nur dann mit Ihren Freunden reden sollen, wenn das im Terminkalender steht. Bei vielbeschäftigten Menschen liegt das Problem eher genau andersrum. Wenn Sie z.B. ein durchaus willkommenes, unerwartetes Telefonat oder einen Besuch vorschnell beenden mussten, weil noch so viel anderes anliegt, dann planen Sie gleich einen Termin in naher Zukunft zur Fortsetzung ein, um in jedem Fall die nötige Zeit zu haben.

Nehmen Sie die Verabredung mit Ihrem Partner und die Freizeitaktivitäten mit Ihren Kindern genauso wichtig wie eine Projektbesprechung mit dem Team – reservieren Sie dafür rechtzeitig Zeit im Terminkalender und halten Sie diese ebenso frei wie eine vorher benötigte Pufferzeit. Für so manchen viel beschäftigten (Ehe-)Partner hat die regelmäßige Vereinbarung gemeinsamer Gesprächsstunden ohne besondere Aktivitäten Wunder gewirkt und die Qualität der Beziehung wieder wesentlich bereichert.

Durch rechtzeitige, verbindliche Planung werten Sie Ihr Privatleben nicht ab, sondern auf. Sie verhindern, dass Sie die Zeit mit Partner, Kindern und Freunden vergessen, verschieben oder durch den Beruf, die Vorbereitung bzw. andere Aktivitäten immer wieder verkürzen oder streichen.

Trennen Sie statt in Beruf- und Privatplanung in verschiedene Lebenshüte (siehe hierzu weiter hinten in diesem Kapitel den ▶ Abschnitt »Sieben Tage, sieben Hüte «) und achten Sie dabei auf die Balance der vier Lebensbereiche.

## Die vier Lebensbereiche für ein Leben in Balance

◎ Beruf

◎ Kontakt (Partner, Kinder, Freunde)

◎ Sinn (Warum tue ich das alles? Gibt es eine höhere Macht oder einen Gott und was bedeutet das für mich? Was kann ich zum Wohle meiner Mitmenschen tun und machen, damit diese Welt für alle ein kleines bisschen schöner und besser wird?)

◎ Ich (Sport, aktive Entspannung, Hobbys, persönliche Weiterentwicklung außerhalb des beruflichen Bereichs)

Wenn kurzfristig starke Belastungen in einem Bereich an Ihren Nerven zerren, können Sie dies durch die aus anderen Bereichen gezogene Energie wieder ausgleichen. Durch die richtige Balance aller Lebensbereiche fühlen Sie sich nicht nur ausgeglichener, sondern sind in allen Bereichen leistungsfähiger. Es ist nicht erforderlich (und oft auch nicht möglich), die Zeit zu exakt gleichen Teilen auf alle Bereiche zu verteilen. Die »Zeitqualität« wird ganz verschieden erlebt – schon ein einstündiger, ruhiger Spaziergang in der Abenddämmerung um einen See oder eine Stunde Tanzkurs mit Ihrem (Ehe-)Partner kann durchaus eine vierstündige, nervenaufreibende Vertragsverhandlung im Beruf ausgleichen.

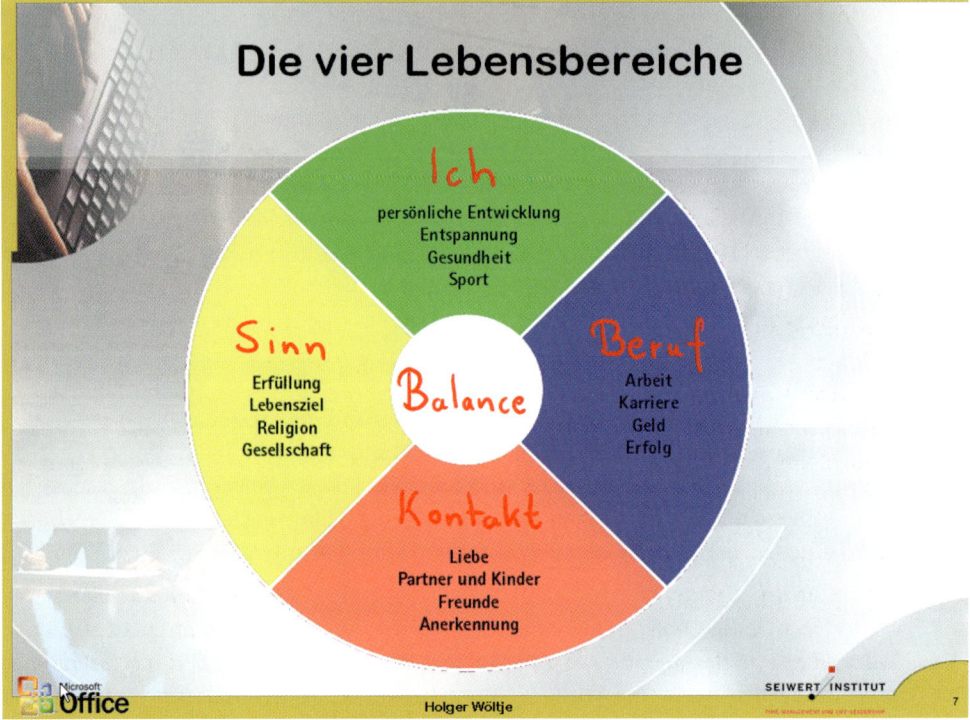

**Abbildung 3.20:** Halten Sie mit ausgeglichener Wochenplanung alle vier Lebensbereiche in Balance – das ist nicht nur angenehmer, sondern auch die Grundlage für langfristige (berufliche) Erfolge

## Sieben Tage, sieben Hüte ...

Das Konzept der Lebenshüte hilft Ihnen, auch in der Hektik des Alltags genug Zeit und Kraft für alle Lebensbereiche zu haben und sich auf Ihre Schlüsselaufgaben zu konzentrieren. Es zahlt sich langfristig aus, wenn Sie sich um jeden Bereich kümmern, und zwar regelmäßig. Größere Defizite in einem Bereich wirken sich sonst nach einiger Zeit auch auf Ihre Zufriedenheit und Leistungsfähigkeit in allen anderen Bereichen aus.

Ein Lebenshut ist einfach der Name für einen Teilbereich, der Ihnen wichtig ist. Finden Sie Ihre wichtigsten Lebenshüte. Wählen Sie aber höchstens sieben, damit Sie alle gleich gut ausfüllen können. Jeder Lebenshut beschreibt (technisch gesprochen) eine bestimmte

Funktion, die Sie ausfüllen, bzw. eine Art »Hut, den Sie aufhaben«. Für Ihre Balance sollten alle Lebensbereiche vertreten sein. Beispiele für Lebenshüte sind:

◎ Abteilungsleiter/in, Betriebsrat/Betriebsrätin, Experte/in für …, Vorgesetzte/r, Kollege/Kollegin

◎ Freund/in, Ehemann/Ehefrau, Mutter/Vater, Tochter/Sohn, Bruder/Schwester

◎ Ehrenamtliche/r Mitarbeiter/in bei einem Drogenpräventionsprojekt für Jugendliche, Fahrer/in für »Essen auf Rädern« oder »Die Tafel«, Helfer/in beim Roten Kreuz usw.

◎ Hobbyfotograf/in, Golfer/in, Hobbykoch/Hobbyköchin, Natursportler/in (z.B. Klettern, Trekkingtour durch die Rocky Mountains und Alpenüberquerung mit dem Mountainbike)

Bedenken Sie: Lassen Sie private Aktivitäten (insbesondere Sport) nicht zu einer weiteren Quelle des Leistungsdrucks werden (außer Sie brauchen diese Herausforderung und können sie gut wegstecken) – kümmern Sie sich hier vor allem um Ihre Erholung und Ihr seelisches Gleichgewicht. Denken Sie auch an Ihre langfristige berufliche Entwicklung und an Ihre privaten Finanzen.

Die Lebenshüte helfen Ihnen, diese Bereiche (wie ein Projekt) im Blick zu behalten und ihnen Zeit zu widmen, auch wenn gerade keine besonders dringliche Aufgabe anliegt. Denn nehmen wir einmal an, Sie hätten sich fest vorgenommen (und würden es auch sofort umsetzen), »wenn meine Kinder Probleme in der Schule haben, dann werde ich immer für sie da sein, sie unterstützen und notfalls berufliche Aufgaben verschieben«. Was, wenn Ihre Kinder nie Probleme in der Schule haben? Wer so festlegt, in welchen Fällen er »da sein« will, merkt vielleicht erst Monate oder Jahre später, dass diese dringlichen und besonderen Fälle nie eingetreten sind und er somit nie da war. Wenn Sie mit einem wichtigen beruflichen Projekt im Rückstand sind, wird sich bald ein Kunde, ein am Projekt beteiligter Kollege oder ein Vorgesetzter beschweren. Im privaten Bereich hingegen fällt es oft zu spät auf, wenn Sie einen Bereich schwer vernachlässigt haben – mit der Zeit wird es immer schwieriger und ab einem bestimmten Zeitpunkt manchmal leider sogar unmöglich, dies wieder auszugleichen. Gerade für die Beziehungen zu Ihrem Partner, Ihren Freunden und Ihren Kindern sowie für Ihre Erholung und Gesundheit (z.B. Sport) ist es wichtig, regelmäßig Zeit zu investieren.

Die Lebenshüte helfen Ihnen, auch in hektischen Zeiten allen Bereichen regelmäßig Aufmerksamkeit zu schenken. Definieren Sie auch zwei berufliche Hüte, z.B. für Ihre eigene Weiterbildung und Karriereplanung sowie um sich als Führungskraft regelmäßig Zeit für den persönlichen Kontakt zu Ihren Mitarbeitern sowie für deren Förderung zu nehmen (auch wenn gerade weder Beurteilungen noch das Delegieren von Aufgaben oder Tadel mit Kurskorrektur bzw. eine besondere Auszeichnung oder Beförderung anstehen).

# Nehmen Sie sich regelmäßig Zeit für das, was wirklich zählt

Tag für Tag stehen Ihnen 24 Stunden zur Verfügung, die Sie ähnlich oder auch völlig unterschiedlich füllen können. Die verschiedenen Lebenshüte/-bereiche wechseln sich dabei ab, gehen ineinander über und verschmelzen bei verschiedenen Aktivitäten zum Teil. Wenn Sie z.B. mit Ihrem Sohn eine Stunde Fußball spielen und sich danach bei einem Eis ausgiebig unterhalten, haben Sie nicht nur in Ihrem Lebenshut »Vater« bzw. »Mutter« die gemeinsame Zeit mit Ihrem Sohn genossen, sondern damit auch gleichzeitig etwas für Ihre Gesundheit und Entspannung getan. Bei dem Bemühen, allen Lebenshüten regelmäßig Zeit zu widmen, hilft uns das Kieselprinzip (siehe Kasten).

---

### Das Kieselprinzip

Der typische Tag unseres Beispielhelden Rainer Zufall verläuft bildhaft gesprochen etwa folgendermaßen:

Stellen Sie sich einen sehr großen Glaskrug vor – fast so groß wie ein Eimer. Rainer geht nun wie folgt vor:

1. Er schüttet eine Menge Wasser hinein.

2. Als Nächstes kippt er recht viel Sand in das Wasser.

3. Nun fügt er ein paar Hand voll Kies (kleine Kieselsteine) hinzu.

4. Zum Schluss möchte er noch zwei große Ziegelsteine hineinlegen – aber der Krug ist bereits so gut wie voll. Manchmal schafft er es noch, einen Ziegelstein halbwegs unterzubringen, wenn er behutsam vorgeht. Manchmal läuft dabei aber auch das bisher entstandene Schlammgemisch über. Der zweite Ziegelstein passt nicht mehr hinein.

Wie könnten wir es nun besser machen? Wann immer Rainer nicht weiterweiß, fragt er seine Assistentin Maria Kron, die hier folgenden Tipp parat hat:

1. Solange der Krug (bzw. Eimer) noch leer ist, ganz in Ruhe drei Ziegelsteine hineinlegen – wenn noch nichts anderes drin ist, funktioniert das prima.

2. Nun die Kieselsteinchen hineinschütten, die sich in den Lücken verteilen.

3. Jetzt den Sand dazu …

4. … und als Letztes das Wasser. So rum klappt alles viel sauberer und stressfreier. Zwar passt auch so nicht immer alles hinein – aber was draußen bleibt, ist in diesem Fall etwas Sand und ein Teil des Wassers, die Ziegelsteine, die dicken Brocken also, sind komplett untergebracht.

Sie ahnen wohl schon, wofür dieses Bild steht: Für ein bloßes »Agieren in den Tag hinein« im Vergleich zu einem geplanten Vorgehen, bei dem Sie die wichtigsten Aufgaben mit der größten Hebelwirkung komplett unterbringen und erledigen. Das Kieselprinzip hilft, sich einen wichtigen Grundsatz zu veranschaulichen: *Die dicksten Brocken zuerst, dann passen sie auch noch!* (Gemeint sind hier nicht die zeitaufwendigsten Aufgaben, sondern die *wichtigsten* Aufgaben.)

Warum heißt das Ganze nun »Kieselprinzip« und nicht »Ziegelsteinprinzip«? Ganz einfach, weil wir finden, dass Kieselprinzip schöner klingt. Sie können dieses Prinzip für alle Arten von Planungen einsetzen, z.B. auch für eine erste Grobeinteilung langfristiger Projekte. Besonders bewährt hat es sich für die Wochenplanung, für die wir es im Folgenden verwenden werden.

Nutzen Sie das Kieselprinzip, um in Balance zu bleiben. Definieren Sie sieben Lebenshüte. Widmen Sie dann pro Tag einem Ihrer Hüte etwa ein bis zwei Stunden Zeit für ein bis zwei B-Aufgaben. Planen Sie pro Lebenshut eine B-Aufgabe ein – Ihre sogenannte Schlüsselaufgabe für diese Woche und diesen Hut. Mit dem Kieselprinzip stellen Sie auf diese Weise sicher, dass Sie sich jede Woche um jeden Lebenshut mindestens einmal kümmern. Wenn ein Tag einmal viel zu voll ist (und Sie beim besten Willen keine Stunde mehr erübrigen können), so holen Sie diese Stunde an einem anderen Tag der *gleichen* Woche nach. Die Woche ist lang genug, um solche Effekte auszugleichen.

Es ist natürlich wesentlich schöner und besser, wenn Sie jedem Lebenshut deutlich mehr Zeit als nur eine Stunde pro Woche widmen. Das Kieselprinzip soll keine Begrenzung nach oben darstellen. Es soll nur helfen, dass Sie mindestens eine Stunde Zeit haben, auch wenn Ihr Terminplan sehr voll ist und beruflich sehr viel zu erledigen ist.

Jeweils eine Stunde Zeit pro Woche und Lebenshut – pro Woche insgesamt sieben Stunden Zeit für die Dinge, die Ihnen am wichtigsten sind: So viel Zeit können Sie sich immer nehmen, wenn Sie nur wollen. Es zahlt sich langfristig aus.

# Wie Sie mit Outlook Ihre Woche planen

Mit diesen Grundlagen ist es nun ein Leichtes, in Outlook einen »groben« Wochenplan zu erstellen, auf dem wir dann im nächsten Kapitel feinere Tagespläne aufbauen.

Nehmen Sie sich für die Wochenplanung etwa 30 Minuten Zeit. Anfangs benötigen Sie vielleicht auch länger, bis Sie sich nach ein paar Wochen daran gewöhnt haben und das Ganze routiniert von der Hand geht. Wann genau Sie die Woche planen, stimmen Sie am besten auf Ihren persönlichen Geschmack und Arbeitsrhythmus bzw. Ihre Arbeitsumgebung ab. Manche haben Montagmorgen im Büro erst einmal ihre Ruhe und können dort zu Beginn der Woche hervorragend planen, andere bevorzugen für die Wochenplanung den Freitagnachmittag der Vorwoche oder den Samstagmittag zu Hause (einige planen dort auch gleich gemeinsam mit ihrem Partner die Woche).

Wichtig ist nur, dass Sie Ihre Woche planen, bevor sie anfängt, spätestens also Montagmorgen. Bedenken Sie beim Auswählen des günstigsten Zeitpunkts auch Folgendes: Wenn Sie im Rahmen Ihrer Wochenplanung noch private oder Geschäftstermine abstimmen möchten (und dies noch nicht vorher erledigt haben), so sollten die betreffenden Personen natürlich zur für die Planung gewählten Zeit auch erreichbar sein – eventuell müssen Sie die Terminvereinbarung dann auslagern, also z.B. Geschäftstermine freitags im Büro zu Geschäftszeiten koordinieren, bevor Sie samstags Ihre Woche planen, oder noch nicht vorher festgelegte private Termine für die Woche am Vorabend zu Hause abstimmen, bevor Sie Freitagvormittag im Büro den Rest planen.

## Bereiten Sie Ihre Aufgabenliste für die Woche vor

Für die folgenden Arbeitsschritte setzen wir die Kenntnis der in den vorangegangenen Abschnitten gezeigten Anleitungen zum Filtern und Gruppieren sowie das Wissen aus

▶ Kapitel 2 voraus (Definieren von Ansichten, Arbeiten mit Aufgaben, Prioritäten) und geben statt detaillierter Schritt-für-Schritt-Anleitungen daher nur noch entsprechende kurze Hinweise.

## Beginnen Sie die Wochenplanung mit einer Auswertung der Vorwoche

Wenn Sie einfach einmal sehen möchten, was Sie so alles geschafft haben (normalerweise blenden wir ja in den von uns angepassten Aufgabenansichten dies sofort aus, um uns auf das zu konzentrieren, was vor uns liegt), gehen Sie wie folgt vor:

◎ Definieren Sie eine Ansicht *Diese Woche erledigt*, die nur alle in dieser Woche erledigten Aufgaben anzeigt bzw. die der Vorwoche, wenn Sie Ihre Woche montags planen. (Outlook vermerkt automatisch das Erledigungsdatum einer Aufgabe im Feld *Erledigt am*. Wenn die Aufgabe im zugehörigen Aufgabenformular geöffnet ist, finden Sie das Feld nach einem Klick auf *Details* in der Gruppe *Anzeigen* auf der Registerkarte *Aufgabe* bzw. in Outlook 2003 einfach direkt nach einem Klick auf die Registerkarte *Details*.)

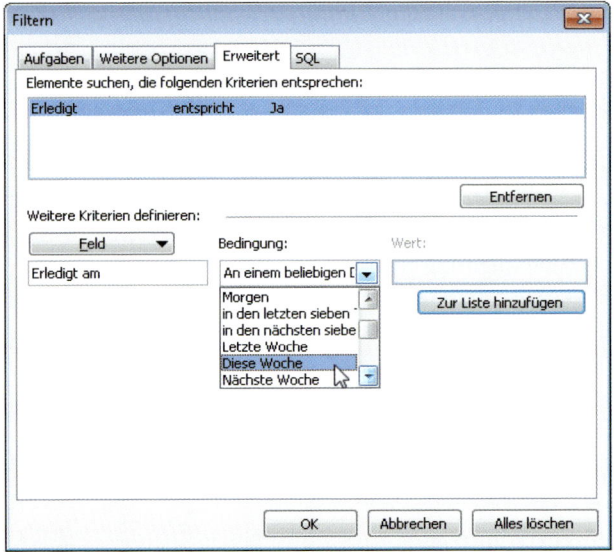

**Abbildung 3.21:** Definieren Sie eine Ansicht, die Ihnen alle in dieser Woche erledigten Aufgaben zeigt

Wenn Sie diese Ansicht zusätzlich nach Kategorien gruppieren, können Sie schnell sehen, ob Sie einen bestimmten Bereich vernachlässigt oder für einen Bereich besonders viele Aufgaben erledigt haben.

Wie auch für den Rest dieses Abschnitts gilt: Wann immer wir von »dieser Woche« sprechen, beziehen wir uns darauf, dass Sie am Ende der aktuellen Woche die folgende Woche planen. Sollten Sie Ihre Woche zu deren Beginn *am Montag planen*, so ersetzen Sie bitte »diese Woche« für den kompletten folgenden Abschnitt jeweils durch »letzte Woche«, da am Montag ja bereits die neue Woche begonnen hat. (Das Gleiche gilt dann für »nächste Woche«, was Sie bitte durch »diese Woche« ersetzen.)

## Planen Sie die unerledigten Aufgaben der Vorwoche neu

Definieren Sie eine Ansicht der diese Woche fälligen Aufgaben bzw. schalten Sie in diese um, wenn Sie sie bereits angelegt haben. Diese Woche ist ja schon fast beendet. Sehen Sie die Liste nach Aufgaben durch, die Sie noch nicht geschafft haben (und auch in der verbleibenden Zeit in dieser Woche nicht mehr schaffen werden):

◎ Ist diese Aufgabe so wichtig, dass Sie sie unbedingt erledigen müssen oder wollen? Wenn ja: Setzen Sie ein neues, realistisches Fälligkeitsdatum.

◎ Wenn nein: Streichen Sie sie.

◎ Es gibt Aufgaben, die zwar wichtig sind, aber weder bald erledigt werden müssen noch zu Ihren Schlüsselaufgaben gehören. Vielleicht hatten Sie so eine Aufgabe ursprünglich als »diese Woche fällig« geplant, aber dann wurde es doch zu viel. Wenn die Erledigung einer solchen Aufgabe noch lange Zeit und kein bestimmtes Fälligkeitsdatum hat und in den nächsten Wochen alles voll ist:

  ◎ Weisen Sie ihr die Kategorie *Mastertasklist* (ggf. in der Hauptkategorienliste anlegen) zu.

  ◎ Löschen Sie das Fälligkeitsdatum (damit wird die Aufgabe auch in allen Ansichten zur Tages- und Wochenplanung, die nach »heute fällig«, »diese Woche fällig« usw. filtern, ausgeblendet).

  ◎ Legen Sie eine Ansicht an, die nur Ihre Mastertasklist zeigt, und sehen Sie diese z.B. einmal im Monat (kurz als Termin in Ihren Kalender eintragen) durch, falls Ihnen ein wöchentliches Durchsehen im Rahmen der Wochenplanung zu viel wird. Überlegen Sie dann jeweils, für welche Aufgaben der Mastertasklist Sie ein demnächst fälliges Erledigungsdatum setzen wollen.

## Planen Sie Ihre Aufgaben für die nächste Woche

1. Schalten Sie in eine Ansicht für die in der nächsten Woche fälligen Aufgaben um.

2. Überlegen Sie, welche Aufgaben hinzukommen, die Sie noch nicht eingegeben haben. (Am besten tragen Sie alles sofort ein, wenn es Ihnen einfällt!) Tragen Sie diese Aufgaben nach.

3. Definieren und planen Sie im nächsten Schritt Ihre Schlüsselaufgaben (siehe hierzu weiter hinten in diesem Kapitel den ▶ Abschnitt »Planen Sie Termine mit sich selbst, um sich auf das Wesentliche zu konzentrieren«). Führen Sie diesen Schritt bitte an dieser Stelle durch, um zu verhindern, dass Sie die Schlüsselaufgaben im nächsten Schritt verschieben.

4. Sehen Sie die Liste durch, schalten Sie vorher einmal kurz in den Kalender, um einen Überblick über Ihre Termine zu erhalten. Überlegen Sie dann, ob die Menge der Aufgaben realistisch ist:

  ◎ Welche Aufgaben können Sie streichen, weil sich deren Wichtigkeit verändert hat?

  ◎ Welche Aufgaben können Sie streichen (oder verschieben), weil es einfach zu viele sind? Streichen Sie im ersten Schritt weniger wichtige Aufgaben und schauen Sie im zweiten Schritt, welche wichtigen Aufgaben Sie verschieben können – jedoch bitte nicht alle, damit Sie diese nicht ständig vor sich herschieben!

◎ Vielleicht ist es auch andersherum: Es liegen sehr wenige Aufgaben an oder es sind plötzlich einige Aufgaben und Termine entfallen. Schauen Sie Ihre Mastertasklist an und schalten Sie einmal in eine Ansicht für die diesen Monat oder nächsten Monat fälligen Aufgaben um. Was ist besonders wichtig, was können Sie bereits in dieser Woche erledigen? So haben Sie für die kommenden Wochen mehr Raum, um Änderungen abzufangen oder müssen einfach weniger streichen. Setzen Sie die Fälligkeit der ausgewählten Aufgaben auf einen passenden Tag der nächsten Woche. Nehmen Sie ruhig auch mal eine Aufgabe hinzu, die weder wichtig noch dringend ist, aber einfach Spaß macht.

5. Priorisieren Sie im letzten Schritt Ihre Aufgaben für die folgende Woche nun noch einmal neu. (Einige haben Sie ja bereits vor Wochen eingegeben, und die Priorität ist immer im Verhältnis zu allen Ihren anderen Aufgaben gewichtet, die Sie damals noch gar nicht kannten.) Sehen Sie alle Aufgaben durch und entscheiden Sie anhand des Eisenhower-Diagramms (siehe ▶ Kapitel 2), welche hohe, welche normale und welche niedrige Priorität bekommen. Je mehr Aufgaben eine niedrige Priorität erhalten, je weniger Aufgaben damit normale und hohe Priorität bekommen, desto größer ist die Chance, dass Sie alle Ihre Aufgaben mit hoher und normaler Priorität in dieser Woche schaffen, was auch immer schiefgehen mag.

## Planen Sie Aufgaben und Termine zusammen im Gleichgewicht

Outlook 2007-2013 zeigt Ihnen in der *täglichen Aufgabenliste* die für den jeweiligen Tag fälligen (auf Wunsch auch die erledigten) Aufgaben unterhalb der Tages- und Wochenansicht an. Diese neue Ansicht nutzt den verfügbaren Platz besser aus als der Aufgabenblock älterer Outlook-Versionen und ist besonders für die Wochenplanung praktisch:

◎ Sie sehen für die ganze Woche, ob die Aufgaben gleichmäßig verteilt sind und zwischen den festen Terminen genug Luft für die Aufgaben bleibt oder ob Sie umverteilen müssen (z.B. Montag alles voller Termine und 30 Aufgaben, Dienstag und Mittwoch nur zwei kurze Termine und nur fünf Aufgaben).

◎ Wenn Sie ein Ungleichgewicht beseitigen möchten, können Sie einzelne (bzw. mehrere auf einmal markierte) Aufgaben von einem überfüllten Tag direkt per Drag & Drop auf einen anderen Tag verschieben.

◎ In Outlook 2010/2013 öffnet sich die Registerkarte *Tools der täglichen Aufgabenliste*, sobald Sie eine Aufgabe in der Liste anklicken. Hier stehen Ihnen Schaltflächen zur Verfügung, um z.B. die Aufgabe *als erledigt* zu markieren oder die auf dieser Registerkarte mit *Wichtigkeit* übersetzte Priorität zu ändern.

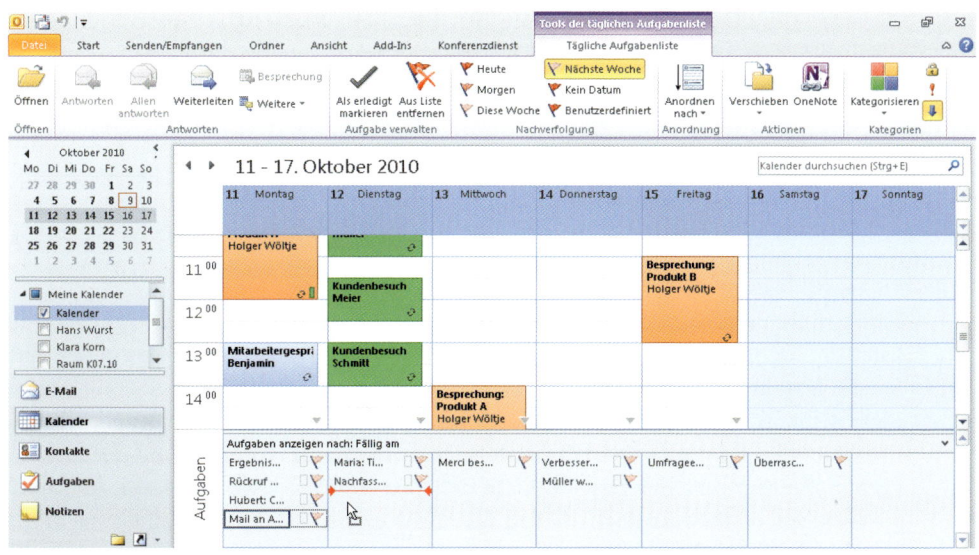

**Abbildung 3.22:** Die tägliche Aufgabenliste hilft Ihnen, die Aufgaben gleichmäßig über die Woche zu verteilen

 **Alles im Blick?**

Je nachdem, mit welcher Bildschirmauflösung, Größe für das Outlook-Fenster und Höhe sowie Breite des Bereichs für die *tägliche Aufgabenliste* Sie arbeiten, sehen Sie ggf. nur die ersten ein bis zwei Wörter des Aufgabenbetreffs und z.B. nur die ersten fünf von fünfzehn für den Tag anstehenden Aufgaben (siehe Abbildung 3.22). Wenn der erste Teil des Aufgabenbetreffs nicht ausreicht, um Sie daran zu erinnern, was genau gemeint ist: Bewegen Sie den Mauszeiger auf die entsprechende Aufgabe und warten Sie kurz, dann blendet Outlook eine Art »Klebezettel« mit dem gesamten Betreff der Aufgabe für einige Sekunden ein. Wenn Sie diese Informationen später erneut sehen möchten, bewegen Sie den Mauszeiger kurz von der Aufgabe weg und dann wieder zurück. Ob unter den angezeigten Aufgaben für den Tag noch weitere Aufgaben für diesen Tag in der Liste stehen, verrät Ihnen die Bildlaufleiste rechts der täglichen Aufgabenliste. Wenn in der Leiste ein Scrollbalken zu sehen ist, so gibt es noch Aufgaben, die nicht mehr auf den Bildschirm passen. Scrollen Sie nach unten, um diese Aufgaben anzuzeigen. Ist rechts neben der täglichen Aufgabenliste hingegen keine Bildlaufleiste zu sehen, sind alle für die Woche fälligen Aufgaben eingeblendet. Das Gleiche gilt für die in der Aufgabenleiste angezeigten Aufgaben.

## So blenden Sie die tägliche Aufgabenliste ein bzw. aus

Klicken Sie auf den kleinen Pfeil am rechten oberen Rand der *täglichen Aufgabenliste*, um sie zu minimieren bzw. in der minimierten Liste (siehe Abbildung 3.23) auf den Pfeil rechts am Rand, um sie wieder auf die zuletzt verwendete Größe aufzuklappen. Klicken Sie auf der Registerkarte *Ansicht* in der Gruppe *Layout* auf *Tägliche Aufgabenliste* und wählen Sie im dann aufklappenden Menü die Option *Aus,* um die Liste permanent auszublenden (schafft ca. 1 cm mehr Platz für Termine). In Outlook 2007 wählen Sie den Menübefehl *Ansicht/*

*Tägliche Aufgabenliste/Aus.* Wenn Sie die Aufgabenliste nicht unter den Terminen sehen, schalten Sie sie in Outlook 2010/2013 über *Ansicht/Layout/Tägliche Aufgabenliste/Normal* bzw. in Outlook 2007 über *Ansicht/Tägliche Aufgabenliste/Normal* wieder an.

Aufgaben: 11 aktive Aufgaben, 0 erledigte Aufgaben

**Abbildung 3.23:** Die minimierte Aufgabenliste spart Platz und klappt mit einem Klick wieder auf volle Größe auf

### So passen Sie die tägliche Aufgabenliste an

Bewegen Sie den Mauszeiger auf den oberen Rand des Bereichs mit der täglichen Aufgabenliste (die Trennlinie zwischen Kalender und Aufgaben, siehe Abbildung 3.22) und ziehen Sie die Liste mit gedrückter linker Maustaste auf die gewünschte Größe auf (das funktioniert nicht in der Ansicht *Minimiert*, sondern nur in der Ansicht *Normal*, wenn also der Pfeil am oberen rechten Rand der Liste nach unten zeigt). Wenn Sie mit der rechten Maustaste in die Kopfzeile der Liste (z.B. auf den Text *Aufgaben anzeigen nach*) klicken, können Sie festlegen, ob die Aufgaben am Tag des zugewiesenen Start- oder Fälligkeitsdatums in der Liste erscheinen sollen und ob Sie erledigte Aufgaben mit anzeigen möchten (z.B. um zu sehen, was Sie heute alles geschafft haben).

## Planen Sie Termine mit sich selbst, um sich auf das Wesentliche zu konzentrieren

Legen Sie für jeden Ihrer Lebenshüte eine Kategorie an. Im Folgenden gehen wir noch ein wenig genauer auf das oben kurz erwähnte Planen der Schlüsselaufgaben ein:

1. Schalten Sie in eine nach Kategorien gruppierte Ansicht der für die nächste Woche fälligen Aufgaben (wenn Sie gut mit vielen Ansichten zurechtkommen, legen Sie ruhig eine weitere an, die nur die Aufgaben zeigt, die einem Ihrer Lebenshüte entspricht).

2. Wenn für einen Lebenshut keine in dieser Woche fällige B-Aufgabe ansteht: Finden Sie eine. Beispielsweise könnten Sie als B-Aufgabe einfügen, für Ihre Partnerin einen Überraschungstagesausflug nach Paris oder einen Wochenendurlaub in der Schweiz zu planen und vorzubereiten.

3. Nachdem nun für jeden Lebenshut eine oder mehrere B-Aufgaben für diese Woche eingetragen sind: Suchen Sie pro Lebenshut eine heraus und weisen Sie ihr die Kategorie *Schlüsselaufgaben* zu.

4. Schalten Sie dann in den Kalender, um dort Termine mit sich selbst für die Schlüsselaufgaben zu setzen.

### So legen Sie im Kalender eine für die Wochenplanung passende Aufgabenansicht an

1. Schalten Sie im Kalender über die betreffende Schaltfläche auf der Registerkarte *Start* (Outlook 2010/2013) bzw. in der Standardsymbolleiste (2007/2003) in die Ansicht *Arbeitswoche* oder *Wochenansicht* (je nachdem, welche Sie bevorzugen).

2. Outlook 2007-2013: Wenn Sie rechts neben Ihren Terminen noch nicht Ihre Aufgaben sehen, wählen Sie in Outlook 2013 *Ansicht/Layout/Aufgabenleiste/Aufgaben*, in Outlook 2010 *Ansicht/Layout/Aufgabenleiste/Normal* bzw. in Outlook 2007: *Ansicht/Aufgabenleiste/Normal*. Outlook 2003: Falls der Aufgabenblock nicht eingeblendet sein sollte, wählen Sie den Menübefehl *Ansicht/Aufgabenblock*.

3. Verbreitern Sie die Aufgabenleiste bzw. den Aufgabenblock bei Bedarf, indem Sie die Trennlinie zwischen Kalender und Aufgaben mit gedrückter linker Maustaste bis zur gewünschten Position ziehen.

4. Outlook 2007-2013: Klicken Sie in der Aufgabenleiste (rechts am Rand) oberhalb der Liste mit den Aufgaben mit der rechten Maustaste auf die Überschrift *Anordnen nach* und wählen Sie im Kontextmenü den Befehl *Ansichtseinstellungen* (Outlook 2010/2013) bzw. *Benutzerdefiniert* (Outlook 2007). Outlook 2003: Klicken Sie in der Titelleiste des Aufgabenblocks mit der rechten Maustaste auf das Wort *Aufgabenblock* und wählen Sie dann im Kontextmenü den Befehl *Aktuelle Ansicht anpassen*.

5. Klicken Sie im daraufhin geöffneten Dialogfeld auf die Schaltfläche *Gruppieren* und deaktivieren Sie im daraufhin geöffneten Dialogfeld *Gruppieren* das Kontrollkästchen *Automatisch nach Anordnung gruppieren*.

6. Wählen Sie im Dropdown-Listenfeld *Elemente gruppieren nach* den Eintrag *Kategorien*.

7. Wählen Sie ganz unten rechts im Dialogfeld *Gruppieren* im Dropdown-Listenfeld *Erweitern-/Reduzieren-Standards* den Wert *Alle ausgeblendet*.

8. Schließen Sie alle geöffneten Dialogfelder mit *OK* und erweitern Sie anschließend in der Aufgabenleiste bzw. dem Aufgabenblock rechts am Programmfensterrand neben Ihren Terminen die Gruppe *Schlüsselaufgaben* (wie weiter vorn in diesem Kapitel im ▶ Abschnitt »Arbeiten Sie mit gruppierten Ansichten« gezeigt).

Sie sehen nun Ihre bisherigen Termine für die Woche und daneben Ihre Schlüsselaufgaben für diese Woche. Planen Sie nun für diese Aufgaben feste Erledigungszeiten als Termin mit sich selbst. Planen Sie jeden Tag eine Aufgabe ein. Wenn ein Tag so voll ist, dass keine Zeit mehr übrig ist, legen Sie auf einen Tag mit mehr Platz zwei Aufgaben. Die Aufgaben können Sie wie im Folgenden beschrieben schnell und einfach in einen Termin umwandeln.

## So wandeln Sie Einträge aus dem Aufgabenblock in Termine um

1. Klicken Sie einmal kurz mit der linken Maustaste auf eine Aufgabe (bzw. in Outlook 2003 auf das kleine Aufgabensymbol 📝 vor einer Aufgabe), um diese zu markieren (ohne in den Editiermodus für einen der Feldinhalte zu gelangen). Die Aufgabe ist nun blau unterlegt.

2. Drücken Sie nun `Strg`+`X`, um den Eintrag in die Zwischenablage zu befördern.

3. Suchen Sie im Kalender (beispielsweise in der Ansicht *Arbeitswoche* oder *Tagesansicht*) einen passenden Zeitpunkt und klicken Sie dann (nur ganz kurz, damit keine blinkende Einfügemarke erscheint, sondern lediglich die Zeit blau markiert ist) auf den Beginn, z.B. in der Spalte für Mittwoch auf 10:00 Uhr.

4. Drücken Sie `Strg`+`V`, um den Eintrag aus der Zwischenablage einzufügen. In Outlook 2007-2013 wird jetzt ein Termin mit dem Betreff aus der Aufgabe eingetragen. Outlook 2003 öffnet hingegen ein Terminformular.

5. Im neu erzeugten Termin hat Outlook bereits einige Informationen für Sie eingetragen:

   ◎ Der neue Termin wurde zu der markierten Uhrzeit am markierten Tag angelegt.

   ◎ Der Betreff der Aufgabe wurde in den Betreff des Termins kopiert.

   ◎ Alle Kategorien, die der Aufgabe zugewiesen waren, wurden in den Termin kopiert.

   ◎ Die gesamte Aufgabe wird als Anlage in den Termin verschoben. Sie finden sie im Notizfeld des Terminformulars und können sie mit Doppelklick öffnen, wenn Sie z.B. in der Aufgabe weitere Informationen eingegeben haben.

   ◎ War die Aufgabe als privat markiert, so ist der neue Termin dies ebenfalls (siehe ▶ Kapitel 5).

   ◎ Die Aufgabe wurde aus Ihrer Aufgabenliste gelöscht. Wenn Sie dies nicht möchten, weil sie z.B. zur Protokollierung der Erledigung dient, drücken Sie in Schritt 2 bitte `Strg`+`C` statt `Strg`+`X`. Dann wird die Aufgabe jedoch nicht als Anlage eingefügt, sondern nur der Text aus der Aufgabe in den Termin kopiert. (Alternativ können Sie eine Aufgabe mit gedrückter rechter Maustaste in den Kalender ziehen und im anschließend geöffneten Kontextmenü den Befehl *Hierher kopieren als Termin mit Anlage* wählen. In Outlook 2003 müssen Sie im Kalender auf die gewünschte Zielzeit klicken, bevor Sie das Kopieren/Verschieben per Drag & Drop ausführen.)

6. In Outlook 2003 passen Sie bei Bedarf den Betreff des Termins an und schließen dann das Formular durch Klicken auf die Schaltfläche *Speichern und schließen*.

7. Fahren Sie mit der Maus auf den unteren Rand des neu erzeugten Termins, halten Sie die linke Maustaste gedrückt und ziehen Sie den Mauszeiger nach unten, bis die gewünschte Dauer des Termins erreicht ist, z.B. 10:00 bis 12:00. Lassen Sie dann die Maustaste wieder los, um den Termin auf diese Dauer zu setzen.

8. Wiederholen Sie die obigen Schritte, bis alle Ihre Schlüsselaufgaben geplant sind.

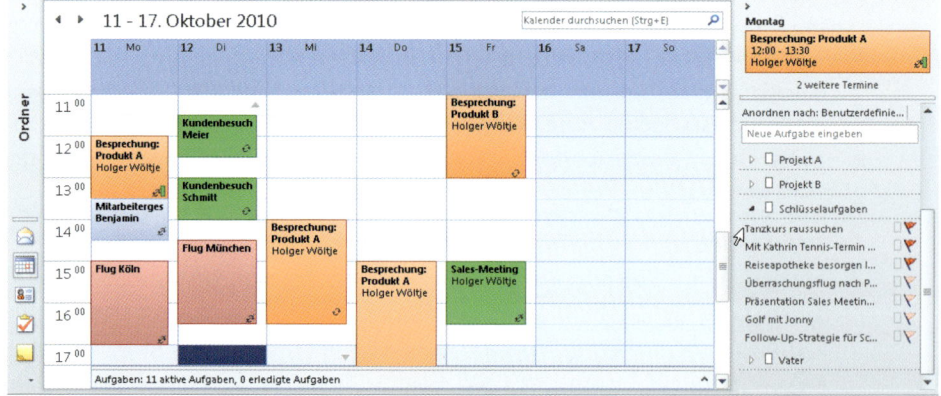

**Abbildung 3.24:** Planen Sie für Ihre Schlüsselaufgaben nach dem Kieselprinzip Termine mit sich selbst

**Gönnen Sie sich einen Ruhetag nur für Privates**

Auch für Freiberufler gilt: Setzen Sie sich pro Woche einen Ruhetag! Lassen Sie an diesem Tag sämtliche Arbeiten liegen, und zwar für den gesamten Tag (also auch keine ein- bis zweistündigen Ausnahmen).

Das muss nicht der Sonntag sein – gerade da kann man oft ganz ungestört arbeiten. Allerdings spricht für den Sonntag als Ruhetag Folgendes: Gerade an diesem Tag haben die meisten anderen Menschen, insbesondere wenn sie wie viele an feste Arbeitszeiten gebunden sind, Zeit für Freunde und private Aktivitäten. Überlegen Sie daher gut und suchen Sie besser eine Alternative, anstatt Sonntage anderweitig für berufliche Aktivitäten zu verplanen.

Es muss auch nicht jede Woche der gleiche Tag sein – allerdings helfen Regelmäßigkeit und ein festes Raster den meisten Menschen ganz enorm dabei, sich besser zu entspannen und an diesem Tag wirklich auszuruhen. Versuchen Sie daher, Ihren Ruhetag immer auf den gleichen Wochentag zu legen.

## So färben Sie Ihre Termine automatisch nach Kategorien

Um auf einen Blick, ohne den Text aller Termine lesen zu müssen, auch in einer vollen Wochen- und Monatsansicht zu sehen, wann Sie z.B. im Flieger sitzen oder eine Besprechung haben (siehe Abbildung 3.24), hilft Ihnen die Funktion zum automatischen Formatieren der Tages-/Wochen-/Monatsansicht für Termine (Outlook 2007-2013 färben bereits automatisch nach Kategorie, beherrschen aber auch die automatische Formatierung nach anderen Kriterien, solange Sie Ihren Terminen noch keine Kategorie zugewiesen haben):

1. Schalten Sie im Kalender über die Schaltfläche *Arbeitswoche* in die entsprechende Ansicht um.

2. Klicken Sie in Outlook 2010/2013 auf der Registerkarte *Ansicht* in der Gruppe *Aktuelle Ansicht* auf *Ansichtseinstellungen* und im daraufhin geöffneten Dialogfeld auf die Schaltfläche *Bedingte Formatierung*. In Outlook 2007/2003 wählen Sie im Menü *Bearbeiten* den Befehl *Automatische Formatierung*.

   Daraufhin wird das Dialogfeld *Bedingte Formatierung* (bzw. *Automatische Formatierung* in Outlook 2007/2003) geöffnet, in dem Sie neue Färberegeln für die aktuelle Ansicht definieren können. (Alternativ lässt sich das Dialogfeld in Outlook 2007/2003 auch aus dem Dialogfeld *Ansicht anpassen* heraus über die Schaltfläche *Automatische Formatierung* öffnen.)

3. Klicken Sie auf die Schaltfläche *Hinzufügen*, um eine neue Regel zu erstellen.

4. Geben Sie im Textfeld *Name* z.B. *Besprechung* ein und klicken Sie dann auf die Schaltfläche *Bedingung*.

5. Definieren Sie im daraufhin geöffneten Dialogfeld *Filtern* die Kriterien für die nach dieser Regel einzufärbenden Termine (wie von anderen Filtern der Outlook-Ansichten her gewohnt). Wählen Sie z.B. im Feld *Suchen nach* (*In: Nur im Feld Betreff*) den Wert *Telko* (färbt alle Termine, die im Betreff »Telko« enthalten).

6. Setzen Sie den Filter mit *OK*.

7. Wählen Sie im daraufhin erneut angezeigten Dialogfeld *Bedingte Formatierung* (bzw. *Automatische Formatierung* in Outlook 2007/2003) im Dropdown-Listenfeld *Farbe* (bzw. *Beschriftung* in Outlook 2003) die gewünschte Farbe aus, z.B. Rot.

8. Schließen Sie das Dialogfeld mit *OK*.

Ab sofort werden in der aktuellen Ansicht alle Termine, auf die die Regel zutrifft, entsprechend eingefärbt.

Outlook 2003 zeigt hinter den Farbnamen bestimmte Beschriftungen an. Diese Bezeichnungen können Sie beliebig ändern. Wählen Sie dazu direkt nach Schritt 1 der obigen Anleitung den Menübefehl *Bearbeiten/Beschriftung/Beschriftungen bearbeiten*.

In Outlook 2003 können Sie für jeden Termineintrag einzeln per Rechtsklick auf den Termin eine Farbe über das Feld *Beschriftung* (im geöffneten Termin unter *Betreff*, rechts neben *Ort*) festlegen. Outlook 2007-2013 färbt die Termine anhand der zuletzt zugewiesenen Kategorie. Eine auf diese Weise manuell bzw. per Kategorie festgelegte Farbe hat immer Vorrang vor allen bedingten/automatischen Formatierungen.

# Übungen

1. Entwickeln Sie ein für Sie passendes Kategoriensystem (leeren Sie vorher die Hauptkategorienliste).

2. Ordnen Sie Ihren Aufgaben (künftig gleich beim Anlegen neuer Aufgaben) passende Kategorien zu.

3. Definieren Sie Ihre sieben Lebenshüte (für jeden Lebensbereich mindestens einen), legen Sie dafür Kategorien an und überlegen Sie sich Aufgaben, die Sie sich für die einzelnen Hüte in nächster Zeit vornehmen.

4. Erstellen Sie eine Ansicht der unerledigten, nächste Woche fälligen Aufgaben, die Sie nach Kategorien gruppieren. Schalten Sie den Aufgabenblock im Kalender ein und richten Sie diese Ansicht ebenfalls mit den gleichen Filtern und Gruppierungen ein.

5. Planen Sie Ihre nächste Woche wie beschrieben (unerledigte Aufgaben löschen bzw. Fälligkeit anpassen, ggf. neue Aufgaben eintragen, Prioritäten anpassen). Nutzen Sie dabei das Kieselprinzip (Schlüsselaufgaben für Lebenshüte planen, für diese Aufgaben Termine mit sich selbst im Kalender eintragen).

# Die wichtigsten Neuerungen in Outlook 2013

Die Aufgabenleiste funktioniert in Outlook 2013 anders als in den vorigen Versionen.

## So blenden Sie Teile der Outlook-2013-Aufgabenleiste ein/aus

In älteren Outlook-Versionen hatte die Aufgabenleiste ein Optionsmenü und ein Kontext-menü, mit dem Sie die angezeigten Teile (Datumsnavigator, die nächsten Termine, Aufga-benliste) ein- und ausblenden konnten. In Outlook 2013 sind diese beiden Menüs ver-schwunden. Sie blenden jetzt über die Registerkarte *ANSICHT* in der Gruppe *Layout* mit dem Befehl *Aufgabenleiste* die einzelnen Teile ein/aus (oder mit *ANSICHT/Layout/Aufga-benleiste/Aus* die gesamte Leiste auf einmal aus). Sie können nun auch den neuen Teil *Perso-nen* anzeigen, um die Favoriten aus Ihren Kontakten zu sehen und Ihre Kontakteordner inklusive verknüpfter sozialer Netzwerke nach Personen zu durchsuchen.

◉ Zusätzlich können Sie die einzelnen Teile der Aufgabenleiste mit einem kleinen x in der jeweils rechten oberen Ecke direkt einzeln ausschalten, ohne vorher ein Menü zu öffnen – dafür können Sie die Aufgabenleiste nun nicht mehr minimiert am rechten Bild-schirmrand »zuklappen« und die Tastenkombination $\boxed{\text{Alt}}$+$\boxed{\text{F2}}$ funktioniert nicht mehr (öffnen/schließen/minimieren).

◉ Um einzelne Teile schnell wieder in der Aufga-benleiste einzublenden, können Sie in der Navi-gationsleiste mit der rechten Maustaste auf *Kalender*, *Personen* oder *Aufgaben* klicken und im Kontextmenü *Popup anheften* wählen oder die Maus einfach ohne zu Klicken auf einen die-ser drei Teile in der Navigationsleiste bewegen und im sich darauhin öffnenden Popup-Fenster in der rechten oberen Ecke des Popups auf das kleine Fenstersymbol mit dem Pfeil (*Popup anheften*) klicken.

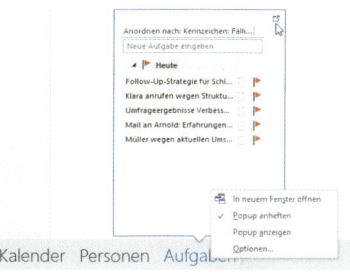

## Reihenfolge der Teile Ihrer Aufgabenleiste: Was ist oben/unten?

In Outlook 2007/2010 war die Reihenfolge in der Aufgabenleiste immer gleich: Datumsna-vigator oben, dann die Termine, zuletzt die Aufgaben ganz unten. Outlook 2013 legt die Reihenfolge jetzt nach dem Einblendzeitpunkt der jeweiligen Teile fest: Wenn Sie einen Teil (Kalender, Personen oder Aufgaben) einblenden, wird der zuerst eingeblendete Teil ganz oben angezeigt, der als Zweites eingeblendete Teil darunter usw. Wenn Sie einen Teil aus- und später wieder einblenden, wird er dabei unten angefügt. So können Sie die Reihenfolge frei festlegen – aber auch schnell durcheinanderkommen ...

Wenn immer alles an der gleichen Stelle ist, finden Sie sich wesentlich besser zurecht. Lassen Sie daher den Teil *Personen* lieber ausgeblendet. Um zu sehen, wann ein bestimmter Termin stattfindet oder welche Aufgaben anstehen, reicht ein Blick in die Aufgabenleiste ganz ohne Mausbewegung – um aber nach einer Person zu suchen oder eine der angezeigten Personen (z.B. zum Erstellen einer neuen E-Mail) anzuklicken, müssen Sie erst den Mauszeiger auf den Teil *Personen* in der Aufgabenleiste bewegen. Stattdessen können Sie mit der Maus auch gleich direkt auf *Personen* unten in der Navigationsleiste zeigen, dann öffnet Outlook 2013 das entsprechende Popup-Fenster. Der Aufwand für Sie ist der gleiche.

Wenn Ihr Bildschirm groß genug ist, lassen Sie *Kalender* und *Aufgaben* immer in der Aufgabenleiste angezeigt – solange Sie keine Teile ein-/ausblenden, ändert sich die Reihenfolge nicht. Oder blenden Sie nur Ihre *Aufgaben* in der Aufgabenleiste ein – nutzen Sie dann auch für den *Kalender*, wie eben für *Personen* beschrieben, das Popup-Fenster in der Navigationsleiste, wenn Sie kurz etwas nachschlagen möchten.

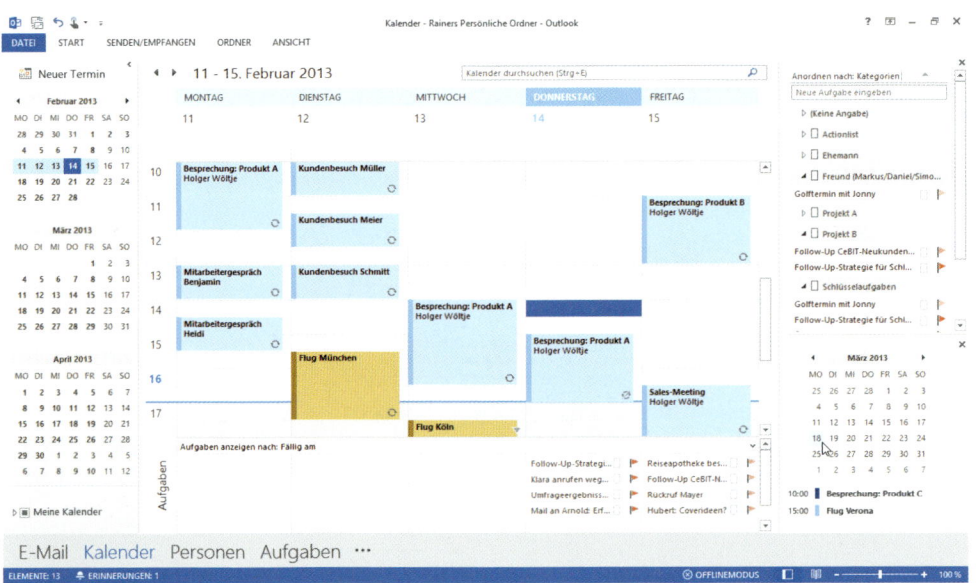

**Abbildung 3.25:** Mit der neuen Aufgabenleiste von Outlook 2013 können Sie Ihre Termine am 18. März nachschlagen (rechts unten im Bild), während Sie die Woche vom 11.-15. Februar im Kalender sehen

## Im Kalender Termine für ein anderes Datum nachschlagen

Outlook 2007/2010 hatten den Datumsnavigator in der Aufgabenleiste angezeigt: Sobald Sie dort ein Datum angeklickt haben, hat Outlook automatisch Ihre Kalenderansicht auf dieses Datum bewegt und aus anderen Programmteilen wie E-Mail, Aufgaben oder den Kontakten sofort in den Kalender umgeschaltet. Unter dem Datumsnavigator hat die Aufgabenleiste die nächsten noch nicht beendeten Termine (immer von der aktuellen Uhrzeit am aktuellen Datum gerechnet) eingeblendet. In Outlook 2013 hingegen bleibt der

Datumsnavigator immer links am Bildschirmrand und steuert Ihren Kalender – auch wenn Sie in der Aufgabenleiste einen *Kalender*-Teil einblenden. Der sieht dann zwar aus wie der Datumsnavigator, steuert aber nicht mehr Ihre Kalenderansicht.

Sobald Sie auf ein Datum im Kalender-Teil der Aufgabenleiste klicken, zeigt Outlook 2013 Ihnen darunter die Termine für diesen Tag (Ausnahme: Für heute sehen Sie nur Termine, deren *Ende*-Uhrzeit heute noch nicht verstrichen ist. Für in der Vergangenheit liegende Tage sehen Sie hingegen wieder alle Termine). So können Sie erstens auch aus Ihren E-Mails und den Aufgaben schnell einen Termin an einem vergangenen Tag oder in der Zukunft nachschlagen ohne dass Outlook sofort in den Kalender springt. Zweitens können Sie in Ihrem Kalender während der Planung für die aktuelle Woche Termine nachschlagen, die weiter in

der Zukunft liegen (z.B. »wann war letzten Monat die Besprechung zum Projekt XY?«, »wann beginnt die Messe, die ich vorbereiten soll?« oder »an welchem Tag fliege ich im April nach Wien?«) und dabei trotzdem gleichzeitig die Termine und Aufgaben für die aktuelle Woche angezeigt lassen sowie bearbeiten (siehe Abbildung 3.25).

# »Es kommt sowieso alles anders« – Wie Sie Tagespläne erstellen, die funktionieren

# Welchen Problemen muss eine solide Tagesplanung standhalten?

Sie haben Ihre Aufgabenliste erstellt, die Aufgaben mit einem Fälligkeitsdatum versehen und priorisiert (siehe ▶ Kapitel 2). Sie haben Ihre Woche mit seit Längerem feststehenden Terminen mit anderen, aktuellen Besprechungen und Ihren »Terminen mit sich selbst« nach dem Kieselprinzip geplant (siehe ▶ Kapitel 3). Zuversichtlich und energiegeladen starten Sie in den Tag – und plötzlich ist es schon wieder Abend. Die meisten Termine haben Sie einhalten können, doch von Ihrer Aufgabenliste ist der Großteil der Punkte noch immer unerledigt …

## Ein typischer Tag in Rainers Büro …

Als Rainer Zufall zu Beginn seines heutigen Arbeitstages schlecht gelaunt den Besprechungsraum betritt, ist es bereits 9:26 Uhr: Eigentlich reicht es ja immer, um zehn nach acht loszufahren, genau 50 Minuten vorher. Aber heute war plötzlich eine Spur wegen Mäharbeiten gesperrt – das um diese Uhrzeit – und der Verkehr zudem ganz besonders dicht … »Sorry, bin im Berufsverkehr stecken geblieben«, murmelt er. »Der ist jeden Morgen um diese Zeit«, entgegnet sein Chef mit sichtbar wenig Verständnis.

»Ich kann doch überhaupt nichts dafür, das passiert halt – mir besonders oft. Warum trifft das eigentlich immer nur mich und Joachim, aber fast nie die anderen?«, grübelt Rainer in Gedanken. Wenigstens seine Kollegin Klara Korn begrüßt ihn freundlich, ihr Lächeln heitert ihn wieder ein wenig auf. Die folgenden Stunden liefern in seinen Augen dann den Beweis dafür, dass man seinen Tag sowieso nicht vernünftig planen kann: Die Besprechung dauert wieder mal eine Stunde länger. Im Anschluss wollte er ja eigentlich die Präsentation für seinen Vortrag auf der Messe morgen fertigstellen. Doch wieder an seinem Schreibtisch angekommen, widmet er sich zuerst »mal eben kurz« den neuen E-Mails.

Eine Dreiviertelstunde später unterbricht ihn dabei einer seiner Mitarbeiter, der mit einem Problem zu ihm kommt. Dann klingelt dauernd das Telefon. Plötzlich fällt ihm auf, dass in 15 Minuten seine nächste Besprechung beginnt. Die ist allerdings im anderen Gebäude und er braucht 20 Minuten, um dorthin zu gelangen, was er natürlich beim flüchtigen Blick auf »15:30 Besprechung« übersehen hatte. Wenigstens geht diese Besprechung pünktlich zu Ende und auf dem Hinweg konnte er noch schnell eine Kleinigkeit zu essen am Bratwurststand mitnehmen.

Wieder an seinem Schreibtisch könnte er endlich mit der Präsentation beginnen, aber schließlich hatte er sich ja noch ein paar andere Dinge vorgenommen, die will er noch eben schnell erledigen. Auf einmal merkt er, dass es zunehmend ruhiger wird. Es kann doch nicht schon kurz vor 18:00 Uhr sein? Kann es doch. Jetzt aber los: Endlich fängt Rainer an, eine weitere Folie zu gestalten. Als das gerade etwas langweilig wird, schaut er rüber in den Posteingang in Outlook, beantwortet ein paar Anfragen, die doch ganz schnell gehen müssten, und folgt ein paar spannenden Links zu Mietwagen-Sonderkonditionen. Ups! Schon ist es 19:30 Uhr. Rainer wird klar, dass er die Präsentation heute nicht mehr im Büro fertigstellen wird. Ach egal, dann halt zu Hause – wäre ja nicht das erste Mal … »Also, was hilft es schon zu planen? Es kommt doch sowieso alles anders!«

Nicht alles im Leben läuft optimal. Trotzdem gehen viele Menschen immer wieder davon aus, dass schon alles wie erhofft funktionieren wird, weil es ja häufig funktioniert und man so auch mehr verplanen kann. Außerdem macht es doch keinen Spaß, immer vom Negativen auszugehen. Wenn man nun aber davon ausgeht, dass etwas, das völlig störungsfrei in unerwartet schneller Rekordzeit mit viel Glück im Spiel perfekt geklappt hat, auch in Zukunft immer so klappen wird, muss man sich nicht wundern, wenn es eben nicht noch einmal so perfekt funktioniert. Und dann total im Stress zu versuchen, den unmöglich gewordenen Tagesplan voller enger Termine noch irgendwie halbwegs mit Überstunden aufzufangen oder auf die nächsten (ebenso vollen) Tage zu verteilen, macht noch weniger Spaß.

Einem Teil der Störungen, Unterbrechungen und Ablenkungen können Sie vorbeugen. Nicht von allem müssen Sie sich ablenken lassen – völlig ausschalten können Sie Ablenkungen jedoch nie. Hinzu kommen auch unerwartete Chancen und Möglichkeiten, die tatsächlich ein sofortiges Handeln erfordern (nicht nur spannendere oder dringendere, aber unwichtige, sondern echte A-Aufgaben) und wichtig genug sind, um andere Dinge zu verschieben. Ein vernünftiger Tagesplan orientiert sich an der Realität und kalkuliert so etwas in gewissen Grenzen ein.

Die Tagesplanung – bzw. ihre Umsetzung – ist eine der schwersten und größten Herausforderungen. Hier treffen langfristige Pläne und Ziele sowie die Wochenplanung auf die harte Realität des Alltags. Es gilt, beides zu vereinen und vor allem konsequent Entscheidungen zu treffen, Nein zu sagen und dadurch Ja zu dem, was zählt. Zur konkreten Umsetzung gehört eine Menge Selbstdisziplin. An dieser Stelle steht oder fällt der Erfolg Ihres Zeitmanagements.

Der Planung Ihres Tages und der Umsetzung dieses Planes steht oft Folgendes im Weg:

- ◎ Der Wunsch, alles auf einmal zu erledigen
- ◎ Verzögerungen, Pannen und Dinge, die »einfach danebengehen«
- ◎ Selbstüberschätzung bzw. falsch geplanter Zeitbedarf
- ◎ Reines Reagieren, Vorziehen von C-Aufgaben, mangelnde Verantwortungsbereitschaft
- ◎ Unerwartete Störungen und Unterbrechungen, Ablenkungen, Konzentrationsschwankungen
- ◎ Akute Unlust, »Aufschieberithis«, Vorziehen von D-Aufgaben und dadurch Zeit verlieren

## Packen wir's an!

Bei der effektiven Tagesplanung sollten Sie daher Folgendes berücksichtigen:

- ◎ Verzögerungen, Pannen, Störungen und Unterbrechungen auffangen
- ◎ Sich auf das Wesentliche konzentrieren, dieses zuerst unterbringen und konsequent erledigen
- ◎ Den Zeitbedarf und Ihre Leistungsfähigkeit realistisch einschätzen

◎ Einen Weg finden, auch die kleinen Aufgaben unterzubringen und Pufferzeiten sinnvoll zu nutzen

◎ Eine Sache zur Zeit angehen und Verantwortung übernehmen (Sie können etwas ändern, siehe ▶ Kapitel 7)

Nachdem wir so die Anforderungen an eine solide Tagesplanung zusammengestellt haben, wird es jetzt höchste Zeit, mit Lösungsschritten loszulegen.

# Grundlagen einer erfolgreichen Tagesplanung

Bilden Sie Blöcke, um gleichartige Aufgaben zusammenzufassen und konzentrierter am Stück zu arbeiten. Lernen Sie, den tatsächlichen Zeitbedarf, den Sie für eine Aufgabe benötigen, richtig einzuschätzen – intuitiv vermuten hier viele Menschen unrealistische Werte. Finden Sie mit Ihrer Tagesleistungs- und Störkurve heraus, wann der beste Zeitpunkt ist, um sich gegen Störungen abzuschotten und sich ganz den wichtigsten Dingen des Tages zu widmen. Fassen Sie Anrufe und die kleinen Aufgaben im Alltag mittels Kategorien zusammen, um diese im Block, in Wartezeiten und in Leerzeiten zwischendurch zu erledigen und so die Zwischenräume optimal zu nutzen.

## Fassen Sie gleichartige Aufgaben zu Blöcken zusammen

Wie viel Zeit geht Ihnen eigentlich durch Kleinigkeiten verloren? Hier ein »kurzer« Anruf, dort eine »kleine« Mail schreiben, und schon sind wieder einmal 20 Minuten vergangen. Fassen Sie gleichartige, kurze Aufgaben zu Blöcken zusammen.

Dies hat z.B. folgende Vorteile:

◎ Sie kommen schneller voran, da Sie sich nicht immer wieder neu auf einen Ablauf einstellen müssen. Zehn Fünf-Minuten-Anrufe oder -Mails am Stück zu erledigen kostet Sie wesentlich weniger Zeit, als zehnmal zwischendurch nur jeweils eine Mail zu bearbeiten. Dieser Effekt wird noch dadurch verstärkt, dass Sie bei diesem Vorgehen das Gesamtbild sehen. Beim Telefonieren fassen Sie sich z.B. automatisch kürzer, wenn alles Notwendige besprochen ist und Sie sehen, dass Sie in der nächsten halben Stunde noch acht weitere Anrufe schaffen wollen.

◎ Anders, als wenn Sie »mal eben kurz eine Kleinigkeit schnell zwischendurch erledigen«, sehen Sie bei der Blockbildung ganz genau, wie viele E-Mails Sie in 30 Minuten schaffen oder wie lange Sie für fünf kurze Telefonate brauchen. Wenn Sie dies eine Zeit lang beobachten, erhalten Sie einen guten Mittelwert, können den Zeitaufwand realistisch einschätzen und so viel besser planen. Sie finden auch leichter heraus, in welchen Bereichen es sich lohnt, die Abläufe zu optimieren, die investierte Zeit zu kürzen oder künftig mehr Zeit zu reservieren.

◎ Wenn Sie Blöcke zu möglichst gleichen Zeiten an jedem Tag einbauen können, gewinnen Sie zusätzliche Routine. Das Ganze entwickelt sich zu einer Art Ritual und gibt Ihrem Tag eine feste Struktur. Solche wiederkehrenden Tätigkeiten zu gleichen Zeiten haben einen positiven Effekt auf Ihre Arbeitsleistung, geben Halt auf dem Weg durch den Tag und helfen Ihnen, sich schneller wieder zu sammeln.

◎ Sie können sich besser auf Ihre großen und wichtigen Aufgaben konzentrieren und es wird leichter, Ablenkungen durch Dinge auszuschalten, die Sie später im Block erledigen werden. Wenn Ihnen z.B. ein nötiges Telefonat einfällt, das nicht sofort sein muss, setzen Sie es einfach auf die Liste. So sind Sie nicht lange abgelenkt, sondern können gleich konzentriert weiterarbeiten.

## Nutzen Sie Kategorien zur Blockbildung

Überlegen Sie, für welche Bereiche Sie sinnvolle Blöcke bilden können. Für einige Aufgaben lohnt es sich, täglich einen oder mehrere Blöcke einzuplanen (z.B. E-Mails). Bei anderen reicht ein Block ein- bis dreimal pro Woche, wenn nicht genug Aufgaben pro Tag anfallen, die entsprechenden Aufgaben auch ein paar Tage warten können oder es Ihnen nicht möglich ist, sich täglich darum zu kümmern. Bestimmte Blöcke machen auch monats- und quartalsweise Sinn, z.B. Spesenabrechnungen.

 Fügen Sie jeder Blockbildungskategorie das Suffix *(Block)* im Kategorienamen hinzu. Dies ist der praktischste Weg, diversen Ärger und Probleme zu vermeiden, wenn Sie später mit mehreren Blockbildungskategorien arbeiten und danach filtern möchten (mehr dazu weiter hinten in diesem Kapitel im ▶ Abschnitt »Blenden Sie in den Wochen-/Tagesplanansichten die der Blockbildung zugewiesenen Aufgaben aus«).

Tragen Sie die Namen der Blöcke, die häufiger vorkommen – z.B. *Anrufe (Block)* für Telefonate über drei Minuten Dauer – in Ihre Hauptkategorienliste ein (zum Arbeiten mit Kategorien siehe ▶ Kapitel 3). Wenn Ihnen nun eine neue Aufgabe einfällt, die Sie für den nächsten Block vormerken wollen, drücken Sie einfach `Strg`+`⇧`+`T` bzw. in Outlook 2010/2013 in bestimmten Situationen `Strg`+`⇧`+`K`, um auch z.B. mitten aus der Bearbeitung einer E-Mail heraus eine neue Aufgabe anzulegen. Tragen Sie die Details ein (siehe ▶ Kapitel 3) und weisen Sie dabei als Kategorie den entsprechenden Block zu, z.B. *Anrufe (Block)*.

Sie können dann zu gegebener Zeit beispielsweise für Ihre Tagesplanung bequem in eine nach Kategorien gruppierte Ansicht umschalten, alle anderen Kategorien zuklappen und die Ansicht nach Fälligkeitsdatum filtern, um so z.B. nur Ihren Anrufblock mit allen Anrufen, die in den nächsten fünf Tagen fällig sind, zu sehen. Wie das Einstellen der entsprechenden Ansichten funktioniert, erfahren Sie weiter hinten in diesem Kapitel im ▶ Abschnitt »Ordnung muss sein«.

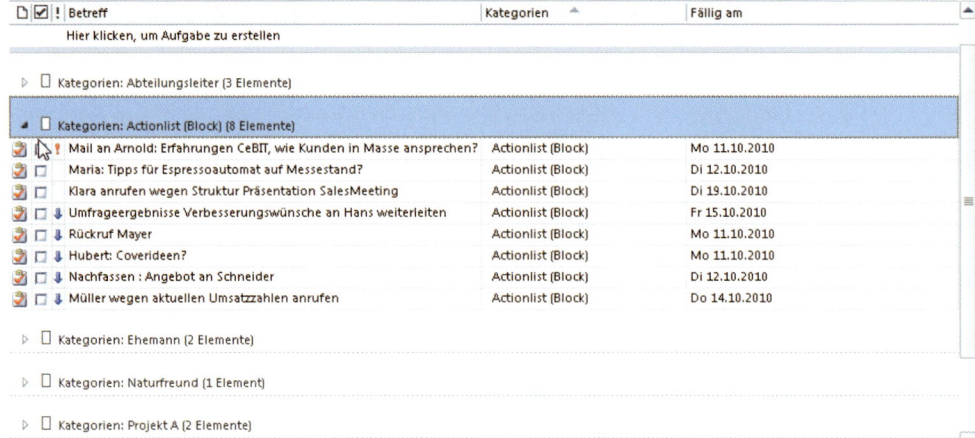

**Abbildung 4.1:** Stellen Sie die Aufgabenliste mit wenigen Mausklicks so ein, dass Sie nur genau die Aufgaben sehen, die für den entsprechenden Block in den nächsten Tagen anliegen (nach Kategorien gruppieren)

### Ein besonderer Block: Die Actionlist

Was tun mit den vielen Kleinigkeiten, die nur drei bis fünf oder maximal zehn Minuten dauern? Fassen Sie diese in einem speziellen Block zusammen, unter der Kategorie *Actionlist (Block)*. Diesen Block arbeiten Sie ausnahmsweise nicht nur am Stück ab – es geht hier ja um diverse Kleinigkeiten aus verschiedenen Bereichen. Stattdessen rufen Sie ihn auch immer dann auf, wenn Sie kurze Leerlaufzeiten haben, z.B. sicherheitshalber schon zehn Minuten vor Beginn im Besprechungsraum sind oder acht Minuten vor einem wichtigen Telefontermin keine größere Aufgabe mehr anfangen möchten. So erledigen Sie diese Dinge schnell zwischendurch und füllen kurze Warte- oder Leerlaufzeiten.

## Sehen Sie der Wahrheit ins Auge: Zeitprotokolle

Zeitprotokolle, genauer gesagt Zeitnutzungsprotokolle, sind eine einfache Methode mit hoher Wirkung:

◎ Sie können den nötigen Zeitaufwand für Aufgaben, die in ähnlicher Weise wieder vorkommen werden, anschließend viel genauer einschätzen.

◎ Sie sehen, welchen Dingen Sie tatsächlich wie viel Zeit widmen – oft weichen diese Werte ein gutes Stück oder sogar dramatisch von den Werten ab, die Sie vorher geschätzt hätten. Zusammen mit der Blockbildung merken Sie so vielleicht, dass Sie für das »Beantworten von vier kurzen Kundenanfragen«, dessen Gesamtaufwand Sie auf höchstens 20 bis 25 Minuten schätzen würden, in Wirklichkeit eine Stunde benötigen.

◎ Sie können nach einiger Zeit recht gut sehen, welchen Bereichen Sie mehr Zeit einräumen und für welche Sie die investierte Zeit reduzieren möchten. Sie sehen, mit welchen Aufgaben Sie die meiste Zeit verbringen und wo es sich folglich am meisten lohnt, nach Möglichkeiten zur Optimierung Ihrer Arbeitsweise zu suchen.

Ein Zeitprotokoll anzufertigen ist ganz einfach: Tragen Sie für ein paar möglichst typische Arbeitstage einfach alles ein, was Sie tun. Und zwar wirklich jede Tätigkeit, die zehn Minuten oder länger dauert. Wenn Sie einige kürzere Tätigkeiten ausführen, protokollieren Sie dies ebenfalls, z.B. »8 Min. drei kurze Anrufe aus Actionlist«. Wichtig ist, dass Sie Ihr Zeitprotokoll immer dabeihaben, die Zeit genau messen und alles sofort eintragen, wenn es beendet ist. (Sie müssen nicht mit einer Stoppuhr herumlaufen, sollten aber zu Beginn und Ende jeder Tätigkeit genau auf die Uhr sehen.) Ob Sie das Zeitprotokoll zum einfachen Mitnehmen auf Papier führen, in einer Sheet-To-Go-Datei (Mini-Excel) auf Ihrem Black-Berry eintragen oder die Journalfunktion von Microsoft Outlook mit automatischer Zeiterfassung benutzen, bleibt Ihnen überlassen.

In einer einfachen Form tragen Sie einfach Start und Ende der Tätigkeit, eine genaue Bezeichnung (also nicht nur »Anruf«) ein. Ausnahme: Bei Blöcken mit vielen kleineren Aktivitäten am Stück reicht eine Sammelbezeichnung (z.B. »E-Mail-Block«). Details in einer weiteren Spalte sind dabei durchaus hilfreich, z.B. »10 Mails gleich gelöscht, 5 kleine schnell beantwortet und 3 große geschafft«. Für den Anfang reicht das schon. Noch aussagekräftiger (aber auch etwas aufwendiger) wird das Protokoll, wenn Sie zusätzlich die Tätigkeit nach Eisenhower priorisieren (siehe ▶ Kapitel 2), eine Spalte für die Dauer in Minuten einfügen, in einer Spalte eintragen, was Sie für diese Uhrzeit geplant hatten, in einer weiteren Spalte eine Beurteilung dieser Tätigkeit dokumentieren (z.B. »super: 100% korrekt erledigt, wie geplant, ging nur wesentlich schneller« oder »war jetzt nicht nötig und hat viel Zeit gekostet«) oder sogar noch Ihre Tagesform in einer weiteren Spalte festhalten (»müde und unkonzentriert«, »hellwach und sehr kreativ«, »noch müde, aber Routinekram geht gerade gut und schnell von der Hand«).

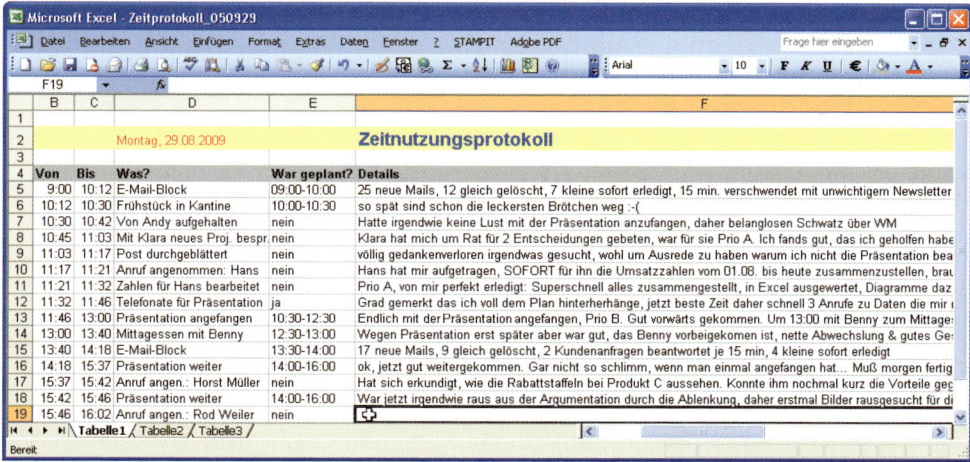

**Abbildung 4.2:** Führen Sie für ein paar Tage ein genaues Zeitprotokoll – z.B. in Microsoft Excel

Falls Ihr Problem das ständige Aufschieben wichtiger Aufgaben ist, Sie sich häufig von anderen Dingen ablenken lassen oder mit mangelhafter Selbstdisziplin zu kämpfen haben, ist das Zeitprotokoll eine gute Hilfe. Wer auf seinem Plan »Bericht für Vorstandssitzung schreiben« sieht und dann alle zehn Minuten etwas einträgt wie »15 Minuten völlig planlos im Posteingang rumgeklickt«, merkt direkt beim Eintragen, dass er gerade dabei ist, sich vor der eigentlichen Aufgabe zu drücken. Das sollte einen wachrütteln und dazu führen, dass man diese als unangenehm empfundene, aber sehr wichtige Aufgabe eben nicht mehr vor sich herschiebt.

Führen Sie einmal für mindestens drei, noch besser fünf, möglichst repräsentative Arbeitstage konsequent ein Zeitnutzungsprotokoll und tragen Sie wirklich jede Tätigkeit mit zehn Minuten Dauer ein. Auch wenn es nicht besonders viel Spaß macht: Es lohnt sich!

## Für Fortgeschrittene: Nutzen Sie das Journal für halbautomatische Zeitprotokolle

Damit Sie nicht ständig zwischen verschiedenen Anwendungen hin und her schalten und dauernd auf die Uhr schauen müssen, hilft Ihnen die Journalfunktion von Outlook beim Erstellen eines Zeitprotokolls.

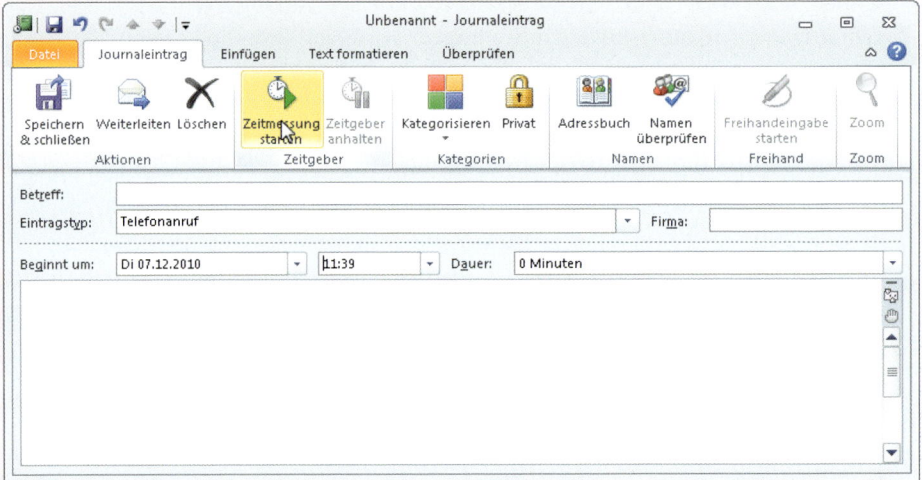

**Abbildung 4.3:** Die Journalfunktion von Outlook mit der automatischen Zeiterfassung für Ihre Zeitprotokolle

Wann immer Sie eine neue Tätigkeit beginnen, wechseln Sie einfach mit `Alt`+`⇆` zu einem beliebigen Outlook-Fenster (`⇆` gedrückt halten und so häufig `⇆` drücken, bis Sie in Outlook angekommen sind – falls Outlook nicht sowieso gerade im Vordergrund geöffnet ist). Drücken Sie in Outlook 2003-2010 dann `Strg`+`⇧`+`J`. In Outlook 2013 brauchen Sie eine Taste mehr: Drücken Sie im Posteingang, Kalender oder der Aufgabenliste `Strg`+`8` (wechselt ins Journal) und dann `Strg`+`N` (neuer Eintrag) Outlook öffnet daraufhin ein Formular zum Erstellen eines Journaleintrags, in dem bereits das aktuelle Datum sowie die aktuelle Uhrzeit eingetragen sind. Füllen Sie den *Betreff* aussagekräftig aus. Ignorieren Sie das Feld *Eintragstyp*, da Sie es nicht beliebig ergänzen können und damit zu eingeschränkt wären. Klicken Sie stattdessen auf die Schaltfläche *Kategorisieren* (bzw. in Outlook 2003 rechts unten auf *Kategorien*) und wählen Sie die entsprechende(n) Kategorie(n) aus Ihrer Hauptkategorienliste.

Klicken Sie dann auf die Schaltfläche *Zeitmessung starten* bzw. *beginnen* (oder drücken Sie in Outlook 2003 `Alt`+`M`). Mit `Alt`+`⇆` wechseln Sie wieder in das vor dem Anlegen des Journaleintrags geöffnete Fenster, während der Eintrag mit aktivierter Zeitmessung geöffnet bleibt. Sobald Sie die Aufgabe abgeschlossen haben, wechseln Sie mit `Alt`+`⇆` zurück zum geöffneten Journaleintrag und klicken auf die Schaltfläche *Zeitgeber anhalten* bzw. *Zeitmessung anhalten* (in Outlook 2003 drücken Sie `Alt`+`N`). Outlook hat nun die Dauer automatisch ergänzt. Tragen Sie eventuelle Kommentare im Notizfeld ein, bevor Sie den Journaleintrag speichern und schließen. Da Sie das Feld *Firma* wahrscheinlich für Ihr Zeitprotokoll nicht benötigen werden, können Sie hier z.B. die Priorität oder Ihre Zufriedenheit mit der Erledigung der Aufgabe vermerken, um später gezielt nach diesem Kriterium sortieren und auswerten zu können. Hier können Sie z.B. auch das Projekt oder den Lebenshut, zu dem die aktuelle Tätigkeit gehört (siehe hierzu ▶ Kapitel 3), notieren.

Zum Auswerten Ihrer Tagesprotokolle schalten Sie auf die Journalansicht um (z.B. mit `Strg`+`8`). Die typische Zeitleistenansicht des Journals ist unpraktisch, wenn es um viele kurze Aufgaben statt um längere Tätigkeitsblöcke geht. Definieren Sie daher eine neue Ansicht vom Typ *Tabelle*, die Sie zur Auswertung z.B. nach Kategorien, Dauer oder Kontakten gruppieren können. So sehen Sie z.B., welchen Tätigkeiten Sie die meiste Zeit widmen. Sie können die Journaleinträge auch in eine Excel-Datei schreiben, um zur weitergehenden Auswertung die Zeiten nach bestimmten Kriterien zu summieren, Diagramme zum schnellen Überblick zu erstellen usw. In Outlook 2010/2013 wählen Sie dazu auf der Registerkarte *Datei* den Befehl *Optionen*, danach im Dialogfeld *Outlook-Optionen* die Kategorie *Erweitert*, klicken dann im Bereich *Exportieren* auf die Schaltfläche *Exportieren* und folgen den daraufhin eingeblendeten Anweisungen. In Outlook 2007/2003 wählen Sie den Befehl *Importieren/Exportieren* im Menü *Datei*.

# Berücksichtigen Sie Ihre Leistungs- und Störkurve

Einige Menschen sind morgens sofort absolut fit und wach, andere hingegen laufen langsam an und dann zur Höchstform mit maximaler Leistungsfähigkeit und Konzentration auf, wenn andere schon wieder müde, abgeschlagen und unkonzentriert sind. Jeder hat seine individuelle Leistungskurve. Wenn Sie diese bei Ihrer Planung berücksichtigen, können Sie die Zeiten Ihrer maximalen Konzentrationsfähigkeit mit hoher Kreativität und Geschwindigkeit bei gleichzeitig hoher Qualität Ihrer Arbeit ganz gezielt für Ihre wichtigsten Aufgaben nutzen.

Die Leistungskurve wird überlagert von anderen Effekten. Wer z.B. um 11:30 Uhr aus einem Mammutmeeting kommt, in dem über drei Stunden hinweg ohne Pause in einem schlecht belüfteten Raum verhandelt wurde, wird dann natürlich erst einmal ziemlich erschöpft sein, auch wenn er an anderen Tagen zu dieser Zeit seine Höchstform erreicht hat. Sofern allerdings zumindest die Hälfte Ihrer Arbeitstage nach einem ähnlichen Muster verläuft und in etwa zur selben Zeit beginnt, werden Sie auch eine ähnliche Leistungskurve darin wiederfinden. Eine der stärksten Überlagerungen sollten Sie dabei berücksichtigen: Ihre Störkurve, die meist ebenfalls recht regelmäßig verläuft. Vielleicht konnten Sie zwischen 10:00 Uhr und 11:00 Uhr am besten arbeiten, als alle anderen im Urlaub waren. Sie können diese Zeit aber dann nicht mehr beliebig frei nutzen, wenn an normalen Arbeitstagen genau in diesem Zeitrahmen nicht nur die Kollegen und Kunden gehäuft mit Rückfragen auf Sie zukommen, sondern auch noch Ihr Vorgesetzter ständig mit neuen Aufgaben hereinschneit.

Zeichnen Sie einfach einmal Ihre eigene Leistungs- und Störkurve. Das muss keine wissenschaftliche Ausarbeitung werden – vielleicht können Sie es sofort aus dem Stegreif. Oder kombinieren Sie das Ganze mit dem Zeitprotokoll, wenn Sie es einmal genauer beobachten möchten: Fügen Sie eine Spalte für Ihre Leistungsfähigkeit und die Störungshäufigkeit/-intensität hinzu. Bei Bedarf können Sie auch eine Einschätzung aufnehmen, ob sich die auftretenden Unterbrechungen auf eine andere Zeit verschieben lassen. Sie können dies mit Worten beschreiben oder einfach eine Zahl auf einer Skala von eins bis zehn als Wert eintragen, dann fällt die Auswertung später leichter.

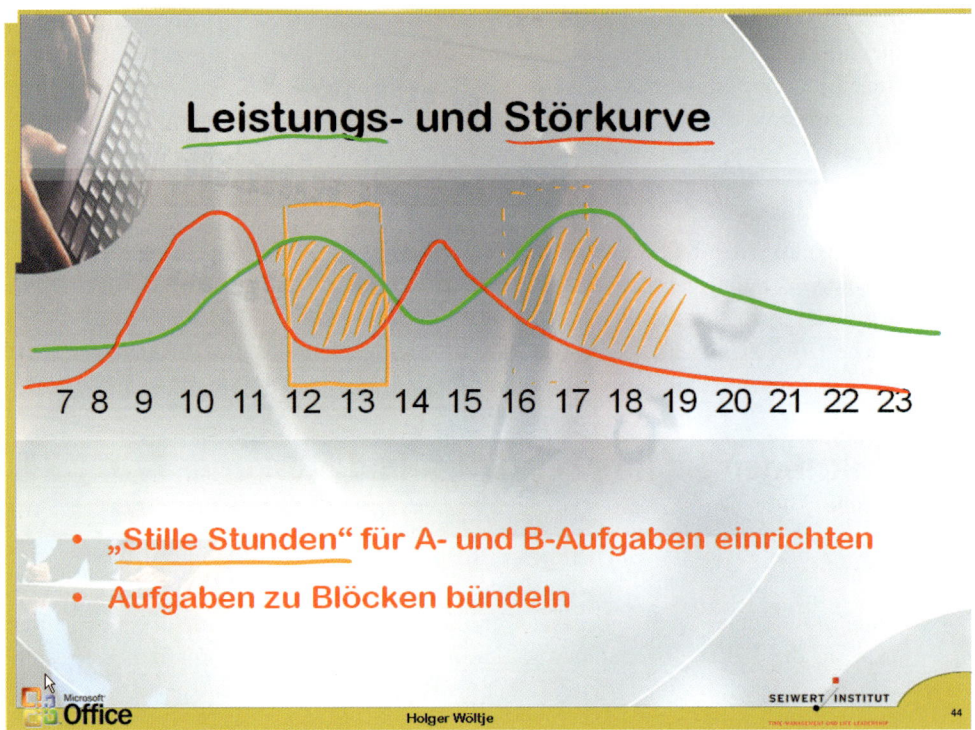

**Abbildung 4.4:** Zeichnen Sie Ihre Leistungs- und Störkurve, um die optimalen Zeiten für stille Stunden zu finden

## Werden Sie deutlich produktiver mit stillen Stunden

Es ist schon verwunderlich, was man in störfreien Zeiten alles schafft. Vor allem, wenn dazu die Quote möglicher Ablenkungen, mit denen man sich aus Aufgaben flüchtet, die einfach keinen Spaß machen, in dieser Zeit deutlich geringer ist. Wenn Sie z.B. eine Woche auf Dienstreise in den USA sind und abends keine Geschäftsessen anliegen, ist plötzlich viel

Zeit. Alle Ihre Freunde und Kollegen, die Sie anrufen könnten, sind um 18:00 Uhr längst schlafen gegangen, weil es in Deutschland bereits Mitternacht ist. Da nun sogar in den USA die Bürozeiten enden, füllt sich noch nicht einmal mehr Ihr Posteingang – außer vielleicht mit einem einsamen, automatisch versandten Newsletter (und etwas Werbemüll, der größtenteils automatisch gefiltert wird). Was also tun, wenn Sie nicht gerade stundenlang fremde Städte erkunden wollen? Ganz plötzlich haben Sie so schon nach zwei bis drei Tagen den komplizierten, in Ihren Augen eher unangenehmen, aber sehr wichtigen Marketingplan fertig – der in zwei Wochen fällig ist und den Sie schon seit acht Wochen vor sich herschieben …

Doch es muss nicht so weit kommen, dass Sie einmal im Monat in die USA fliegen oder sich am Wochenende im Büro einschließen sollen. Richten Sie einfach jeden Tag ein bis zwei stille Stunden (optimale Dauer: 45 bis 90 Minuten) ein. Konzentrieren Sie sich in dieser Zeit ganz auf das Wesentliche.

Suchen Sie für Ihre stillen Stunden die Zeiten heraus, zu denen Ihre Leistungskurve deutlich höher als die Störkurve ist. Meist erhalten Sie bereits »angepasste Kurven«, werden also Ihre Leistungsfähigkeit in Zeiten häufiger Störungen automatisch niedriger einstufen, sodass am Ende auch die Hochpunkte der Leistungskurve in Zeiten mit niedriger Störquote liegen. Sollten gerade die Hochpunkte der Störkurve auch auf der Leistungskurve liegen, versuchen Sie, die Störkurve zu verlagern. Sie könnten z.B. Ihre sehr kooperative Chefin fragen, ob sie das Briefing ein wenig nach vorn oder weiter nach hinten legen könnte. (Oder verlegen Sie notfalls – wenn Ihre Chefin z.B. Nein sagt – die Leistungskurve; vielleicht hilft es Ihnen beispielsweise, eine Stunde früher aufzustehen und eher mit dem Arbeiten zu beginnen.)

## Verteidigen Sie Ihre stillen Stunden

Blocken Sie eine, wenn möglich sogar zwei stille Stunden rigoros aus:

◎ Tragen Sie die stille Stunde als Serientermin in den Kalender ein, damit Sie sie nicht versehentlich (sondern nur ganz bewusst, falls es einmal nicht anders geht) mit etwas anderem verplanen und für diese Zeit keine Besprechungsanfragen bekommen. Optimal ist, wenn Sie dieses Vorgehen mit Kollegen absprechen, Kernzeiten für Besprechungen festlegen (siehe ▶ Kapitel 5), jeder außerhalb dieser Zeiten seine stillen Stunden sichern darf und diese generell respektiert werden. Kennzeichnen Sie andernfalls die Zeit als privat oder schreiben Sie einfach gar keinen Text hinein. Aber nur Mut: Oft hilft eine freundliche, kurze Erklärung mit der Bitte, diese Zeiten zu respektieren.

◎ Wenn trotzdem eine Besprechungsanfrage für diese Zeit kommt, schlagen Sie eine andere Zeit vor oder lehnen Sie ab (außer, es geht wirklich nicht anders).

◎ Wählen Sie am besten Zeiten, zu denen es völlig normal ist, wenn jemand nicht erreichbar ist. Wenn Ihre Leistungskurve z.B. morgens hoch ist, kommen Sie einfach früher ins Büro. Praktisch ist auch die deutsche Kernmittagszeit zwischen 11:00 Uhr und 14:00 Uhr (angepasst an ein früheres Ende oder einen späteren Beginn in Ihrem Unternehmen). Wenn jemand Sie morgens um 7:30 Uhr, mittags um 12:00 Uhr oder abends um 17:30 Uhr nicht erreicht, wird er dies normalerweise weder verwunderlich finden noch nachfragen, sondern es künftig einfach zu anderen Zeiten versuchen.

◎ Wenn Sie nicht mit hundertprozentiger Sicherheit in den nächsten Minuten einen absolut dringenden und wichtigen Anruf erwarten: Loggen Sie Ihr Telefon in der Zentrale für die stille Stunde aus bzw. schalten Sie Ihr Telefon auf den Anrufbeantworter um und deaktivieren Sie die Mithörfunktion, die Sie ablenken würde. Schalten Sie auch Ihr Handy aus.

◎ Denken Sie daran: Die ersten drei Wochen sind die wichtigsten. Weisen Sie höflich, aber bestimmt auf die Zeit der Nichtverfügbarkeit hin. Am Anfang werden Kollegen diese Zeiten oft missachten, selbst wenn sie die Idee gut finden und respektieren wollen – es dauert immer eine gewisse Zeit, alte Gewohnheiten zu ändern. Von der Konsequenz, mit der Sie sich in den ersten Wochen gegen Unterbrechungen wehren und die anderen daran gewöhnen, hängt ab, ob die störfreien Zeiten langfristig funktionieren. Bitten Sie ggf. vorher Ihren Chef um Erlaubnis oder wählen Sie eine Zeit, zu der er noch nicht bzw. nicht mehr bzw. gerade nicht im Büro ist, falls er selbst diese Zeiten nicht respektiert.

◎ Sorgen Sie auch dafür, dass Sie sich nicht selbst ablenken:

   ◎ Ignorieren Sie in der stillen Stunde Ihren Posteingang.

   ◎ Widmen Sie sich konsequent der für diese Zeit geplanten A- oder B-Aufgabe. Beginnen Sie sofort damit und gewöhnen Sie sich daran, während der stillen Stunde nichts anderes zu erledigen (siehe auch den ▶ Abschnitt »Feintuning für Ihren Tagesplan« weiter hinten in diesem Kapitel).

   ◎ Was immer Sie noch »kurz nachschlagen oder mal eben texten« (beantworten, bestellen usw.) wollen: Tun Sie es vorher oder nachher, aber niemals in der stillen Stunde.

◎ Wenn Sie viel unterwegs sind und feste Termine daher nicht möglich sind: Nutzen Sie gerade diese Reisezeiten. Dass Sie weniger erklären müssen, um sich abzuschotten, macht es noch einfacher. Fahren Sie eine Stunde eher zum Flughafen oder Bahnhof (bzw. buchen Sie die Rückreise eine Stunde später) und setzen Sie sich in eine Lounge oder ein Café, in der bzw. dem Sie in Ruhe arbeiten können. Schalten Sie Ihr Handy aus und widerstehen Sie der Versuchung, »nur mal kurz die Mails anzugucken«. Wenn Sie mit dem Pkw unterwegs sind, können Sie auch einfach eher losfahren (bzw. später zurückkommen) und unterwegs eine Raststätte oder ein Café mit günstigen Arbeitsbedingungen wählen.

# Ordnung muss sein

Einer der großen Vorteile beim Verwenden von Outlook für Ihr Zeitmanagement ist die große Flexibilität der Ansichten. Sie müssen alles nur einmal eintragen, können aber trotzdem mit einem Klick die Aufgaben für die aktuelle Woche, den aktuellen Tag oder aber über das ganze Quartal für ein bestimmtes Projekt sehen. Die automatische Kennzeichnung mit verschiedenen Farben hilft Ihnen, weitere Kriterien im Blick zu behalten (z.B. eine Liste mit allen Aufgaben für ein bestimmtes Projekt, wobei in dieser Woche fällige Aufgaben blau hervorgehoben erscheinen). Oder Sie schalten in eine Ansicht um, die Ihnen alle in der Zukunft anstehenden Termine nach Orten sortiert zeigt – so können Sie schnell sehen, wann Sie sich das nächste Mal in Düsseldorf oder Stuttgart aufhalten, wenn jemand fragt, ob Sie »irgendwann im August oder September einmal in der Nähe sind und ein Stündchen Zeit« hätten.

Anhand von drei für viele Anwender besonders hilfreichen Konfigurationen zeigen wir Ihnen im Folgenden beispielhaft weitere Tipps zum Verfeinern der Outlook-Ansichten, nachdem Sie in den vorangegangenen zwei Kapiteln bereits das Anlegen neuer Ansichten, Einstellen der angezeigten Felder, Sortieren, Gruppieren und die Grundlagen des Filterns kennengelernt haben. Auf diese Weise behalten Sie stets den Überblick und finden schnell die für Sie relevanten Informationen.

# Blenden Sie in den Wochen-/Tagesplanansichten die der Blockbildung zugewiesenen Aufgaben aus

Im Rahmen der Blockbildung haben wir gleichartige Aufgaben zusammengefasst, um sie am Stück – und eben nicht mehr zwischendurch oder zu anderen Zeiten – zu erledigen. Auf diese Weise können Sie sich auch ein paar Überlegungen beim Planen sparen. Damit nun nicht z.B. die einzelnen für die Blockbildung vorgemerkten kurzen Telefonate (die bis zum nächsten Telefonblock warten können) ständig zwischen all den anderen Aufgaben in Ihrer Liste erscheinen, blenden Sie sie einfach aus. So machen Sie es sich einfacher, die restlichen Aufgaben zu überblicken.

## So blenden Sie alle Aufgaben aus, die Blockbildungskategorien angehören

1. Definieren Sie eine neue Ansicht (siehe hierzu ▶ Kapitel 2) mit dem Namen *Aufgaben ohne Blockbildung*. Oder ändern Sie stattdessen die aktuelle Ansicht entsprechend. Klicken Sie dazu in Ihren Aufgaben in Outlook 2010/2013 auf der Registerkarte *Ansicht* in der Gruppe *Aktuelle Ansicht* auf *Ansichtseinstellungen*. In Outlook 2007/2003 klicken Sie stattdessen auf den Link *Aktuelle Ansicht anpassen* (links im Navigationsbereich).

2. Klicken Sie im daraufhin geöffneten Dialogfeld auf die Schaltfläche *Filtern* bzw. *Filter*.

3. Klicken Sie im Dialogfeld *Filtern* auf die Registerkarte *Erweitert*.

4. Klicken Sie auf die Schaltfläche *Feld* und wählen Sie dann in der Liste *Häufig verwendete Felder* die Option *Kategorien*.

5. Wählen Sie im Dropdown-Listenfeld *Bedingung* den Eintrag *enthält nicht*.

6. Tragen Sie in das Textfeld *Wert* die Bezeichnung *(Block)* ein.

7. Klicken Sie auf die Schaltfläche *Zur Liste hinzufügen*.

8. Blenden Sie auch die bereits erledigten Aufgaben aus (siehe ▶ Kapitel 2, Abschnitt »Räumen Sie mit Filtern Ihre Ansichten auf«).

9. Schließen Sie alle geöffneten Dialogfelder mit *OK*.

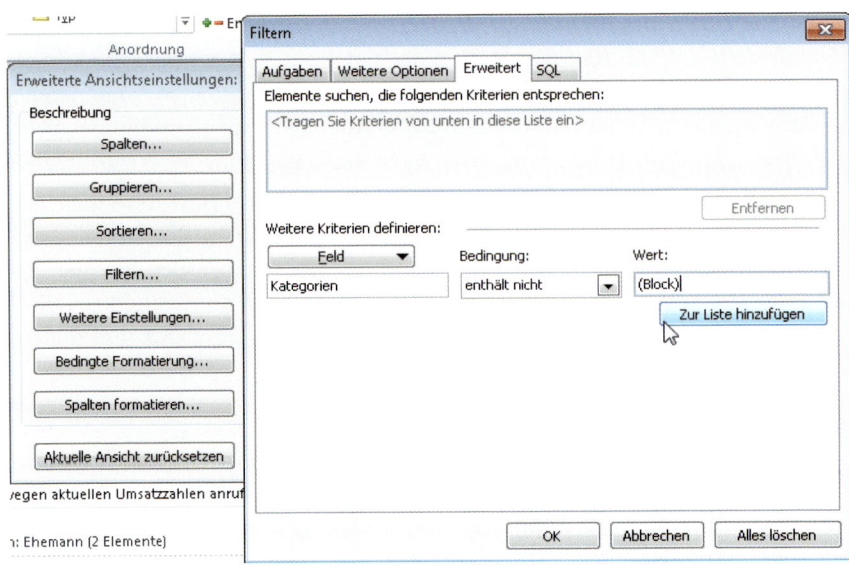

**Abbildung 4.5:** Blenden Sie über Filter alle für die Blockbildung vorgesehenen Aufgaben aus

 Vorsicht mit Filtern! Achten Sie genau auf die gesetzten Filterbedingungen und machen Sie sich bewusst, wie diese wirken, wenn Sie eigene Filter setzen. Anderenfalls kann es schnell passieren, dass »Einträge verschwinden«, die Sie eigentlich anzeigen wollten, und dass Sie dann etwas übersehen.

Beispielsweise blendet ein Filter »enthält nicht Kategorie Anruf« konsequent alle Aufgaben aus, denen die Kategorie *Anruf* zugewiesen ist – auch wenn die Aufgabe noch weiteren Kategorien angehört. Wenn Sie einen Anruf planen möchten, der nicht im Rahmen des Anrufblocks stattfinden soll (z.B. weil er deutlich länger dauert, besonders wichtig ist und daher eher und bevorzugt außerhalb des Blocks behandelt werden soll), so darf er nicht diese Kategorie erhalten. Ordnen Sie ihn stattdessen thematisch z.B. »Projekt C« zu. Oder verwenden Sie zur Blockbildung einen anderen Namen, z.B. »Anrufblock«, damit Sie nicht durcheinanderkommen, wenn Sie gerne jedem Anruf auch die Kategorie »Anruf« zuweisen möchten oder häufig Anrufe haben, die außerhalb des Anrufblocks stattfinden.

Weisen Sie daher Blockbildungskategorien nur Aufgaben zu, die Sie ausschließlich im Rahmen der Blockbildung erledigen möchten. Um beim Filtern nicht durcheinanderzukommen, betiteln Sie einfach alle entsprechenden Kategorien am besten mit *(Block)* im Namen und filtern dann einfach dieses Wort aus. Dieses Verfahren mag Ihnen im ersten Moment eigenartig vorkommen, hat aber einige Vorteile:

◎ Die Klammern verhindern, dass Sie ungewollt auch Kategorien filtern, die zufällig das Wort Block enthalten, wie z.B. »Projekt Blockhaus«.

◎ Sie kommen durch dieses Schlüsselwort nicht so schnell durcheinander, als wenn Sie auf einzelne Kategorienamen zur Blockbildung achten müssten (siehe obiges Beispiel mit der Kategoriebezeichnung *Anruf*).

◎ Wenn Sie einen Negativfilter setzen, der bestimmte Kategorien ausblenden soll, wird es relativ kompliziert, hier mehrere Kriterien auf einmal auszublenden, wie z.B. Actionlist und Anrufblock. Würden Sie diese einfach im Dialogfeld *Filtern* nacheinander aufzählen, so würde Outlook daraus einen Filter »alles einblenden, was nicht Actionlist *oder* nicht Anrufblock enthält« erstellen – also *nur* die Aufgaben ausblenden, die *beiden* Blöcken *auf einmal* angehören. Sie merken schon, es wird komplizierter … Der einfachste Weg, dies zu lösen, besteht darin, bei *jeder* Blockbildungskategorie *(Block)* in den Namen zu setzen und einfach nur einmal nach »enthält nicht (Block)« zu filtern.

## Heben Sie heute und morgen fällige Aufgaben farblich hervor

Führen Sie zunächst folgende Vorarbeiten durch: Definieren Sie auf der soeben gefilterten Ansicht aufbauend eine neue Ansicht, die Sie *aktuelle Woche* nennen. Sortieren Sie diese absteigend nach Priorität (siehe hierzu ▶ Kapitel 2). Filtern Sie im Dialogfeld *Filtern* auf der Registerkarte *Aufgaben* über die zwei Dropdown-Listenfelder *Zeit* nach den Kriterien *Fällig/Diese Woche* und schließen Sie dann das Dialogfeld mit *OK*.

### So färben Sie Aufgaben mit der automatischen Formatierung ein

1. Klicken Sie im noch geöffneten Dialogfeld zum Anpassen der Ansicht auf die Schaltfläche *Bedingte Formatierung* (Outlook 2010/2013) bzw. *Autom. Formatierung* (Outlook 2007/2003).

**Abbildung 4.6:** Definieren Sie Regeln zum Einfärben von Aufgaben

2. Klicken Sie auf die Schaltfläche *Hinzufügen*.

3. Tragen Sie im Textfeld *Name* einen Namen für die neue Regel ein, z.B. *Morgen fällig*.

4. Klicken Sie auf die Schaltfläche *Bedingung*.

5. Wählen Sie auf der Registerkarte *Aufgaben* in den zwei Dropdown-Listenfeldern *Zeit* die Optionen *Fällig/Morgen* und schließen Sie dann das Dialogfeld *Filtern* mit *OK*.

6. Klicken Sie auf die Schaltfläche *Schriftart*, wählen Sie im Dropdown-Listenfeld *Farbe* eine Farbe aus, z.B. *Blau*, und schließen Sie dann das Dialogfeld *Schriftart* mit *OK*.

Sie haben nun eine Regel definiert, die alle morgen fälligen Aufgaben in blauer Schrift darstellt.

7. Wiederholen Sie die Schritte 2 bis 6 für eine neue Regel namens *Heute ebenfalls in rot* (die Farbe Rot ist in den Standardeinstellungen bereits für überfällige Aufgaben vergeben) und lassen Sie heute fällige Aufgaben ebenfalls rot färben.

8. Schließen Sie alle geöffneten Dialogfelder mit *OK*.

| ! | Betreff | Kategorien | Fällig am |
|---|---------|------------|-----------|
| | Hier klicken, um Aufgabe zu erstellen | | |
| ! | Ergebnisse Qualitätstest analysieren | Abteilungsleiter; Projekt B | Fr 08.10.2010 |
| ! | Tanzkurs raussuchen | Ehemann; Schlüsselaufga... | Mo 11.10.2010 |
| ! | Präsentation Sales Meeting erstellen | Abteilungsleiter; Schlüsse... | Mi 20.10.2010 |
| | Reiseapotheke besorgen laut Liste (siehe Aufgabennotiz) | Naturfreund; Schlüsselau... | Mo 11.10.2010 |
| | Follow-Up CeBIT-Neukunden | Projekt B | Mi 26.01.2011 |
| | Follow-Up-Strategie für Schlüsselkunden definieren | Projekt B; Schlüsselaufga... | Mo 24.01.2011 |
| | Überraschungsflug nach Paris für Sarah buchen und vorbereiten | Ehemann; Schlüsselaufga... | Sa 16.10.2010 |
| | Mit Kathrin Tennis-Termin planen | Schlüsselaufgaben; Vater | Sa 16.10.2010 |
| ↓ | Verbesserte Prospekttexte an Agentur | Projekt A | Mo 03.01.2011 |
| ↓ | Merci besorgen als Dankeschön Messeteam | Abteilungsleiter | Mo 31.01.2011 |

**Abbildung 4.7:** Definieren Sie eine Ansicht für Ihre Aufgaben, die jeden Eintrag automatisch nach von Ihnen festgelegten Regeln einfärbt

Diese neue Ansicht hilft Ihnen bei der Tagesplanung zu erkennen, welche wichtigen, morgen (oder im weiteren Verlauf der Woche) fälligen Aufgaben Sie am besten schon heute mit zur Erledigung einplanen, falls morgen ein besonders voller Tag wird. So können Sie verhindern, dass solche wichtigen Aufgaben auf Kosten weniger wichtiger, aber einen Tag eher fälliger Aufgaben liegen bleiben.

Für Fortgeschrittene: Wenn Sie nach einem anderen Kriterium als der Fälligkeit einfärben möchten (z.B. nach bestimmten Kategorien), so beachten Sie, dass einer Aufgabe immer nur *eine* Farbe zugewiesen werden kann. Färben Sie daher so, dass auch bei mehreren Kategorien pro Eintrag nur je eine Farbregel gleichzeitig zutrifft, und färben Sie generell nur nach *einem* einzigen Kriterium (z.B. Fälligkeit *oder stattdessen* Kategorie; ansonsten kann es vorkommen, dass eine Aufgabe anhand der Kategorie blau gefärbt, dann aber aufgrund der Fälligkeit in rot umgefärbt wird und damit die von Ihnen angestrebte Systematik durcheinandergerät).

So schalten Sie bei einem Einfärben nach Kategorien die Kennzeichnung überfälliger Aufgaben mit der Farbe Rot aus, um derartige Farbkonflikte zu vermeiden:

1. Klicken Sie im Dialogfeld zum Anpassen der Ansicht auf die Schaltfläche *Bedingte Formatierung* (Outlook 2010/2013) bzw. *Autom. Formatierung* (Outlook 2007/2003).

2. Markieren Sie im Listenfeld *Regeln für diese Ansicht* den Eintrag *Überfällige Aufgaben*.

3. Klicken Sie im Bereich *Eigenschaften der ausgewählten Regel* auf die Schaltfläche *Schriftart*.

4. Wählen Sie im daraufhin geöffneten Dialogfeld im Dropdown-Listenfeld *Farbe* die Option *Automatisch*.

5. Schließen Sie alle geöffneten Dialogfelder mit *OK*.

# Gewinnen Sie mit Terminlisten mehr Überblick

Termine kennen Sie normalerweise in der Tages-, Wochen- oder Monatsansicht. Zusätzlich kann Outlook Termine auch in einer Tabellenansicht darstellen, wie Sie es z.B. von Ihren Aufgabenlisten her gewohnt sind. Das ist immer dann praktisch, wenn es Ihnen nicht in erster Linie um Fragen wie »Was liegt alles nächste Woche an?«, »Wo bin ich am 20. Juli?« oder »Wann habe ich im November noch drei Tage Zeit für eine Dienstreise nach …?« geht. Viele von uns haben sich für die Arbeit mit dem Kalender an lediglich diese Fragen gewöhnt – ein reines Denken unter dem Zeitaspekt, das im guten alten Zeitplanbuch aus Papier die einzige Möglichkeit war, auf Termine zuzugreifen.

Wenn Sie Ihre Termine in Outlook beim Anlegen durchgängig mit Informationen zu Kategorien, eventuellen Ansprechpartnern und dem jeweiligen Ort (solange dieser außerhalb des näheren Umkreises Ihres Büros bzw. Ihrer Wohnung liegt) versehen (siehe hierzu ▶ Kapitel 3), können Sie die eingetragenen Termine auch bequem nach diesen Kriterien anordnen, gruppieren und sortieren.

Als Beispiel wird im Folgenden eine neue Ansicht erstellt, die Fragen wie »Wann bin ich das nächste Mal in Hannover oder Zürich?« beantwortet, indem sie Termine nach Orten gruppiert anzeigt.

## So erstellen Sie neue Kalenderansichten als thematisch gruppierte Terminlisten

1. Klicken Sie (aus einer beliebigen Kalenderansicht heraus) in Outlook 2010/2013 auf der Registerkarte *Ansicht* in der Gruppe *Aktuelle Ansicht* auf *Ansicht ändern* und im daraufhin aufklappenden Menü *Ansichten verwalten*; in Outlook 2007 wählen Sie den Menübefehl *Ansicht/Aktuelle Ansicht/Ansichten definieren* und in Outlook 2003 *Ansicht/ Anordnen nach/Aktuelle Ansicht/Ansichten definieren*.

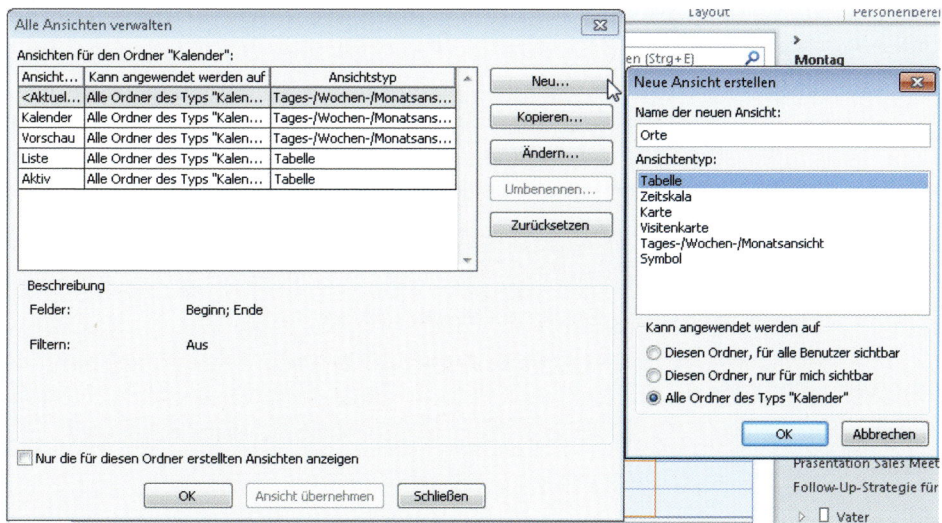

**Abbildung 4.8:** Definieren Sie neue Kalenderansichten vom Typ *Tabelle*, um Termine thematisch zu ordnen

2. Im anschließend geöffneten Dialogfeld können Sie eine bestehende Ansicht durch Klicken auf die Schaltfläche *Kopieren* als Vorlage für eine neue Ansicht verwenden, die Sie dann entsprechend bearbeiten. Wenn Sie keine der vorhandenen Ansichten als Vorlage verwenden möchten, klicken Sie auf die Schaltfläche *Neu*.

3. Geben Sie der neuen Ansicht einen Namen (z.B. *Orte*), belassen Sie die Voreinstellung für den Typ der Ansicht bei *Tabelle* und klicken Sie dann auf die Schaltfläche *OK*.

4. Klicken Sie im daraufhin geöffneten Dialogfeld auf die Schaltfläche *Gruppieren*.

5. Wählen Sie im Dropdown-Listenfeld *Elemente gruppieren nach* die Option *Termin-/Besprechungsort*.

6. Schließen Sie das Dialogfeld *Gruppieren* mit *OK*.

7. Bei Bedarf können Sie nun z.B. noch Filter definieren oder Regeln für die automatische Formatierung festlegen.

8. Schließen Sie das Dialogfeld zum Anpassen der Ansicht mit *OK* und anschließend das Dialogfeld zum Definieren von Ansichten mit einem Klick auf die Schaltfläche *Ansicht übernehmen*.

Sie befinden sich jetzt in Ihrer nach Orten gruppierten Kalenderansicht.

Wenn Sie auf das kleine Dreieck (Outlook 2010/2013) bzw. das Minus-/Plussymbol (Outlook 2007/2003) vor einer der Gruppenüberschriften klicken, können Sie die Einträge dieser Gruppe *reduzieren* bzw. *erweitern* (verbergen bzw. anzeigen). Wenn Sie mit der rechten Maustaste auf das Symbol klicken und dann im Kontextmenü den Befehl *Alle Gruppen reduzieren* wählen, sehen Sie statt der einzelnen Einträge nur noch die verschiedenen Orte und können anschließend mit einem Klick auf das kleine Dreieck bzw. das Plussymbol alle Termine für den gerade relevanten Ort anzeigen.

Falls Sie sich wundern, dass Sie in dieser neuen, nach Orten gruppierten Ansicht bereits etliche Einträge für den Ort *Deutschland* finden: Wenn Sie die Outlook-Funktion zum automatischen Einfügen der Feiertage verwenden, weist Outlook den Ort auf diese Weise zu. (Wenn Sie für andere Länder die Feiertage eintragen, vermerkt Outlook ebenfalls den entsprechenden Landesnamen.) So können Sie sich auch schnell helfen, falls Sie versehentlich die Feiertage mehrfach eingefügt haben und diese nun wieder loswerden möchten:

1. Gruppieren Sie sicherheitshalber nach Kategorien statt nach Ort (falls Sie anderen Terminen selbst den Ort *Deutschland* zugewiesen haben). Anweisungen zum Gruppieren finden Sie in ▶ Kapitel 3.

2. Markieren Sie den ersten Eintrag der Kategorie *Feiertag*.

3. Klicken Sie mit gedrückter ⇧-Taste auf den letzten Eintrag der Kategorie *Feiertag*, sodass alle Einträge markiert sind.

4. Drücken Sie Entf, um alle bisher eingetragenen Feiertage auf einmal zu löschen.

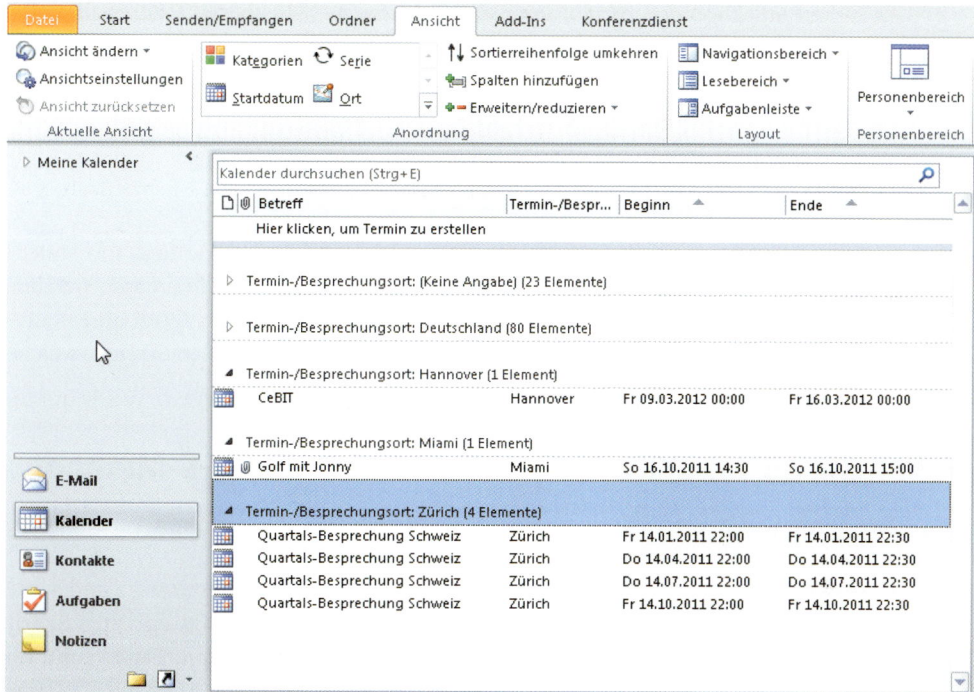

**Abbildung 4.9:** Legen Sie eine neue Kalenderansicht an, um schnell zu sehen, wann Sie an welchem Ort sind

Nun können Sie bei Bedarf durch Kombination der gezeigten Möglichkeiten auch komplexe Fragestellungen lösen, z.B. eine Ansicht erstellen, die nur für das nächste Halbjahr alle zu einem Ihrer fünf wichtigsten Projekte gehörenden Termine nach diesen Projekten gruppiert, nach Datum sortiert und nach Ort (Besprechungen, Messen, Präsentationen, Kundenbesuche etc.) eingefärbt anzeigt, sodass z.B. München in Dunkelgrün, Stuttgart in Hellgrün, Köln in Blau und Hannover in Rot erscheint. (Filter und das automatische Färben über die automatische Formatierung der Listenansicht funktionieren für Termine ähnlich wie für die Aufgabenlisten beschrieben.)

 Wenn man sich einmal an den Denkansatz mit Themen, Orten oder Ansprechpartnern gewöhnt hat, sind solche Terminansichten äußerst praktisch. Legen Sie doch z.B. einmal eine Ansicht gruppiert nach Kategorien an (bitte diese den Terminen auch konsequent zuweisen; geht über die Hauptkategorienliste, siehe ▶ Kapitel 3, ganz schnell). Nach Kategorien gruppiert stellen Sie dann im Rückblick vielleicht fest, dass Sie als Account Manager in den letzten drei Monaten 62 interne Meetings, aber nur 10 Kundentermine hatten ...

Um wieder zu Ihrer gewohnten Kalenderansicht zurückzukehren, klicken Sie in Outlook 2010/2013 auf der Registerkarte *Ansicht* in der Gruppe *Aktuelle Ansicht* auf *Ansicht ändern*, im daraufhin aufklappenden Menü auf *Kalender* und danach in der Gruppe *Anordnung* auf *Arbeitswoche*. In Outlook 2007/2003 klicken Sie im Navigationsbereich in der Liste der

Ansichten auf *Tages-/Wochen-/Monatsansicht* bzw. wählen diesen Eintrag über den Menübefehl *Ansicht/Aktuelle Ansicht* (Outlook 2007) bzw. *Ansicht/Anordnen nach/Aktuelle Ansicht* (Outlook 2003).

# Feintuning für Ihren Tagesplan

Sie haben Ihre Wochenplanung durchgeführt (siehe ▶ Kapitel 3), diese um stille Stunden ergänzt, Kategorien für die Blockbildung angelegt sowie diese den entsprechenden Aufgaben zugewiesen, verschiedene Ansichten für die Tagesplanung in Outlook erstellt und im Optimalfall bereits für ein paar Tage ein Zeitprotokoll geführt. Lesen Sie nun, welche letzten Schritte zu einer erfolgreichen Tagesplanung gehören.

## Planen Sie anstehende Aufgaben mit der 25.000-$-Methode

Ihre Termine mit fester Uhrzeit haben Sie ja jeweils direkt nach deren Vereinbarung eingetragen. Ihre stille(n) Stunde(n) sowie ein Termin mit sich selbst für eine B-Aufgabe nach dem Kieselprinzip (siehe ▶ Kapitel 3) stehen ebenfalls in Ihrem Tageskalender. Alles, was jetzt noch zu erledigen bleibt, gehört also in Ihre Aufgabenliste. Im nächsten Schritt gilt es nun zu entscheiden, welche dieser Aufgaben Sie wann erledigen. Dabei hilft Ihnen die 25.000-$-Methode (siehe ▶ Kapitel 2), sich im Tagesgeschäft zunächst auf das Wesentliche zu konzentrieren.

### So verfeinern Sie die 25.000-$-Ansicht für die Tagesplanung

1. Wechseln Sie in Ihre Aufgaben. In Outlook 2010/2013 klicken Sie auf der Registerkarte *Ansicht* in der Gruppe *Aktuelle Ansicht* auf *Ansicht ändern* und im daraufhin aufklappenden Menü auf *25.000 $*. Wenn Sie mit Outlook 2007/2003 arbeiten, wechseln Sie einfach durch einen Klick in der Liste der verfügbaren Ansichten links im Navigationsbereich zu der in ▶ Kapitel 2 definierten 25.000-$-Ansicht.

2. In Outlook 2010/2013 klicken Sie nun auf der Registerkarte *Ansicht* in der Gruppe *Aktuelle Ansicht* auf *Ansichtseinstellungen*. In Outlook 2007 wählen Sie stattdessen den Menübefehl *Ansicht/Aktuelle Ansicht/Aktuelle Ansicht anpassen* und in Outlook 2003 *Ansicht/Anordnen nach/Aktuelle Ansicht/Aktuelle Ansicht anpassen*. In Outlook 2007/2003 können Sie alternativ auch einfach links im Navigationsbereich auf den Link *Aktuelle Ansicht anpassen* klicken.

3. Setzen Sie einen Filter, der die bereits erledigten Aufgaben ausblendet. Blenden Sie auch die Actionlist (und z.B. für den Anrufblock vorgesehene Aufgaben) aus (siehe ▶ Abschnitt »Blenden Sie in den Wochen-/Tagesplanansichten die der Blockbildung zugewiesenen Aufgaben aus«).

4. Setzen Sie einen Filter, der nur noch alle heute fälligen Aufgaben zeigt: Wählen Sie im Dialogfeld *Filtern* auf der Registerkarte *Aufgaben* in den zwei Dropdown-Listenfeldern *Zeit* die Optionen *Fällig/in den letzten sieben Tagen*.

5. Schließen Sie alle geöffneten Dialogfelder mit *OK*.

Am besten setzen Sie den Filter nicht auf Fälligkeit *heute*, sondern auf *in den letzten sieben Tagen*. So sehen Sie außer den heute fälligen auch alle Aufgaben, die Sie gestern (vorgestern usw.) nicht mehr erledigen konnten. Wenn etwas fast die ganze Woche liegen geblieben ist, entscheiden Sie im Rahmen der nächsten Wochenplanung über das Streichen dieser Aufgabe oder eine neue, realistische Fälligkeit. So verlieren Sie auch dann keine Aufgaben aus dem Blick, wenn Sie bestimmte Dinge ein paar Tage lang nicht erledigen können.

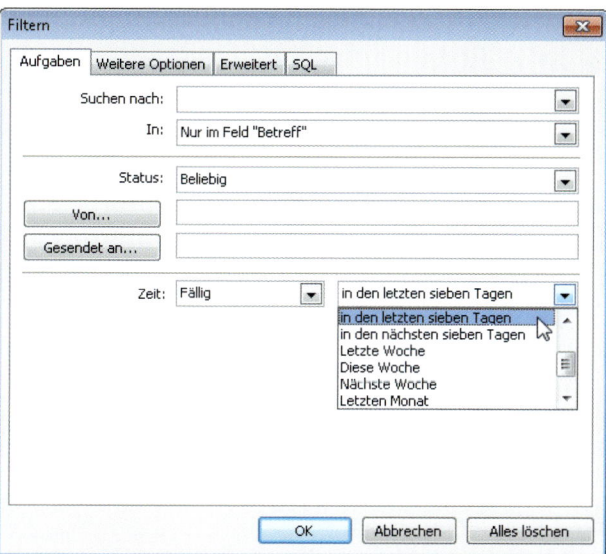

**Abbildung 4.10:** Zeigen Sie in der neuen Ansicht nur alle noch unerledigten Aufgaben der letzten sieben Tage (inkl. heute) an

### So planen Sie Ihren Tag (mithilfe der neuen Ansicht) nach der 25.000-$-Methode

1. Schalten Sie in die gerade definierte neue 25.000-$-Tagesansicht um, sodass Sie alle heute fälligen und die unerledigten, überfälligen Aufgaben der letzten Tage sehen.

2. Gehen Sie die Liste durch und löschen Sie Aufgaben, die inzwischen nicht mehr notwendig sind. Je mehr Sie löschen, umso mehr Zeit haben Sie für die anderen Aufgaben.

3. Schalten Sie in die Ansicht der diese Woche fälligen Aufgaben um (die wir weiter vorn in diesem Kapitel im ▶ Abschnitt »Heben Sie heute und morgen fällige Aufgaben farblich hervor« definiert haben). Überfliegen Sie die wichtigsten und die morgen fälligen Aufgaben: Vielleicht ist morgen ein besonders voller Tag, heute ein recht ruhiger. Oder möchten Sie eine Aufgabe mit hoher Wichtigkeit lieber schon heute erledigen? Klicken Sie dann auf das entsprechende Fälligkeitsdatum und geben Sie *heute* ein. (Überschreiben Sie den enthaltenen Text mit *heute*. Oder klicken Sie auf den Dropdownpfeil, der nach dem Anklicken der Fälligkeit rechts neben dem Fälligkeitsdatums erscheint, und wählen Sie im aufklappenden Datumsnavigator den heutigen Tag aus. Das klingt zwar kompliziert, geht aber ganz einfach und schnell, wenn Sie es dreimal geübt haben.)

4. Schalten Sie danach wieder in die 25.000-$-Ansicht zurück.

5. Listen Sie eventuell noch nicht eingetragene Aufgaben auf, die Ihnen für heute zusätzlich einfallen. (Im Idealfall sind dies keine mehr, weil Sie jede Aufgabe sofort dann eintragen, wenn Ihnen klar geworden ist, dass sie ansteht.) Wenn etwas sehr lange dauert, z.B. 30 Stunden, teilen Sie es in kleinere Einheiten von etwa ein bis zwei Stunden Dauer auf und überlegen, welche Sie heute erledigen müssen.

6. Nummerieren Sie nun die Aufgaben der Wichtigkeit nach durch (siehe hierzu ▶ Kapitel 2, Abschnitt »Verfeinern Sie Ihre Prioritäten mit der 25.000-$-Methode«).

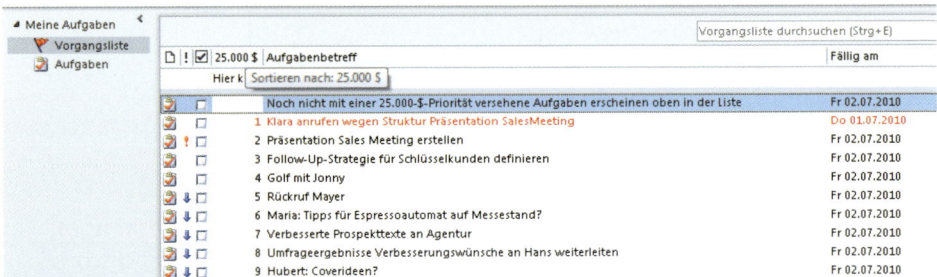

**Abbildung 4.11:** Entscheiden Sie mithilfe der neuen 25.000-$-Ansicht, welche Aufgabe als Nächstes dran ist

Wenn Ihr Tag nun nicht gerade mit einem fest geplanten Termin oder einer Zeit mit hoher Stör- sowie geringer Leistungskurve beginnt, so blenden Sie die 25.000-$-Ansicht ein und erledigen zuerst die Nummer »1«.

 Prüfen Sie allerdings vorher, ob für diese Aufgabe genug Zeit ist. Wenn Sie eine halbe Stunde vor einer wichtigen Besprechung ins Büro kommen, Aufgabe Nummer »1« allerdings eineinhalb Stunden volle Konzentration benötigt und sich nicht einfach mittendrin unterbrechen bzw. nach einer Unterbrechung nur schwer weiterführen lässt, dann fangen Sie besser mit einer etwas weiter hinten stehenden und in der zur Verfügung stehenden Zeit gut zu erledigenden Aufgabe an.

Tun Sie nichts anderes, bis diese Aufgabe erledigt ist. Rufen Sie E-Mails erst ab, wenn Sie Ihren E-Mail-Block geplant haben. Wenn Sie diese Aufgabe abgeschlossen haben, überprüfen Sie kurz, ob sich inzwischen irgendetwas verändert hat und Sie die Prioritäten anpassen müssen (eine neue A-Aufgabe ist hinzugekommen, die Wichtigkeit einer Aufgabe hat sich schlagartig erhöht oder reduziert, eine Aufgabe ist plötzlich völlig unwichtig oder von jemand anderem erledigt worden oder kann nun genauso gut eine Woche warten bzw. kann erst in einer Woche begonnen werden, weil z.B. ein benötigter Bericht noch nicht eingetroffen ist). Fahren Sie dann mit der nächstwichtigen Aufgabe fort.

Immer dann, wenn gerade kein Termin (oder z.B. der E-Mail-Block) in Ihrem Kalender ansteht, bearbeiten Sie die nächstwichtige Aufgabe aus der Liste (sofern noch genug Zeit bleibt). Wenn nur ein paar Minuten übrig sind, die nicht für das Erledigen einer der Aufgaben ausreichen, kümmern Sie sich um eine Aufgabe aus der Actionlist. In Zeiten mit vielen Störungen, gegen die Sie nichts unternehmen können, widmen Sie sich einem E-Mail-Block, Ihrer Actionlist oder unwichtigeren Aufgaben, bei denen eine Störung nicht so schlimm ist.

Kümmern Sie sich *spätestens* im Rahmen Ihrer stillen Stunde um die Aufgabe Nummer »1« – oder sehen Sie diese ganz bewusst von Anfang an für die stille Stunde vor, falls Sie dafür besonders viel Konzentration benötigen oder anders nur schlecht vorankommen bzw. die Qualität ernsthaft gefährden würden.

# Weitere Schritte zur erfolgreichen Tagesplanung

Nun sind Sie vorbereitet, um Ihren Tagesplan zu vervollständigen und ihm den letzten Schliff zu geben. Am Anfang mag dies alles etwas kompliziert und aufwendig erscheinen, doch bald geht es recht schnell von der Hand. Wer die Prinzipien einmal verstanden hat, wird anfangs noch etwa 15 bis 20 Minuten für die Planung benötigen. Nach ca. drei Wochen konsequenter Durchführung wird das Ganze zur Gewohnheit. Es wird Ihnen dann wesentlich leichter fallen, Sie werden wesentlich präziser schätzen und nur noch etwa fünf bis acht Minuten pro Tag zur Vorbereitung benötigen.

### So schätzen Sie die Länge der anstehenden Aktivitäten ein

Hier helfen Zeitprotokolle und danach üben, üben, üben … Mit der Zeit wird Ihnen die Einschätzung immer genauer gelingen. Outlook kann Sie dabei unterstützen, indem Sie z.B. die 25.000-$-Ansicht anpassen:

1. Schalten Sie in die im vorigen Abschnitt angepasste 25.000-$-Ansicht um.

2. Klicken Sie mit der rechten Maustaste auf einen beliebigen Spaltentitel und wählen Sie dann im Kontextmenü den Befehl *Feldauswahl*.

3. Ziehen Sie das Feld *Gesamtaufwand* aus dem Fenster *Feldauswahl* neben einen der anderen Spaltentitel in die Aufgabenansicht, z.B. rechts neben *Betreff*.

4. Schließen Sie die *Feldauswahl* durch einen Klick auf die *Schließen*-Schaltfläche (das x) rechts in der Titelleiste des Fensters.

Nun können Sie für alle für heute angezeigten Aufgaben in das Feld *Gesamtaufwand* schon einmal *vorab* die *geschätzte* Dauer der Aufgabe eintragen. Auch wenn das Feld mit *0 Stunden* vorbelegt ist, können Sie diesen Wert z.B. einfach mit *10 Minuten* überschreiben. Bei Bedarf können Sie zusätzlich das Feld *Ist-Aufwand* hinzufügen, in das Sie zur Kontrolle *nach* Erledigung die *tatsächlich benötigte Zeit* eintragen. (Wenn eine Aufgabe im zugehörigen Aufgabenformular geöffnet ist, finden Sie diese beiden Felder übrigens in den *Details*.)

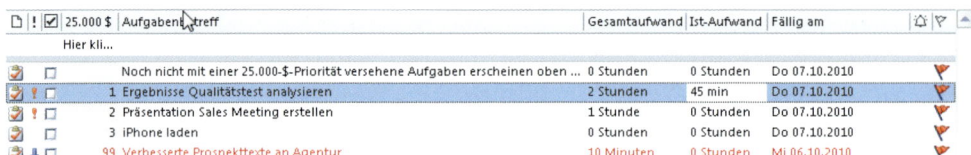

| | | 25.000 $ | Aufgaben treff | | Gesamtaufwand | Ist-Aufwand | Fällig am | | |
|---|---|---|---|---|---|---|---|---|---|
| | | | Hier kli... | | | | | | |
| | | | Noch nicht mit einer 25.000-$-Priorität versehene Aufgaben erscheinen oben ... | 0 Stunden | 0 Stunden | Do 07.10.2010 | | |
| | ! | | 1 Ergebnisse Qualitätstest analysieren | 2 Stunden | 45 min | Do 07.10.2010 | | |
| | ! | | 2 Präsentation Sales Meeting erstellen | 1 Stunde | 0 Stunden | Do 07.10.2010 | | |
| | | | 3 iPhone laden | 0 Stunden | 0 Stunden | Do 07.10.2010 | | |
| | ↓ | | 99 Verbesserte Prospekttexte an Agentur | 10 Minuten | 0 Stunden | Mi 06.10.2010 | | |

**Abbildung 4.12:** Fügen Sie zur genaueren Planung Felder ein, um vorab die Dauer der Aufgabe einzuschätzen und hinterher die tatsächlich benötigte Zeit zur Kontrolle und besseren Schätzung beim nächsten Mal zu protokollieren

## Setzen Sie weitere Termine mit sich selbst

Wenn Sie viel mit Störungen zu bestimmten Zeiten zu kämpfen haben, planen Sie am Tagesanfang für Ihre wichtigsten Aufgaben Termine mit sich selbst (siehe Wochenplanung in ▶ Kapitel 3) in Zeiten mit niedrigerer Störquote. Auch wenn Sie eine Aufgabe erst zu einer bestimmten Zeit bzw. nur in einem bestimmten Zeitfenster erledigen können (z.B. ein paar längere Rückfragen telefonisch mit einem Kollegen klären, der sich in einer deutlich anderen Zeitzone aufhält), setzen Sie im Rahmen der Tagesplanung dazu einen Termin mit sich selbst.

## Achten Sie auf Pufferzeiten

Auch der beste Plan wird im Alltag nie genau so stattfinden – es wird immer etwas dazwischenkommen, länger dauern oder anders laufen als erwartet. Ein guter Plan fängt dies durch Pufferzeiten auf. Planen Sie daher nach der 60:40-Regel. Wenn Sie also einen Acht-Stunden-Tag haben, so verplanen Sie wenn möglich nur viereinhalb bis fünf Stunden davon. Wenn alles wie geplant läuft, widmen Sie sich in der übrigen Zeit den verbleibenden Aufgaben der 25.000-$-Ansicht. Wenn irgendetwas länger dauert oder unerwartet dazwischenkommt und Sie es sofort erledigen müssen, haben Sie noch genug Puffer, um Ihre festen Termine und als Termine mit sich selbst verplanten Aufgaben zu erledigen. Wenden Sie diese Regel am besten auf Ihren gesamten Tag inkl. Dienstreisen und privater Planung an, also z.B. neun Stunden verplanen und sechs freilassen, wenn Sie zwischen Beenden des Frühstücks und Beginn des Zubettgehens 15 Stunden Zeit haben. So verhindern Sie, dass ein etwas länger dauerndes Gespräch im Büro kurz vor Dienstschluss gefolgt von einem Stau im Feierabendverkehr den geplanten Kinobesuch mit Ihrem Sohn vermasselt.

Starten Sie mit der 60:40-Regel – verplanen Sie maximal 60 % der Ihnen zur Verfügung stehenden Zeit. Versuchen Sie dies drei Wochen lang, dann wird die entsprechende Planung langsam zur Gewohnheit, die ganz routiniert von der Hand geht. Tasten Sie sich *nach* diesen drei Wochen weiter an den für Sie und Ihr Arbeitsumfeld am besten passenden Wert heran: Für den einen funktioniert es besser, 70 % der Zeit zu verplanen, für den anderen hingegen sind 50 % Planung und 50 % Puffer der optimale Wert.

# Behalten Sie mit der Aufgabenleiste die nächsten Termine und fällige Aufgaben im Blick

Während Sie in den Outlook-Versionen vor 2007 mit dem dort verfügbaren Aufgabenblock zumindest schon Ihre Aufgaben neben dem Kalender darstellen konnten, hilft Ihnen die neue Aufgabenleiste in Outlook 2007-2013 nun, immer die nächsten fälligen Termine und Aufgaben (in Outlook 2013 zusätzlich Kontakte) im Blick zu behalten – ganz egal, ob Sie

◎ im Kalender gerade in einer völlig anderen Woche arbeiten und daneben nun auch die nächsten Termine (zusätzlich zu allen heute fälligen Aufgaben) anzeigen möchten,

◎ in Ihren Aufgaben gerade mit einer gefilterten Ansicht (siehe ▶ Kapitel 2) nur alle für ein bestimmtes Projekt, die Messevorbereitung oder die nächste Woche anstehenden Aufgaben anzeigen lassen und daneben trotzdem die heute fälligen Aufgaben und den nächsten Termin sehen möchten,

◎ auch während Sie in Outlook Ihre E-Mails, Kontakte oder Notizen anzeigen, Ihre To-do-Liste und die nächsten Termine immer im Überblick behalten wollen.

Die Aufgabenleiste schalten Sie in Outlook 2010 auf der Registerkarte *Ansicht* in der Gruppe *Layout* mit dem Befehl *Aufgabenleiste/Normal* bzw. in Outlook 2007 mit dem Menübefehl *Ansicht/Aufgabenleiste/Normal* an (oder mit den entsprechenden Befehlen auf *Aus/Minimiert*). Wenn die Leiste auf *Normal* oder *Minimiert* geschaltet ist, blenden Sie sie einfach mit dem kleinen Dreieck (Outlook 2010) bzw. Doppelpfeil (Outlook 2007) am oberen Rand der Leiste an und aus. Die minimierte Leiste zeigt Ihnen noch immer die Anzahl der heute fälligen Aufgaben und den Wochentag, die Startzeit sowie den Anfang des Betreffs des nächsten Termins. Mit `Alt`+`F2` wechselt die Leiste zwischen den Zuständen *Aus*, *Minimiert* und *Normal*. In Outlook 2013 wurde die Aufgabenleiste neu gestaltet, Sie blenden nun mit der Registerkarte *ANSICHT* in der Gruppe *Layout* mit dem Befehl *Aufgabenleiste* gefolgt von dem Befehl *Kalender, Personen* oder *Aufgaben* den entsprechenden Teil der Aufgabenleiste ein/wieder aus (bzw. mit *Aus* die ganze Aufgabenleiste aus).

Falls nicht alle gewünschten Informationen auf den Bildschirm passen: Wenn der erste Teil des Aufgabenbetreffs nicht ausreicht, um Sie daran zu erinnern, was genau gemeint ist, bewegen Sie den Mauszeiger auf die entsprechende Aufgabe. Nach kurzer Wartezeit blendet Outlook eine Art »Klebezettel« mit dem gesamten Betreff der Aufgabe für einige Sekunden ein. Ob unter den angezeigten Aufgaben noch weitere Aufgaben in der Liste stehen, verrät Ihnen die Bildlaufleiste rechts von den angezeigten Aufgaben. Ist die Leiste sichtbar, so gibt es noch Aufgaben, die nicht mehr auf den Bildschirm passen.

Die angezeigten Aufgaben entsprechen der *Vorgangsliste* (siehe ▶ Kapitel 2), Sie sehen daher auch als Aufgaben gekennzeichnete E-Mails (siehe ▶ Kapitel 1). Mit einem Doppelklick öffnen Sie angezeigte Aufgaben und Termine direkt zum Bearbeiten, ein Rechtsklick öffnet das Kontextmenü des Elements (z.B. zum Kategorisieren).

Wenn Sie mit der rechten Maustaste auf das das Fälligkeitsdatum repräsentierende rote Fähnchen einer Aufgabe klicken, können Sie im Kontextmenü die Fälligkeit auf *Heute*, *Morgen*, *Diese Woche*, *Nächste Woche* oder über *Benutzerdefiniert* auch auf ein beliebiges Datum setzen. Überfällige und heute fällige Aufgaben erhalten eine rote Flagge. Ebenso die Aufgaben ohne Fälligkeitsdatum – als Hinweis, dass Sie ihnen dringend eines zuweisen sollten. Morgen fällige Aufgaben erhalten eine etwas hellere Flagge, nächste Woche fällige Aufgaben eine wiederum etwas hellere Flagge usw. Ein Linksklick auf das rote Fähnchen markiert die Aufgabe als erledigt.

### So passen Sie die Aufgabenleiste individuell an

Um die Breite der Leiste anzupassen, verschieben Sie mit gedrückter linker Maustaste den linken Rand.

Klicken Sie in Outlook 2010/2007 mit der rechten Maustaste auf den oberen Rand der Leiste (direkt über den angezeigten Terminen) und wählen Sie im Kontextmenü den Befehl *Optionen*. Sie können jetzt die Anzahl der im Datumsnavigator untereinander gezeigten Monate wählen sowie die einzelnen Bereiche der Leiste mit den Kontrollkästchen jeweils ein- und ausblenden. In Outlook 2013 wurde diese Möglichkeit zum individuellen Anpassen der Aufgabenleiste entfernt, dafür können Sie die einzelnen Bereiche (Kalender, Personen und Aufgaben) auf der Registerkarte *ANSICHT* wie oben beschrieben  einzeln ein-/ ausblenden und mit einem Klick auf das (nur in Outlook 2013 angezeigte) kleine x am oberen rechten Rand dieser Bereiche schnell einzeln wieder ausblenden.

Um die in der Leiste gezeigten Aufgaben individuell zu filtern oder zu gruppieren, klicken Sie mit der rechten Maustaste direkt über den Aufgaben auf die Zeile *Neue Aufgabe eingeben* und wählen im Kontextmenü den Befehl *Ansichtseinstellungen* (Outlook 2010/2013) bzw. *Aktuelle Ansicht anpassen* (Outlook 2007) oder klicken Sie auf die Spaltentitel über den

angezeigten Aufgaben (z.B. *Anordnen nach: Fällig am*) und wählen Sie im aufklappenden Menü den Befehl *Ansichtseinstellungen* (Outlook 2010/2013) bzw. *Benutzerdefiniert* (Outlook 2007). Mehr zum Gruppieren und Filtern erfahren Sie in ▶ Kapitel 2.

**Abbildung 4.13:** Passen Sie die Aufgabenleiste an, z.B. um in Outlook 2010/2007 die nächsten zwei Monate als Datumsnavigator zu zeigen oder die Termine und den Datumsnavigator auszublenden, umso mehr Platz für die Aufgaben zu haben

# Übungen

1. Für welche Ihrer Tätigkeiten lohnt sich die Blockbildung? Legen Sie entsprechende Kategorien in Ihrer Hauptkategorienliste für alle Blöcke an, die pro Woche voraussichtlich mehr als zehn Aufgaben enthalten werden.

2. Zeichnen Sie Ihre Tagesleistungs- und Störkurve. Wann ist der optimale Zeitraum für eine stille Stunde? Ab wann werden Sie diese täglich einlegen und wie dies den Kollegen kommunizieren (bzw. was, glauben Sie, hindert Sie daran und wie könnten Sie das umgehen)?

3. Sortieren Sie in dieser Ansicht die Aufgaben nach Wichtigkeit, färben Sie heute fällige Aufgaben rot und morgen fällige Aufgaben blau ein.

4. Verfeinern Sie Ihre Ansicht für die 25.000-$-Tagesprioritäten (aus ▶ Kapitel 2) wie in Aufgabe 4 (Blockbildung ausblenden; statt der ganzen Woche nur heute fällige und überfällige Aufgaben). Planen Sie dann damit Ihren morgigen Tag entsprechend der in diesem Kapitel im ▶ Abschnitt »Planen Sie anstehende Aufgaben mit der 25.000-$-Methode« gezeigten Schritte.

5. Erstellen Sie eine (Kalender-)Ansicht, die alle Termine in einer Liste nach Orten gruppiert und nach Datum sortiert anzeigt.

# Die wichtigsten Neuerungen in Outlook 2013

Die Änderungen an der im vorigen Abschnitt besprochenen Aufgabenleiste aus Outlook 2007/2010 haben wir Ihnen bereits am Ende von Kapitel 3 vorgestellt, da sie nun nicht mehr nur die nächsten Termine ab heute, sondern auch Termine an einem weiter in der Zukunft/ Vergangenheit liegenden Datum zeigt und sich damit noch besser für die Wochenplanung eignet als vorher. Daher hier nur noch eine kurze Anmerkung für die Tagesplanung:

## Zusätzlich zu heute weiter entfernt liegende Termine anzeigen

Über den kleinen Zusatzkalender in der Aufgabenleiste (mehr dazu siehe Abbildung 3.25 sowie Text am Ende von ▶ Kapitel 3) und über das Kalender-Popup-Fenster in der Navigationsleiste (fahren Sie mit der Maus auf den Befehl *Kalender* unten in der Navigationsleiste und warten Sie eine halbe Sekunde, ohne die Maus zu bewegen, dann öffnet sich das Popup-Fenster) können Sie jetzt die Termine an bis zu zwei beliebigen anderen als den gerade im »Hauptkalender« angezeigten Tagen sehen (das erste Datum im Minikalender in der Aufgabenleiste wählen, dann das zweite im Popup-Fenster nachschlagen).

Wenn Sie z.B. morgen nach München fliegen und es schwierig wird, dort in letzter Minute eine zusätzliche Besprechung in den engen Zeitplan zu quetschen, können Sie so schnell schauen, wann Sie in der nächsten Woche wieder vor Ort sind und ob es dann besser passt als morgen. Parken Sie den Mauszeiger einfach kurz auf einem der in diesen Minikalendern angezeigten Termine, damit Sie nicht nur *Beginn* und *Betreff* sehen, sondern Outlook unter dem Termin auch das Ende/die Dauer einblendet.

## Was steht morgen/übermorgen um diese Uhrzeit an?

In älteren Outlook-Versionen gab es links neben den im Kalender angezeigten Tagen einen kleinen orangefarbenen Balken, der die aktuelle Uhrzeit markiert. Outlook 2013 zeigt nun einen blauen Balken, der quer über dem gesamten Kalender angezeigt wird. So können Sie erstens besser sehen, wie viel Zeit Sie noch bis zum nächsten heute anstehenden Termin haben, und zweitens auch schnell sehen, was morgen/übermorgen um diese Uhrzeit ansteht.

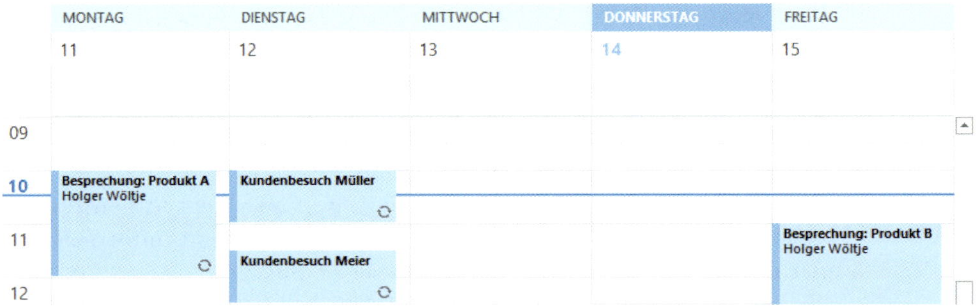

| MONTAG | DIENSTAG | MITTWOCH | DONNERSTAG | FREITAG |
|---|---|---|---|---|
| 11 | 12 | 13 | 14 | 15 |

| | | | | |
|---|---|---|---|---|
| 09 | | | | |
| 10 | Besprechung: Produkt A<br>Holger Wöltje | Kundenbesuch Müller | | |
| 11 | | Kundenbesuch Meier | | Besprechung: Produkt B<br>Holger Wöltje |
| 12 | | | | |

**Abbildung 4.14:** Die Tages-/Wochenansicht von Outlook 2013 zeigt Ihnen mit einer blauen Linie übersichtlich an, wie viel Zeit bis zum nächsten Termin bleibt und was an den anderen Tagen der Woche zu dieser Uhrzeit ansteht

## Sollte ich einen Schirm mitnehmen? Das Wetter im Kalender

Brauchen Sie für den Flug nach Berlin morgen einen Mantel, um nicht zu frieren, oder wird es 12°C wärmer als heute und Sie würden sich nur über das zusätzliche Gepäck ärgern? Sollten Sie auf dem Weg zur Arbeit morgen früh lieber einen Schirm mitnehmen?

**Abbildung 4.15:** Outlook-2013-Wetter für zu Hause und unterwegs: Sollten Sie die Jacke einpacken oder nicht?

Mit Gewissheit kann Ihnen das zwar niemand sagen, aber es ist schon praktisch, mit einem Blick in Ihren Kalender zu sehen, dass es bei einem privaten Wochenend-Ausflug oder einer gerade im Februar sehr angenehmen Dienstreise nach Rom

| Rom, ITA ▾ | ☀ | Heute 13°C/1°C | ☀ | Morgen 14°C/1°C |
| Valencia, ESP ▾ | ☀ | Heute 22°C/8°C | 🌤 | Morgen 19°C/7°C |

wahrscheinlich 10 °C wärmer und in Valencia (Spanien) sogar gleich 20 °C wärmer und nicht wie zu Hause bewölkt, sondern sonnig sein wird.

Über Ihrem Kalender finden Sie den gerade ausgewählten Ort mit einer Vorhersage für heute und die folgenden zwei Tage (siehe Abbildung 4.15). Klicken Sie auf das kleine Dreieck rechts neben dem Namen des angezeigten Ortes, um einen anderen Ort anzuzeigen (aus der Liste auswählen) oder hinzuzufügen (*Ort hinzufügen*, dann den Namen im daraufhin eingeblendeten Suchfeld eingeben, die Eingabetaste drücken, kurz Geduld haben und den Ort aus der Trefferliste wählen.

◎ Nicht erschrecken: Manchmal zeigt Outlook hinter dem Ort ein Kürzel des Landes/ Staates, manchmal aber stattdessen ein Kürzel des Bundeslandes an: Hamburg liegt für Outlook nicht etwa in DE oder GER, sondern in HH für Hansestadt Hamburg, Miami aber nicht entsprechend in FL für Florida, sondern in den USA).

◎ Die Liste kann maximal fünf Orte speichern, danach müssen Sie einen mit dem kleinen x entfernen, um stattdessen einen anderen Ort einfügen zu können.

◎ Fahren Sie mit der Maus auf ein Vorhersagesymbol/die angezeigte Temperatur, um weitere Details zu sehen (z.B. Regenwahrscheinlichkeit oder für heute auch die Windgeschwindigkeit und zuletzt gemessene Temperatur) oder um mit einem Klick noch mehr Wetterinfos für diesen Ort im Internet-Browser zu öffnen.

Sollte keine Wettervorhersage zu sehen sein, haben Sie die Option entweder deaktiviert (*DATEI*/*Optionen*/ *Kalender*/Bereich *Wetter*/Kontrollkästchen *Wetter im Kalender anzeigen*) oder Outlook befindet sich im Offline-Modus (auf der Registerkarte *SENDEN/EMPFANGEN* finden Sie in der Gruppe *Einstellungen* den Befehl *Offline arbeiten*, um Outlook vom Internet zu trennen bzw. es wieder zu verbinden). Wenn Sie z.B. in einem fahrenden Zug gerade für Ihren gesamten PC keine Internetverbindung haben, wird das Wetter ebenfalls nicht gezeigt, obwohl Sie in Outlook ansonsten (bis auf das Senden/Empfangen von E-Mails) wie gewohnt arbeiten können.

# »Die reinste Chaostruppe!«
# Im Team Termine planen
# und Informationen teilen

# Von viel zu vielen unpassenden Besprechungsanfragen und mangelnder Vorbereitung

Wenn Sie häufiger Besprechungen mit Kollegen planen müssen, deren Kalender recht voll ist und die nur schwer erreichbar sind, sind die Gruppenplanungsfunktionen von Microsoft Outlook eine große Hilfe. Jedoch können sie unbedacht genutzt auch zu einer Art Fluch werden. In diesem Kapitel finden Sie daher Tipps, wie Sie mit Outlook und Microsoft SharePoint einfach und effektiv Besprechungen möglichst gut vorbereiten sowie im Team Daten und Dokumente zur Bearbeitung austauschen – um Ihnen und den Kollegen wertvolle Zeit zu sparen und bessere Ergebnisse zu erzielen.

## Rainer und die fantastischen fünf

Heute ist Rainer Zufall pünktlich um 9:00 Uhr im Besprechungsraum. Zwar völlig außer Atem und ohne Frühstück, aber das ist nur halb so schlimm, denn seine Assistentin Maria sorgt immer für frischen Kaffee und leckere Kekse. Da außer ihr, ihm und seinem Chef Hans sonst noch niemand da ist, hat er ein wenig Zeit zum Essen und Verschnaufen. Hans geht um 9:04 Uhr gleich wieder, um noch etwas zu erledigen, bevor alle da sind. Um 9:08 Uhr trifft Markus Schulz ein, um 9:17 Uhr betritt Dr. Schiwago aus dem Vorstand die Runde, um 9:21 Uhr kehrt Hans zurück und das Meeting beginnt. Ohne Rainers Kollegin Klara, die punktgenau um 9:30 Uhr ein etwas verdutztes Gesicht macht: Sie ist eigentlich immer pünktlich – aber diese Besprechung war so oft verlegt worden, dass sie vergessen hatte, die letzte Umdisponierung von 9:30 Uhr auf 9:00 Uhr im Kalender zu vermerken.

Nach einigem Hin und Her haben sich etwas später dann alle auf eine Tagesordnung geeinigt. Bis 10:00 Uhr verbringen die Anwesenden mit dem Überfliegen der von den anderen als Grundlage für die Besprechung mitgebrachten Dokumente. Anschließend verliest Markus ein paar Fragen und vorgegebene mögliche Antworten, bei denen es darum geht, ein Meinungsbild der Anwesenden zu erhalten. Bevor er die Handzeichen für die möglichen Antworten auszählt, bekommt jeder zwei Minuten Bedenkzeit pro Frage. Um 10:12 Uhr geht es dann endlich richtig los mit der Besprechung, um 10:30 Uhr muss Dr. Schiwago bereits zum nächsten Termin aufbrechen und um 10:50 Uhr muss auch Rainer los, um noch seinen Flieger zu erwischen, obwohl noch nicht alle Punkte abgehandelt sind.

Zwei Stunden später ist er pünktlich gelandet und stellt erfreut fest, dass er vor seinem Auswärtstermin außer zum Mittagessen noch 45 weitere Minuten Zeit und beste UMTS-Netzabdeckung hat, um ein paar Mails und Anrufe zu erledigen. Seine Kollegin Klara hatte ihm vor dem Meeting eine Mail geschickt, in der sie ihn bittet, ganz dringend noch heute einen ihrer Kunden zurückzurufen – leider steht die Nummer nicht dabei. Er hat den Kunden nicht in seinen Kontakten gespeichert und ruft deshalb schnell bei ihr an. Sie hält jedoch gerade eine Präsentation und wird daher erst wieder erreichbar sein, wenn er bereits bei seinem bis abends dauernden Kundentermin sitzt ...

Wie viel Zeit und Geld (rechnen Sie einfach einmal Stundenlöhne und Produktivitätsausfall in unproduktiv verbrachten Zeiten zusammen) verschwenden Sie in unnötigen, schlecht vorbereiteten oder chaotisch verlaufenden Meetings? Suchen Sie häufiger Informationen und können den Kollegen, der sie Ihnen liefern könnte, gerade nicht erreichen, sodass Sie Stunden oder bis zum nächsten Tag warten müssen?

Einige der häufigsten Probleme in diesem Bereich der Zusammenarbeit haben folgende Ursachen:

◉ Erst nach mehrfachem Fragen einen Termin finden, zu dem alle Zeit haben

◉ Zu viele Besprechungen, die zu lange dauern – sodass man für andere Dinge zu wenig Zeit hat

◉ Besprechungsanfragen zu völlig unpassenden Zeiten

◉ Unklare Ziele der Besprechung, ggf. völlig unterschiedliche Erwartungen an das Meeting

◉ Keine oder unzureichende Vorbereitung, langes »Rumgerede« ohne Zeitbegrenzung

◉ Zu viele Teilnehmer, die zum Teil gar nicht vom Thema betroffen sind und daher nichts dazu beizutragen haben

◉ Fehlende, nicht mehr aktuelle, zu umfangreiche oder gar nicht gelesene Unterlagen

◉ Kein Zugriff auf gemeinsam benötigte Daten, z.B. von Ansprechpartnern, die sonst der Kollege betreut

# Packen wir's an!

Um diesen Herausforderungen erfolgreich zu begegnen, sind die folgenden Schritte hilfreich:

◉ In den freigegebenen Kalendern der Kollegen nach passenden Zeiten suchen und so viel von der Besprechungsplanung automatisieren wie sinnvoll möglich

◉ Den eigenen Kalender optimieren, um Kollegen bei der Auswahl zu helfen und selbst besser passende Anfragen zu erhalten

◉ Besprechungen bewusster planen – so wenige wie möglich mit möglichst wenigen Teilnehmern

◉ Durch die richtige Vorbereitung Besprechungen effizienter, effektiver und kürzer gestalten

◉ Tagesordnung, Kontaktdaten, Material zur Vorbereitung und weitere Informationen *vorher* zentral bereitstellen

◉ Eine Kontrolle ermöglichen, was in Bearbeitung ist, sodass nicht gleichzeitig mehrere Personen das gleiche Dokument verändern

# Technische Voraussetzung für die Nutzung dieses Kapitels

Outlook kann im Einzelplatzmodus mit einer lokalen Datendatei installiert sein oder Ihre Daten stattdessen auf einem Exchange-Server ablegen. Die Installation mit einem Exchange-Server bietet Ihnen einige Vorteile, z.B. den Zugriff auf freigegebene Kalender von Kollegen. Einige der im Folgenden beschriebenen Funktionen sind nur verfügbar, wenn Sie Zugriff auf einen Exchange-Server haben. Auch wenn Sie z.B. als Freiberufler alleine im Büro arbeiten, können Sie ein Exchange-Postfach/Benutzerkonto bei verschiedenen Internetdienstanbietern monatlich mieten und so z.B. mit einem Sekretariatsservice die Teamfunktionen nutzen.

# Besprechungsanfragen mit Outlook – Grundregeln und Tipps

In diesem Abschnitt lernen Sie zunächst einige Grundlagen der Besprechungsplanung in Outlook kennen. Anschließend erfahren Sie, wie Sie Ihren Kalender optimieren, um es den Kollegen einfacher zu machen, Ihnen terminlich passende Besprechungen vorzuschlagen und gleichzeitig genug Freiraum für Ihre eigenen Planungen zu lassen.

## Freie Zeiten finden und Antworten auswerten

Die Vorteile der Besprechungsplanung mit Outlook:

◎ Sie können direkt auf die freigegebenen Kalender der anderen zugreifen und sehen, wann noch alle Zeit haben, sodass die Chance, einen unpassenden Termin zu erwischen, deutlich verringert wird.

◎ Outlook 2010/2013 unterstützt mehrere Exchange-Konten – sofern die Sicherheitsrichtlinien Ihres Unternehmens es zulassen, können Sie so gleichzeitig Postfächer aus verschiedenen Firmen verwalten, z.B. als Unternehmensberater, der ständig bei einem Kunden vor Ort ist, sowohl das Postfach in Ihrer eigenen Firma als auch das beim Kunden. So können Sie für die Planung die Kalender von sich, Kollegen und Kunden bequem neben-/übereinander legen und vermeiden damit Terminchaos.

◎ Alle Teilnehmer bekommen automatisch eine Einladung zugesandt, die bereits Schaltflächen zum Annehmen oder Ablehnen des Termins und zum Vorschlagen eines Alternativtermins enthält.

◎ Aus dieser Mail heraus können die Teilnehmer direkt den jeweils eigenen Kalender aufrufen, um zu sehen, was vorher und nachher anliegt.

◎ Beim Annehmen wird der Termin automatisch im Kalender vermerkt.

◎ Als Organisator können Sie die Antworten von Outlook automatisch auswerten lassen und direkt im Terminformular sehen, wer bereits geantwortet hat und wie.

◎ Outlook wacht beim Organisator fortan über den Termin und sendet auf Wunsch bei Änderungen eine Aktualisierung an alle Teilnehmer.

 Alle diese Vorteile mit Ausnahme des Zugriffs auf die Kalender der anderen können Sie auch ohne Exchange Server nutzen – Sie können Besprechungsanfragen zum schnellen Beantworten, Eintragen in den Kalender und Verwalten der Rückmeldungen also auch an Externe senden, z.B. den gerade vereinbarten Termin für eine Telefonkonferenz mit einem Kunden.

### Damit das Ganze ein Erfolg wird

Wenn Sie in Ihrem Team die Besprechungsplanung, Stellvertreterrechte, den Zugriff auf Ordner der Kollegen und das Pflegen gemeinsamer Daten über öffentliche Ordner mit Outlook einführen, gibt es vier Grundvoraussetzungen. Stellen Sie sicher, dass diese gegeben sind, damit das Ganze vernünftig funktioniert.

◎ Jemand muss die technische Betreuung des Exchange-Servers übernehmen, die Zugriffsrechte erteilen und den Anwendern bei technischen Schwierigkeiten zur Verfügung stehen.

◎ *Jeder* aus dem Team muss seinen Outlook-Kalender pflegen. Die Gruppenterminplanung verliert ihren Sinn und scheitert bzw. führt zu massiven Problemen, wenn vier von zehn Kollegen nur jeden zweiten Termin eintragen oder Aktualisierungen erst Wochen später vermerken.

◎ *Jeder* aus dem Team muss die Grundfunktionen beherrschen. Starten Sie zumindest mit einer Kurzeinführung durch einen erfahrenen Kollegen oder am besten mit einer gemeinsamen Schulung durch einen Trainer, der außer zur Outlook-Bedienung auch Tipps zur Planung im Team gibt. Sorgen Sie dafür, dass später neu hinzukommende Mitarbeiter ebenfalls eine kurze Einweisung erhalten.

◎ *Alle* müssen gleichzeitig damit beginnen, die Funktionen zu nutzen (bzw. jeweils einzelne Teilteams, die unter sich die Gruppenplanung nutzen oder erst einmal erproben).

Am besten vereinbaren Sie eine Übergangszeit, z.B. eine Schulung und spätestens drei Wochen danach das pflichtmäßige Eintragen zumindest aller beruflichen Abwesenheitszeiten im Kalender und am besten gleich ein paar Grundregeln dazu (z.B. Kernzeiten, also Besprechungen wenn möglich nur zwischen 9:00 Uhr und 11:30 Uhr ansetzen, Maximaldauer zwei Stunden pro Besprechung usw.).

## So erstellen Sie eine Besprechungsanfrage

1. Drücken Sie [Strg]+[⇧]+[Q] oder erstellen Sie einen normalen Termin und klicken Sie im zugehörigen Terminformular auf die Schaltfläche *Teilnehmer einladen*.

2. Geben Sie im Feld *An* wie bei einer E-Mail die gewünschten Empfänger an oder klicken Sie auf die Schaltfläche *An*, um die gewünschten Teilnehmer im Adressbuch bzw. den Verteilerlisten auszuwählen.

   Alternativ können Sie im geöffneten Terminformular zur Anzeige/Registerkarte *Terminplanung* wechseln (in Outlook 2007-2013 mit der Schaltfläche *Terminplanung* bzw. *Terminplanungs-Assistent* in der Gruppe *Anzeigen* auf der Registerkarte *Besprechung* bzw. *Termin*). Dort klicken Sie auf die Schaltfläche *Weitere einladen* bzw. *Teilnehmer hinzufügen*, um das Adressbuch zu öffnen.

3. Fügen Sie alle gewünschten Teilnehmer aus dem Adressbuch hinzu, indem Sie jeweils auf den Namen und anschließend auf die Schaltfläche *Erforderlich*, *Optional* oder *Ressourcen* klicken.

*Erforderlich* bedeutet, dass dieser Teilnehmer in jedem Fall dabei sein sollte.

*Optional* bedeutet, dass diese Besprechung auch ohne die betreffende Person gelingen kann.

*Ressourcen* bedeutet, dass Sie hier z.B. den Kalender für einen Besprechungsraum, einen Dienstwagen oder ein bestimmtes Gerät wie z.B. einen digitalen Projektor hinzufügen.

In der *Terminplanung* sehen Sie nun (entsprechende Zugriffsberechtigungen vorausgesetzt), zu welchen Zeiten die anderen noch keine Termine im Kalender eingetragen haben. Ein dunkelgrauer Balken in der Zeile *Alle Teilnehmer* bedeutet, dass hier noch niemand einen anderen Termin eingetragen hat. Der hellgrau unterlegte Hintergrund zwischen dem grünen und dem roten Streifen zeigt die momentan für die Besprechung festgelegte Uhrzeit an. (Mehr zu den Farben der Balken und ihrer Verwendung finden Sie weiter hinten in diesem Kapitel im ▶ Abschnitt »Nutzen Sie zur Kennzeichnung von Terminen das Feld *Anzeigen als*«.)

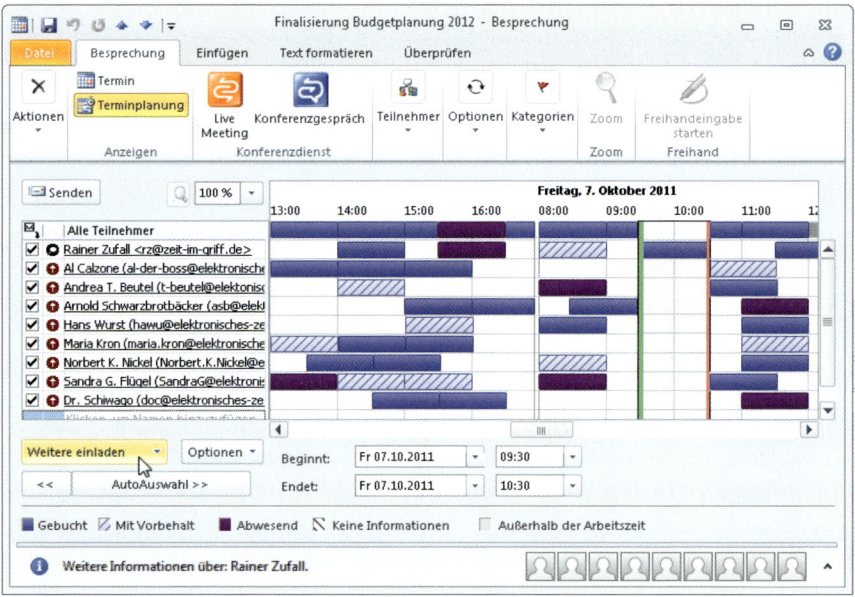

**Abbildung 5.1:** Achten Sie beim Auswählen einer für alle passenden Zeit darauf, vor und nach anderen Terminen wenn möglich etwas Luft zu lassen

4. Klicken Sie im Terminplan in einen freien Bereich zum Auswählen einer anderen Zeit, bewegen Sie die Ränder des markierten Bereichs durch Ziehen mit der Maus oder klicken Sie auf die Schaltfläche *AutoAuswahl >>*, damit Outlook den nächsten bei allen Teilnehmern freien Zeitraum heraussucht (bzw. verwenden Sie die kleine Schaltfläche *<<* links daneben für den nächsten freien Zeitraum vor dem derzeit gewählten Termin). Sie können Datum und Uhrzeit auch durch direkte Eingabe in den Feldern *Beginnt* und *Endet* bzw. *Besprechungsbeginn* und *Besprechungsende* angeben.

5. Wechseln Sie ggf. zurück zur Ansicht/Registerkarte *Termin* (in Outlook 2007-2013 mit der Schaltfläche *Termin* in der Gruppe *Anzeigen* auf der Registerkarte *Besprechung* bzw. *Termin*), um noch den *Betreff* sowie in das Notizfeld eine Begrüßung und weitere Informationen, die mit der Anfrage verschickt werden sollen, einzufügen.

6. Wenn Sie alles eingetragen haben, klicken Sie auf die Schaltfläche *Senden*, um die Besprechungsanfrage an die gewünschten Teilnehmer zu senden.

7. Mit dem Befehl *Schließen* auf der Registerkarte bzw. im Menü *Datei* oder alternativ mit [Alt]+[F4] schließen Sie das Besprechungsanfrageformular.

Wollen Sie das Besprechungsanfrageformular später erneut öffnen, finden Sie die Besprechung als Termin in Ihrem Kalender (zum Öffnen darauf doppelklicken). In Outlook 2010/2013 finden Sie dann im unteren Bereich der in einem eigenen Fenster geöffneten Besprechungsanfrage den Personenbereich, der im rechten Bereich Miniaturfotos der Teilnehmer (sofern in Ihren Daten vorhanden, ansonsten leere Silhouetten) enthält. Klicken Sie auf die kleine Pfeilspitze rechts unten in der Ecke, um größere Bilder mit den Namen darunter anzuzeigen und zu sehen, wer bereits die Besprechung *angenommen*, *abgelehnt*, mit *Vorbehalt* übernommen oder noch *nicht geantwortet* hat (links am Rand auf die entsprechende Option klicken). Wenn Sie auf eines der Fotos klicken, zeigt Ihnen Outlook 2010/2013 weitere Details zu dieser Person, z.B. die nächsten Besprechungen mit dieser Person oder E-Mails von dieser Person (klicken Sie auf eine der angezeigten Besprechungen/E-Mails, um sie in einem eigenen Fenster zu öffnen).

**Abbildung 5.2:** Öffnen Sie eine gespeicherte Besprechung und schauen Sie im Personenbereich von Outlook 2010 nach, wer bereits zugesagt bzw. noch nicht geantwortet hat. Oder…

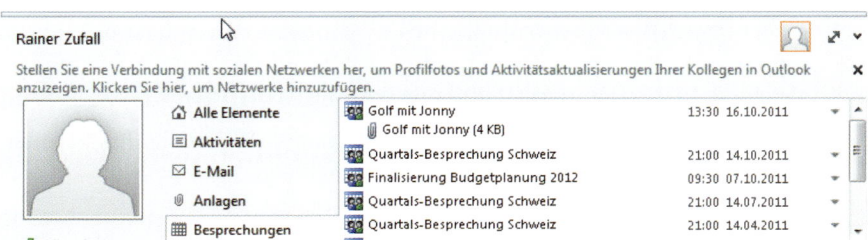

**Abbildung 5.3:** … klicken Sie auf das Bild bzw. den Namen eines Teilnehmers im Personenbereich, um nähere Informationen zu dieser Person anzuzeigen – z.B. weitere mit dieser Person anstehende Besprechungen.

 Outlook 2007/2003 hat den Personenbereich zwar noch nicht integriert, aber Ihre IT-Abteilung kann ihn für diese Versionen mit einem Gratis-Download von Microsoft nachrüsten, dem *Outlook Connector für soziale Netzwerke*.

## Erstellen Sie aus einer flexibleren Ansicht Besprechungsanfragen

Wenn Sie nur wenige Teilnehmer einladen möchten, bietet der Bildschirm genug Platz, um die seit Outlook 2003 verfügbare Funktion der nebeneinander anzeigbaren Kalender zu nutzen. Hiermit können Sie die freigegebenen Kalender anderer Personen direkt mit Ihrem eigenen Arbeitswochen- oder Tageskalender vergleichen. So sehen Sie viel schneller, dass am ursprünglich von Ihnen angepeilten Montag zwar noch gerade ein Stündchen frei wäre, aber der Donnerstagvormittag bei allen komplett frei ist und daher viel besser passt, damit die Tage nicht so zugeplant sind. Anders als die oben gezeigte Methode mit der *Terminplanung* im Terminformular nutzt diese Art der Planung mehr verfügbaren Platz, Sie können (je nach Bildschirmauflösung und Anzahl der angezeigten Teilnehmer sowie Tage) bereits mehr Text der Betreffzeilen der anderen Termine lesen, ohne einzeln mit der Maus darüberzufahren. Vor allem aber können Sie z.B. auch alle Mittwoche im August oder die nächsten zwei Mittwoche und Freitage (ohne die dazwischenliegenden Tage) übersichtlich nebeneinander zeigen.

1. Schalten Sie in Ihren Kalender um und blenden Sie ggf. die Aufgabenleiste bzw. den Aufgabenblock aus, um mehr Platz zu haben (Outlook 2013: *ANSICHT/Layout/Aufgabenleiste/Aus*, Outlook 2010/2007: Alt+F2, Outlook 2003: Menübefehl *Ansicht/Aufgabenblock*).

2. Aktivieren Sie links im Navigationsbereich im Abschnitt *Andere Kalender* die Kontrollkästchen der Kalender, die Sie gleichzeitig einblenden möchten (siehe Abbildung 5.4).

   Wenn Sie den Kalender eines Kollegen nicht finden können, fügen Sie ihn in Outlook 2010/2013 durch einen Klick auf den Befehl *Kalender öffnen* in der Gruppe *Kalender verwalten* auf der Registerkarte *Start* bzw. in Outlook 2007/2003 mit einem Klick in den Navigationsbereich (links) auf *Freigegebenen Kalender öffnen* hinzu. Geben Sie im daraufhin geöffneten Dialogfeld den Namen des Kollegen ein oder wählen Sie ihn nach Klick auf die Schaltfläche *Name* im Adressbuch aus und schließen Sie dann alle Dialogfelder mit *OK*.

3. Klicken Sie auf die Schaltfläche *Tagesansicht*, um zur entsprechenden Ansicht zu wechseln.

4. Klicken Sie im Datumsnavigator auf den ersten anzuzeigenden Tag, z.B. nächsten Dienstag.

5. Klicken Sie im Datumsnavigator mit gedrückter Strg-Taste auf die gewünschten Daten, um weitere Tage hinzuzufügen (bzw. durch erneutes Klicken wieder abzuwählen).

   Die gewählten Tage erscheinen im Datumsnavigator zur Übersicht dunkel unterlegt und werden in allen Kalendern in der Tagesansicht angezeigt.

6. Klicken Sie mit der rechten Maustaste auf das gewünschte Datum zur gewünschten Uhrzeit in einem der Kalender (z.B. Mittwoch, 11:30 Uhr).

7. Wählen Sie im geöffneten Kontextmenü den Befehl *Neue Besprechungsanfrage*, um alle Personen einzuladen, deren Kalender Sie eingeschaltet haben, bzw. den Befehl *Neue Besprechungsanfrage an <Name>*, um nur eine bestimmte Person einzuladen.

8. Planen Sie den Besprechungstermin nun wie oben im ▶ Abschnitt »So erstellen Sie eine Besprechungsanfrage« beschrieben.

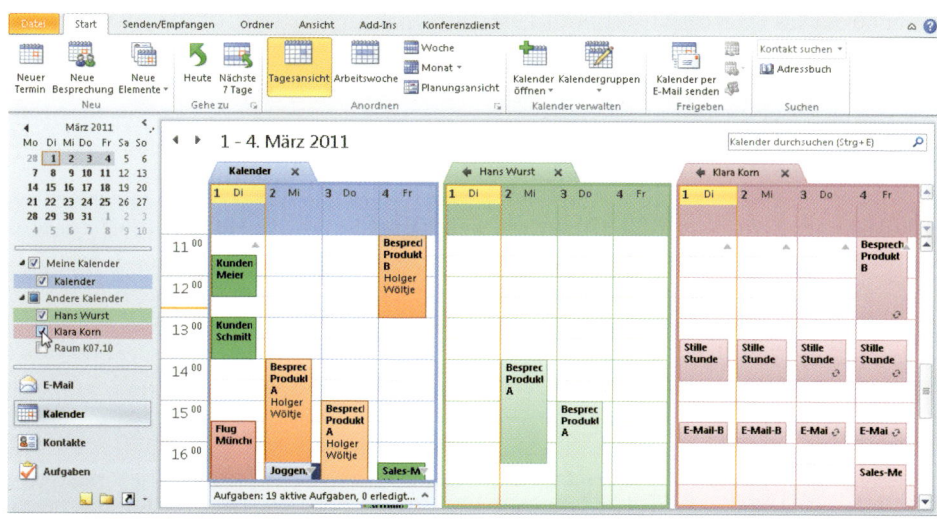

**Abbildung 5.4:** Wählen Sie im Datumsnavigator die gewünschten Tage für nebeneinander angezeigte Kalender aus, um z.B. in den nächsten vier Tagen oder allen Donnerstagen im März schnell einen passenden Termin zu finden

9. Blenden Sie abschließend die nicht mehr auf dem Bildschirm benötigten Kalender durch Deaktivieren der betreffenden Kontrollkästchen im Abschnitt *Andere Kalender* wieder aus.

 »Besprechungsanfrage« suggeriert, dass es sich bei dem Termin um eine Besprechung (bei der man persönlich im Konferenzraum vor Ort ist) handelt. Sie können Besprechungsanfragen jedoch für alle anderen Arten von Terminen, die mindestens eine andere Person betreffen, verwenden. Sie können daher Besprechungsanfragen z.B. auch für einen geplanten längeren Telefontermin, einen gemeinsamen Kundenbesuch, eine Verabredung zum Joggen oder das Einplanen einer Vorbereitungszeit für eine Messepräsentation der Mitglieder Ihres Teams verwenden. Auch für »Ausleih-« bzw. Nutzungslisten von Ressourcen sind sie nützlich.

# Sorgen Sie für »Durchblick«: Überlagerte Kalender

Wenn Ihnen die Darstellung von mehreren Kalendern nebeneinander in Tages-/Wochen-/Monatsansicht gefällt, mit der Sie einfach und übersichtlich bei zwei bis drei Personen (danach wird es zu voll) die Kalender vergleichen, Betreff und Dauer der Termine ablesen und freie Besprechungszeiten finden können, dann werden Sie die Erweiterung dieser Ansicht in Outlook 2007-2013 lieben. Sie blenden genau wie oben beschrieben mit einem Klick die Kalender ein (bzw. aus), die Sie gleichzeitig anzeigen möchten. Sobald Sie die Kalender nebeneinander sehen, klicken Sie in Outlook 2010/2013 auf der Registerkarte *Ansicht* in der Gruppe *Anordnung* auf die Schaltfläche *Überlagerung* bzw. wählen Sie in Outlook 2007 den Menübefehl *Ansicht/Überlagert anzeigen* (wieder zurück gelangen Sie in Outlook 2010/2013 mit einem erneuten Klick auf die gleiche Schaltfläche *Überlagerung* und in 2007 mit Wählen von *Ansicht/Nebeneinander anzeigen*).

2013

2010

2007

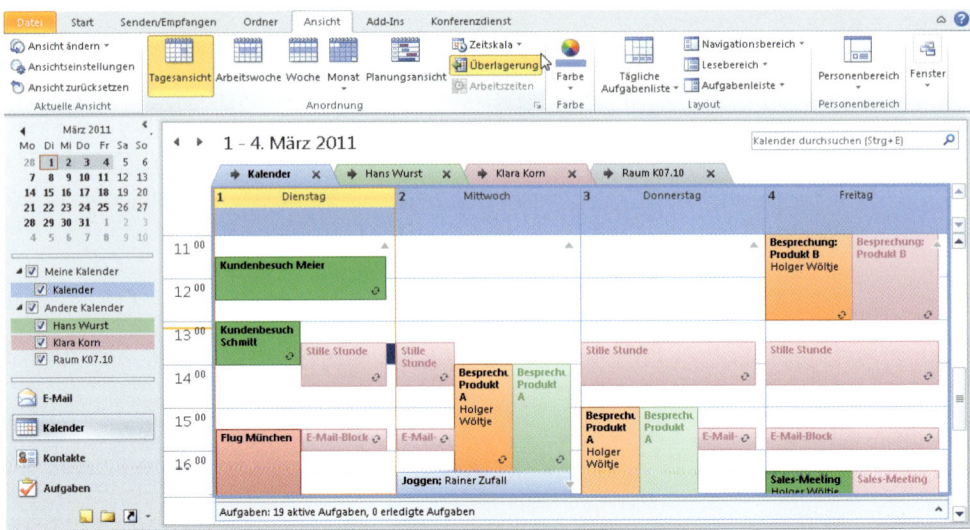

**Abbildung 5.5:** Überlagerte Kalender sorgen in Outlook 2007-2010 für Durchblick bei der Suche nach freien Zeiten

Outlook »quetscht« jetzt alle Termine nebeneinander, die sich überschneiden. Je schmaler die Terminbalken werden, desto mehr der angezeigten Personen (bzw. Räume, Ressourcen usw.) haben zu dieser Zeit schon einen Termin. Wenn Sie z.B. fünf verschiedene Kalender auf einmal anzeigen, werden Sie zu vollen Zeiten zwar nichts mehr lesen können, wissen dafür aber: »Wo man ganz durchgucken kann, ist die Zeit bei allen noch frei«. Solange Sie nicht zu viele Kalender auf einmal überlagern, können Sie den jeweiligen Betreff noch lesen und sehen so z.B. schnell, wo Ihre Kollegin ist, während Sie einen bestimmten Termin wahrnehmen, oder welcher der fünf Außendienstmitarbeiter, für die Sie Termine disponieren, zu der gewünschten Zeit noch für einen Kundentermin verfügbar ist. Wenn Sie dabei das Feld *Ort* für die Termine ausgefüllt haben, sehen Sie sogar, wo der vorherige und der nächste Termin desjenigen stattfindet (wird unter dem Betreff eingeblendet).

Über den Namen der Wochentage sehen Sie Registerkarten mit den Namen der Personen (bzw. Kalender). Termine für die im Vordergrund liegende Registerkarte stellt Outlook deckend gefärbt mit vollem Kontrast dar, die Termine der anderen Kalender halbtranspa-rent. Klicken Sie den Namen einer Registerkarte an, um den entsprechenden Kalender in den Vordergrund zu holen. Mit den kleinen Pfeilsymbolen links vor den Namen (siehe Abbildung 5.5) können Sie Kalender »herauslösen« und einzeln neben den überlagerten Kalendern anzeigen (Pfeil nach rechts) oder einzeln angezeigte Kalender wieder über den (bzw. die) am weitesten links angezeigten Kalender legen. So können Sie z.B. die Kalender von vier Kollegen oder Besprechungsräumen überlagern und daneben Ihren Kalender ein-zeln darstellen, um hier mehr Platz in der Breite zu haben und die Termine besser lesen zu können.

Outlook 2010/2013 bietet eine weitere praktische Ansicht für freigegebene Kalender: die *Planungsansicht*. Sie zeigt große Balken untereinander, in etwa so wie bei der weiter vorn beschriebenen *Terminplanung*. In dieser Planungsansicht haben Sie aber deutlich mehr Platz, um die einzelnen Termine zu sehen, und Sie sehen mehr Details pro Person (z.B. bekommt jede Person eine eigene Farbe und Sie können den Betreff der Termine gut lesen). Sie öffnen die *Planungsansicht* durch einen Klick auf die gleichnamige Schaltfläche in der Gruppe *Anordnung* auf der Registerkarte *Ansicht*.

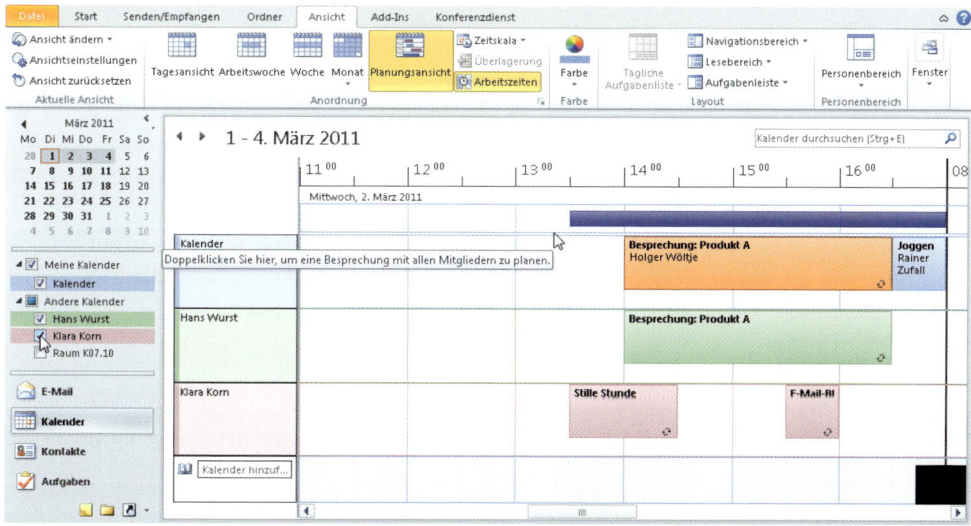

**Abbildung 5.6:** Die Planungsansicht in Outlook 2010 zeigt Ihnen einen schönen Überblick über die Stunden eines Tages im Kalender mehrerer Kollegen, während überlagerte Kalender sehr gut für die Übersicht über mehrere Tage/eine Woche geeignet sind

## So beantworten Sie Besprechungsanfragen

Eine Besprechungsanfrage landet zuerst als E-Mail in Ihrem Posteingang. Statt eines Briefumschlags als Symbol sehen Sie allerdings ein Monatskalenderblatt und zwei sehr kleine gezeichnete Köpfe in der rechten unteren (bzw. einem Briefumschlag in der rechten oberen) Ecke – Zusagen, Absagen und Änderungsvorschläge haben ebenfalls eigene Symbole.

1. Öffnen Sie die Besprechungsanfrage mit Doppelklick. (Sie können stattdessen auch die E-Mail-Vorschau im Lesebereich nutzen, um direkt von hier aus über die Schaltflächen z.B. ab- oder zuzusagen.)

2. Im daraufhin geöffneten Nachrichtenformular finden Sie in Outlook 2007-2013 auf der Registerkarte *Besprechung* in der Gruppe *Antworten* (bzw. in Outlook 2003 direkt unter der Menüleiste) Schaltflächen zum *Zusagen*, *Ablehnen* und Vorschlagen einer anderen Zeit (siehe Abbildung 5.7).

Nutzen Sie – soweit zutreffend – auch die Antwortmöglichkeit *Mit Vorbehalt*. Mit Vorbehalt bedeutet, dass Sie noch nicht exakt sagen können, ob Sie diesen Termin halten können, bzw. dass Sie sich vorbehalten, zugunsten eines anderen Termins abzusagen.

Auf diese Weise signalisieren Sie den Kollegen, dass der Termin für Sie ungünstig liegt und Sie eventuell nicht teilnehmen können, wenn sich keine Alternative finden lässt. Gleichzeitig vermerken Sie den Termin aber in Ihrem Kalender, um daran erinnert zu werden. Sagen Sie allerdings nur mit Vorbehalt zu, wenn auch eine reelle Chance besteht, dass Sie doch noch teilnehmen können – ansonsten sagen Sie bitte gleich ab.

Im Menü zur Schaltfläche *Andere Zeit vorschlagen* (bzw. im Menü *Aktionen*) finden Sie die Variante *Mit Vorbehalt und andere Zeit vorschlagen*, die Sie z.B. dann einsetzen können, wenn Sie einen angefragten Nachmittagstermin noch nicht sicher halten können oder schon nach der Hälfte der Zeit zu einem anderen Termin aufbrechen müssten, der Vormittag aber stattdessen für Sie sehr gut passen würde. Alles Weitere überlassen Sie dann demjenigen, der die Besprechung einberuft: Vielleicht haben auch andere den Vormittag vorgeschlagen oder nachmittags keine Zeit und Sie bekommen daher etwas später eine Aktualisierung des Termins mit der neuen Uhrzeit am Vormittag. Passt der Nachmittagstermin jedoch allen anderen Teilnehmern, bleibt es vielleicht trotz Ihrer nur unter Vorbehalt stehenden Zusage dabei.

Wenn Sie mit Vorbehalt zusagen, so schreiben Sie bitte in der Antwort ein bis zwei Sätze zur Erläuterung für den Kollegen, der die Anfrage geschickt hat, damit er ggf. entsprechend reagieren kann.

3. Falls Sie bereits wissen, wie Sie antworten möchten, fahren Sie bitte in dieser Anleitung mit Schritt 7 fort. Ansonsten:

4. Klicken Sie auf die Schaltfläche *Kalender*. Outlook 2010/2013 zeigt bereits ohne diesen Schritt innerhalb der Besprechungsanfrage Ihren Kalender für die nächsten Zeiten vor und nach der angefragten Uhrzeit an (siehe Abbildung 5.7).

   Outlook öffnet nun ein neues Fenster, das den entsprechenden Tag mit allen Ihren Terminen zeigt. Die vorgeschlagene Zeit ist blau unterlegt. Der entsprechende Tag ist im Datumsnavigator dunkel unterlegt und der heutige Tag ist rot umrandet. (Um den Rest der Woche anzusehen oder einen Alternativtermin zu suchen, können Sie wie gewohnt z.B. im Datumsnavigator andere Tage wählen, weitere Tage anzeigen oder in der Kalenderansicht zur *Arbeitswoche* umschalten.)

5. Bei Bedarf können Sie andere Termine verschieben, um Platz für die Besprechung bzw. Puffer davor und danach zu schaffen. Klicken Sie dazu auf den andersfarbigen Bereich rechts neben dem betreffenden Termin (bzw. auf den oberen oder unteren Rand zum Verändern der Dauer) und ziehen Sie ihn dann mit gedrückter Maustaste auf die gewünschte Uhrzeit.

6. Schließen Sie das Kalenderfenster durch Klicken auf die *Schließen*-Schaltfläche rechts oben in der Titelleiste des Fensters.

7. Klicken Sie auf eine der Antwortschaltflächen (*Zusagen* usw.).

8. Outlook fragt Sie nun, ob Sie keine Antwort senden, sofort eine Antwort senden oder diese vorher bearbeiten möchten (z.B. um einen Hinweis hinzuzufügen).

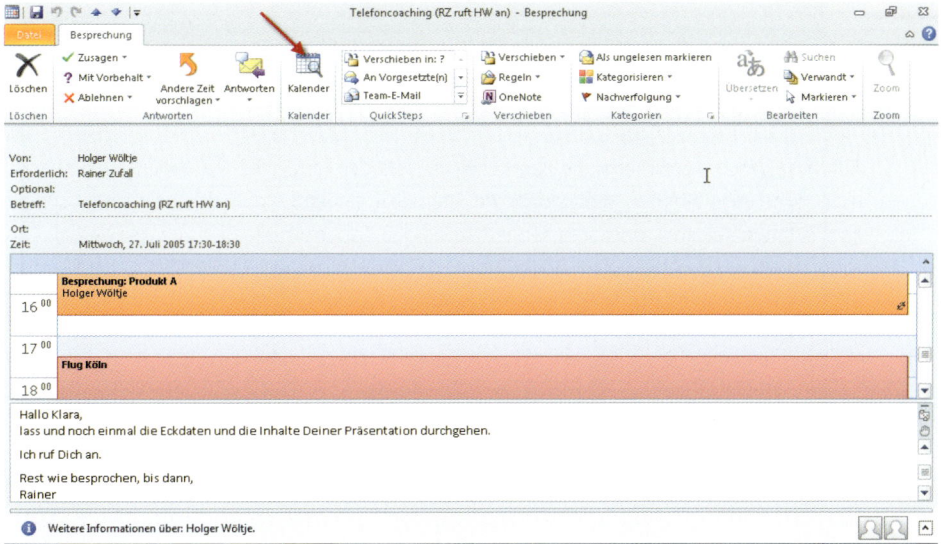

**Abbildung 5.7:** Prüfen Sie mithilfe der Schaltfläche *Kalender* direkt aus einer Besprechungsanfrage heraus, wie dieser Termin zu Ihren anderen Terminen passt

Falls Sie keine besonderen Gründe zum Unterlassen der Antwort haben: Senden Sie immer eine Antwort (geht automatisch zur Auswertung an den anfragenden Kollegen). Wenn Sie absagen oder unter Vorbehalt zusagen, bearbeiten Sie die Antwort bitte vor dem Senden, indem Sie ein bis zwei Sätze zur Erläuterung hinzufügen.

9. Outlook löscht nun die Besprechungsanfrage aus Ihrem Posteingang, sendet die Antwort zur Auswertung und trägt (sofern Sie nicht abgesagt haben) den Besprechungstermin in Ihren Kalender ein.

Wenn Sie die Anfrage also nachher suchen: Sie finden sie ab sofort im Kalender. Dort können Sie sie nun auch wie einen der anderen Termineinträge bearbeiten. Wenn Sie das zugehörige Terminformular per Doppelklick öffnen, informiert Sie Outlook ganz oben in einer farbig hinterlegten Zeile darüber, wann Sie dieser Besprechung zugesagt haben.

### So prüfen und verändern Sie den Status einer von Ihnen einberufenen Besprechung

In Outlook 2010/2013 nutzen Sie den Personenbereich wie im ▶ Abschnitt »So erstellen Sie eine Besprechungsanfrage« beschrieben. Für Outlook 2007/2003 gehen Sie wie folgt vor:

1. Doppelklicken Sie auf den betreffenden Termin, um das zugehörige Formular zu öffnen.

2. In Outlook 2007 klicken Sie auf die Schaltfläche *Status* in der Gruppe *Anzeigen* auf der Registerkarte *Besprechung*. In Outlook 2003 klicken Sie einfach auf die Registerkarte *Status*.

Sie sehen nun, welcher Teilnehmer bisher wie geantwortet hat und ob seine Anwesenheit erforderlich oder optional ist. Den Antwortstatus können Sie auch manuell durch Anklicken verändern (z.B. wenn Sie telefonisch eine Antwort erfragen, weil Sie noch keine E-Mail bekommen haben).

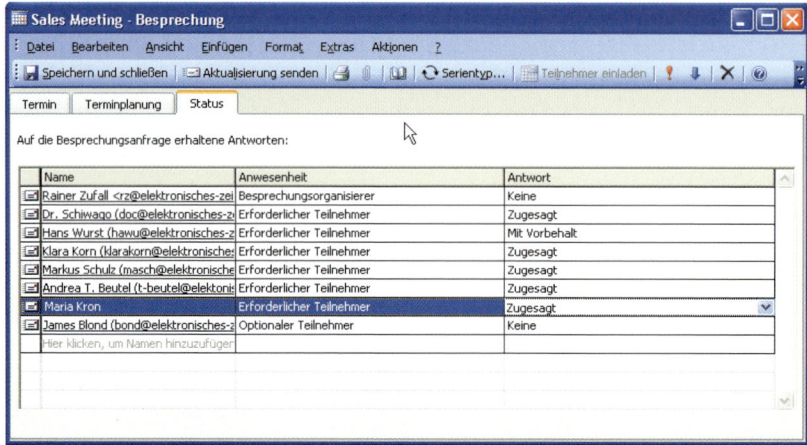

**Abbildung 5.8:** Prüfen Sie auf der Registerkarte *Status*, welche der Teilnehmer bereits zu- oder abgesagt haben

Auf der Registerkarte *Terminplanung* können Sie (wie beim Erstellen der Besprechungs-anfrage gezeigt) die Kalender der anderen einsehen und den Termin verändern, wenn Sie beim Auswerten der Antworten feststellen, dass er für viele ungünstig gewählt war.

3. Mit einem Klick auf die Schaltfläche *Aktualisierung senden* teilen Sie allen eingetragenen Personen die neuen Daten mit (zur automatischen Übernahme/Aktualisierung in deren Kalender), auch wenn Sie das Terminformular bei sich noch geöffnet lassen.

Sobald Sie das Formular schließen und etwas an den Daten des Termins (außer dem Teilnehmerstatus) geändert haben oder den Termin z.B. bei sich in der Wochenansicht des Kalenders verschieben oder löschen, bietet Ihnen Outlook ebenfalls an, eine Aktua-lisierung an alle Teilnehmer zu senden.

# Gehen Sie sparsam mit Besprechungsanfragen um

Wie Sie Ihre Besprechungen am besten optimieren und in den Griff kriegen, ist stark abhängig von den anderen Teammitgliedern und vielen verschiedenen Faktoren, die für jedes Team anders sind. Wir geben Ihnen im Rest dieses Kapitels nun die wichtigsten allge-meinen Tipps, die zu effektiveren und besseren Besprechungen beitragen, wenn sie von möglichst vielen (am besten von allen …) im Team berücksichtigt werden.

## Besprechungen sind teuer

Überlegen Sie einmal, was eine Besprechung kostet:

◎ Eine Besprechung kostet Sie selbst oft wesentlich mehr Zeit, als sie eigentlich dauert. Angenommen, Sie sind zu einer Besprechung von lediglich 30 Minuten Dauer eingeladen:

◎ Sie müssen eine andere Tätigkeit unterbrechen und brauchen nachher mehr Zeit, bis Sie wieder auf dem Konzentrations- und Leistungsstand sind, auf dem Sie vor der Unterbrechung waren.

◎ Bei manchen einstündigen (oder längeren) Aufgaben würde die Unterbrechung derart stören (oder wäre sogar gar nicht möglich), dass Sie 30 Minuten vorher nicht mehr anfangen können. So entstehen durch eine ungünstig liegende Besprechung diese 30 Minuten als Leerlaufzeit, die Sie unproduktiv oder mit Kleinkram verbringen.

◎ Das Zurücklegen des Hin- und Rückwegs zum Besprechungsort benötigt ebenfalls etwas Zeit. Wenn Sie Glück haben, sind es z.B. nur vier Minuten je Richtung und dazu jeweils zweimal drei Minuten, Ihre Sachen im Büro bzw. Besprechungsraum zusammenzupacken. Macht dann zehn Minuten je Richtung und insgesamt 20 Minuten Aufwand. Ganz zu schweigen vom Wechsel in ein anderes Gebäude oder der Fahrt bzw. Anreise zu einem anderen Standort.

◎ Eine Besprechung kostet die Zeit aller Anwesenden:

◎ Wenn zehn Teilnehmer für zwei Stunden zusammensitzen, sind dies netto 20 Stunden Aufwand (hinzu kommt der oben geschilderte Zeitverlust pro Teilnehmer, brutto also wesentlich mehr).

◎ Wenn dann zwei Teilnehmer 15 Minuten lang etwas klären, was für die anderen acht genauso wenig relevant ist wie die Anwesenheit der anderen acht für dieses Thema, so sind 8 x 15 = 120 Minuten = 2 Stunden Zeit verschwendet.

◎ Eine Besprechung kostet Geld: Rechnen Sie einmal zusammen, wie hoch die Personalkosten und Lohnnebenkosten für diese Zeit sind bzw. wie viel Umsatz ein Mitarbeiter in dieser Zeit erwirtschaften könnte. Hinzu kommen Reisekosten, Raumkosten, Bewirtungskosten usw.

## Die besten Besprechungen sind die, die nicht stattfinden

Sie sehen, eine Besprechung ist oft teurer und zeitaufwendiger, als es auf den ersten Blick scheint. Manchmal zahlt sich dies jedoch vielfach wieder aus, weil gute Besprechungen z.B. helfen können, das Team zusammenzuschweißen, Konflikte zu lösen, gemeinsame Strategien festzulegen, Synergieeffekte beim Finden neuer Ideen und Prozess-/Produktverbesserungen zu nutzen, sich gegenseitig zu unterstützen, viele verschiedene Ideen zu sammeln und diese sofort durch mehrere Experten für verschiedene Gebiete zu verbessern/weiterzuentwickeln.

Manchmal braucht man für eine Entscheidungsfindung viele Personen und die Möglichkeit zur Diskussion. Manche Informationen kann man am besten in einem persönlichen Gespräch oder Vortrag an eine Gruppe weitergeben. Dies trifft gerade dann zu, wenn es viele Rückfragen gibt, die jeweils für viele im Raum relevant sind, und nicht einer allein, sondern mehrere Personen die Informationen weitergeben (z.B. dreistündige Informationsveranstaltung zur Vorbereitung einer Messe mit Informationen zum Ablauf eines Messetags mit Vorträgen, technische Infos mit Fragerunde zu den entscheidenden Vorteilen der drei wichtigsten Produkte, Richtlinien und Tipps für Messegespräche, Ablauf der Nachbetreuung von Interessenten und Bericht über Erfahrungen von der letzten Messe).

In all diesen Fällen ist eine gut vorbereitete (siehe ▶ Abschnitt »Besprechungen effektiv vorbereiten« weiter hinten in diesem Kapitel) und geführte Besprechung wundervoll produktiv und spart viel Zeit. In vielen Fällen ist es jedoch auch genau andersrum. Prüfen Sie deshalb vor dem Einberufen einer Besprechung bitte dreimal, ob Sie nicht eine Alternative wählen und die Besprechung damit streichen können.

Pflastern Sie andere nicht mit Besprechungen zu, bloß weil man mit Outlook Besprechungen schnell und einfach wie nie zuvor planen kann. *Verzichten* Sie auf so viele Besprechungen wie möglich.

Überlegen Sie sich deshalb vor dem Versenden einer Besprechungsanfrage Folgendes:

◎ Ist die Besprechung die investierte Zeit und das Geld wert? Rufen Sie keine 800-Euro-Besprechung ein, um ein 450-Euro-Problem zu lösen.

◎ Ist die Besprechung notwendig?

  ◎ Wenn es um eine Entscheidungsfindung geht: Können stattdessen nicht genauso gut (oder sogar besser und schneller) der verantwortliche Manager, eine Gruppe aus ein bis drei Experten oder einfach stellvertretend für das Gesamtteam verantwortliche Personen entscheiden?

  ◎ Verbessert die Anwesenheit von vielen Personen (mehr Erfahrung, größere Ideenvielfalt usw.) die Qualität der zu erzielenden Ergebnisse signifikant bzw. rechtfertigt die ggf. erzielte Qualitätsverbesserung den Mehraufwand gegenüber der Arbeit von einer oder zwei Personen?

  ◎ Können Sie statt einer Besprechung, die die Zeit aller beansprucht, die Anliegen besser und schneller in mehreren einzelnen Telefonaten klären?

  ◎ Können Sie zwei bis drei kleine Besprechungen für denselben Teilnehmerkreis zusammenlegen? Die Nettozeit bleibt gleich (oder sinkt, da Verspätungen nur einmal auftreten und man andere Dinge vorher gesammelt bespricht). Die Bruttozeit sinkt deutlich, da man so nur zu einer Besprechung aufbrechen muss.

  ◎ Wenn es um die Übermittlung von Informationen geht: Können Sie die Infos stattdessen einfach schriftlich verteilen? Wir können schneller lesen als hören, wer etwas schon kennt, kann zudem diese Teile überspringen. Auch kann so jeder die Informationen dann lesen, wenn es ihm am besten passt, anstatt zu einer Zeit im Meeting sitzen zu müssen, die er anderweitig viel besser nutzen könnte. Wenn Ihnen das Schreiben zu aufwendig ist und die Anwesenden häufig unterwegs sind, gibt es inzwischen noch eine weitere, bisher selten genutzte Alternative: Legen Sie sich ein Headset für Ihren PC zu und sprechen Sie die Informationen auf. Dies ist für Sie besonders einfach und schnell. Mit einem Handheld oder MP3-Player können die zu informierenden Personen dann z.B. auch lange Fahrtzeiten zum Anhören der Informationen nutzen. (Das Problem hierbei: Man kann zwischendurch nichts aufschreiben, wenn man am Steuer sitzt.)

Ein verbreiteter Zeitfresser sind wöchentliche Besprechungen, die »vorsichtshalber angesetzt werden, falls es da was zu besprechen gibt«. Und wenn man sich dann schon einmal trifft, wird man auch irgendetwas finden, das man einbringen könnte, man muss die Zeit ja irgendwie füllen ... Hüten Sie sich vor Serienbesprechungen und wöchentlichen Meetings, wenn diese nicht wirklich sinnvoll und erforderlich sind bzw. es keinen konkreten Anlass gibt.

Auf der anderen Seite können gut vorbereitete, sinnvolle wöchentliche Besprechungen ein eingespieltes Team weit voranbringen – z.B. wöchentliche Actiongroups, in denen sechs ständig durch ganz Europa reisende Vertriebsmitarbeiter gemeinsame Telefonkonferenzen einberufen, um sich zu Wochenbeginn über den Verlauf der letzten Woche und ihre Planungen für die nächste Woche auszutauschen.

◎ Welche Teilnehmer sind wirklich erforderlich? Welchen würde man nur die Zeit rauben, weil ihre Anwesenheit nicht notwendig ist? (Damit diese sich nicht ausgeschlossen fühlen: Sie können sie auch als optionale Teilnehmer einladen, ihnen freistellen zu kommen und mitteilen, dass sie gerne dabei sein dürfen, wenn sie alle Informationen mitbekommen und mitbestimmen möchten.)

◎ Gibt es z.B. vier von acht Teilnehmern, die nur bei den ersten zwei Tagesordnungspunkten dabei sein müssen? Legen Sie diese Punkte am besten an den Anfang, sodass diese Teilnehmer eher wieder gehen können, und teilen Sie dies den Teilnehmern mit.

◎ Wenn Sie zu der Überzeugung gelangt sind, dass sich eine Besprechung lohnt, sollten Sie noch Folgendes überdenken: Können sich die Teilnehmer Reisezeiten sparen, weil Sie das Ganze genauso gut im Rahmen einer Telefonkonferenz besprechen können? Oder gehen Sie einen Schritt weiter und nutzen Sie Microsoft Office Live Meeting, um den anderen PowerPoint-Präsentationen zu zeigen, Abstimmungen mit automatischer Auszählung durchzuführen und untereinander Anwendungen freizugeben (z.B. um gemeinsam Dokumente zu bearbeiten oder die Bedienung zu erklären). Eine Telefonkonferenz bzw. ein Live Meeting planen Sie in Outlook ganz einfach wie eine Besprechung vor Ort (gleich Einwahlnummer und Zugangscode in den Text der Besprechungsanfrage einfügen).

### Onlinezusammenarbeit und Besprechungen mit Microsoft Office Live Meeting

Manchmal reichen die Möglichkeiten einer Telefonkonferenz nicht aus, aber sich vor Ort zu treffen wäre trotzdem zu teuer und aufwendig – z.B. für das Zeigen einer PowerPoint-Präsentation mit nachfolgendem gemeinsamem Planen diverser Kennzahlen in Excel bei einer Stunde Besprechungsdauer nach Australien zu fliegen. Indem Sie in Form eines Live Meetings zusammen am PC arbeiten, fehlen zwar die sozialen und einige kommunikative Aspekte einer »echten Besprechung vor Ort«, sodass es nicht immer als Alternative geeignet ist. In einigen Fällen ist ein Live Meeting aber sogar besser (auch unabhängig von den gesparten Reisezeiten und -kosten). Sie müssen z.B. keinen digitalen Projektor zur Verfügung haben oder aufbauen, um Präsentationen zu zeigen, und können jedem Teilnehmer von seinem PC aus die Steuerung der aktuellen Anwendung übergeben, sodass er z.B. Fragen illustrieren kann oder Sie Anwendungen gemeinsam nutzen können.

Ein kurzer Auszug aus den wichtigsten Funktionen von Live Meeting:

◎ Zu jeder Zeit von jedem Ort aus zusammenarbeiten – der eine wartet in der Lounge am Flughafen in New York, der andere sitzt im Büro in München, ein dritter im Hotel in London. Sie brauchen nur eine Internet- und eine Telefonverbindung (wenn Sie dazu eine Telefonkonferenz schalten möchten).

◎ Sie können PowerPoint-Präsentationen zeigen, den Bildschirminhalt anderer Anwendungen an alle senden und einzelnen Benutzern die Steuerung einer Ihrer Anwendungen übergeben.

◎ Planen Sie Live Meetings direkt aus Outlook heraus – ob die gemeinsame Quartalsplanung von zwei Mitarbeitern oder die Präsentation Ihrer neuen Software vor 1.000 Interessenten weltweit. Dabei können Sie z.B. mehrere Moderatoren ernennen, die per Text-Chat gestellte Fragen Einzelner sofort und für die anderen nicht sichtbar im Hintergrund beantworten, während der Redner weiterpräsentiert.

◎ Sie können das gesamte Live Meeting (Bild und Ton) aufzeichnen, um es später noch einmal anzusehen, auszuwerten oder zum Zeitpunkt des Meetings verhinderten Personen vorzuführen.

Weitere Informationen zu Microsoft Office Live Meeting finden Sie unter *http:// office.microsoft.com*.

Es gibt auch andere Möglichkeiten einer solchen Onlinezusammenarbeit, wie z.B. die Funktion *Bildschirmpräsentation übertragen* in PowerPoint 2010 oder den Office Live Messenger.

# Optimieren Sie Ihren Kalender für Anfragen

In diesem Abschnitt beschäftigen wir uns kurz damit, wie Sie durch das Pflegen Ihres Kalenders den Kollegen die erfolgreiche Besprechungsplanung vereinfachen und gleichzeitig dazu beitragen, dass Sie weniger Besprechungsanfragen zu unpassenden Zeiten bekommen.

## Halten Sie Ordnung in Ihrer Terminplanung

Wer kaum Termine eingetragen hat und auch keine Termine mit sich selbst setzt (siehe ▶ Kapitel 3) bzw. diese Zeiten immer als »frei« kennzeichnet, signalisiert den anderen, dass er ständig verfügbar ist. Daher braucht er sich auch nicht zu wundern, wenn er ständig zu für ihn unpassenden Zeiten Besprechungsanfragen von Kollegen in den Kalender gesetzt bekommt.

Wer auf der anderen Seite an jedem Werktag von 8:00 Uhr bis 20:00 Uhr den gesamten Kalender nahezu vollständig mit (eventuell auch noch sich teilweise überschneidenden) Terminen zugepflastert hat, braucht sich ebenfalls nicht über völlig unpassende Besprechungsanfragen zu wundern – die Kollegen haben ja keine andere Chance.

Den Kalender komplett zu füllen, hilft zwar wie beschrieben meist nicht gegen unpassende Anfragen von Vorgesetzten oder Kollegen. In manchen Unternehmen ist diese Taktik jedoch gängige Praxis als »die letzte Verteidigung« gegen zu viele Anfragen von Mitarbeitern niedrigerer Hierarchieebenen – einfach alles abweisen, weil ja »keine Zeit mehr ist« oder generell verbieten, das rangniedrigere Mitarbeiter zu verplanten Zeiten anfragen. Doch dieses Vorgehen hat zwei Nachteile: Erstens erschwert es Ihnen eine vernünftige Nutzung Ihres Outlook-Kalenders oder verhindert diese sogar, zweitens blockt es auch notwendige und sinnvolle Besprechungen. Klären Sie das Ganze daher am besten einmal generell oder weisen Sie als Vorgesetzter die Besprechungsanfragen, die Sie als nicht sinnvoll erachten, auch zu freien Zeiten entschieden, aber höflich und kurz begründet zurück. Es braucht Planung, Disziplin und Eingewöhnungszeit, um in Teams mit zu hoher Besprechungshäufigkeit diese zu reduzieren.

Sie können die Zeiten für eingehende Besprechungsanfragen zu einem gewissen Grad dadurch steuern, dass Sie Ihre wichtigsten Zeiten verplanen und auf der anderen Seite ausreichend große Blöcke (zu für den Kollegen passenden Zeiten) frei lassen. Machen Sie es anderen leicht, für Sie passende Zeiten auszuwählen – die meisten Menschen gehen den Weg des geringsten Widerstands. Der nächste Schritt ist, für Besprechungen, die mit Ihren Terminen kollidieren, andere Zeiten vorzuschlagen oder diese abzusagen, sofern das möglich ist.

Führen Sie am besten *Besprechungskernzeiten* für Ihr Team ein: Vereinbaren Sie Zeiten, die sich alle so lange wie möglich frei halten, solange Sie keine Besprechung planen, z.B. 10:30 Uhr bis 12:00 Uhr. Auf der anderen Seite planen Sie Besprechungen wann immer möglich nur zu dieser Zeit (oder in einem kürzeren Zeitfenster innerhalb dieser Zeit). Das klappt am besten, wenn danach auch möglichst viele im Team beginnen, die anderen Zeiten konsequent zu verplanen – also z.B. zwar zwischen 10:30 Uhr und 12:00 Uhr frei halten, aber um 12:30 Uhr einen Kundentermin, »Mittagspause« oder eine stille Stunde (siehe ▶ Kapitel 4) und von 9:30 Uhr bis 10:30 Uhr den E-Mail-Block eintragen (und das ruhig als Serientermin an jedem Werktag). Wenn dann jemand eine Besprechung planen möchte, viele Zeiten bereits vergeben sind, aber gerade die sowieso vorgesehene Zeit zwischen 10:30 Uhr und 12:00 Uhr bei (fast) allen noch frei ist, wird es nach ein paar Wochen Eingewöhnungszeit richtig gut funktionieren, dass Besprechungen wann immer möglich zu diesen Zeiten stattfinden. Wenn nun noch jeder pünktlich erscheint und wieder aufbricht, werden Sie als Nächstes immer besser den vorgesehenen Zeitrahmen einhalten können (mehr dazu weiter hinten in diesem Kapitel im ▶ Abschnitt »Besprechungen effektiv vorbereiten«).

Pflegen Sie Ihren Kalender, wenn Sie dies nicht ohnehin schon für Ihre eigene Planung konsequent tun:

◎ Tragen Sie jeden Termin (ob mit Kunden, Ihrem Zahnarzt oder einem gebuchten Flieger) *sofort* ein.

◎ Tragen Sie nur Termine in Ihren Kalender ein, die auch Termine sind – »Müller wegen Lieferdatum zurückrufen bis Donnerstag, am besten heute« gehört *nicht* als Termin am Dienstag von 9:00 Uhr bis 9:30 Uhr in Ihren Kalender (außer Sie haben mit Herrn Müller für diese Zeit einen Telefontermin vereinbart). Dieser Eintrag gehört stattdessen in Ihre Aufgabenliste (setzen Sie das Fälligkeitsdatum und ggf. eine Erinnerung entsprechend; zur Aufgabenliste siehe ▶ Kapitel 2).

◎ Tragen Sie nur für Ihre wichtigsten Aufgaben im Rahmen der Wochenplanung Termine mit sich selbst ein (siehe ▶ Kapitel 3), um zwar für diese Aufgaben Zeit (auch gegen Besprechungen) zu blocken, aber noch genügend Spielraum zu lassen, da Sie nur wenige und bestimmte Zeiten blocken.

◎ Wenn noch nicht alles zu voll ist oder wenn Sie sonst nicht mehr dazu kommen würden: Tragen Sie konsequent Serientermine für Ihre Blockbildung ein (siehe ▶ Kapitel 4 und z.B. den Kalender von *Klara Korn* ganz rechts in Abbildung 5.4 weiter vorn in diesem Kapitel). Geben Sie diese Termine nur in Ausnahmefällen frei.

◎ Planen Sie im Rahmen der Tagesplanung (siehe ▶ Kapitel 4) ruhig für weitere Aufgaben Termine mit sich selbst und gewöhnen Sie Leuten ab, noch auf den letzten Drücker eine Besprechung einzuberufen, indem Sie absagen, wenn Ihnen dies möglich ist (falls es nicht tatsächlich einen triftigen Grund für die so spät angesetzte Besprechung gibt).

## Nutzen Sie zur Kennzeichnung von Terminen das Feld *Anzeigen als*

Das Feld *Anzeigen als* finden Sie in Outlook 2007-2013 in der Gruppe *Optionen* auf der Registerkarte *Termin*. In Outlook 2003 finden Sie das Feld *Anzeigen als* in einem geöffneten Terminformular rechts unter den Feldern *Beginnt um* und *Endet um*. In der Tages-/ Wochenansicht können Sie das Feld auch über das Kontextmenü bearbeiten, das Sie mit einem Rechtsklick auf den jeweiligen Termin öffnen.

Normalerweise enthält es je nach Outlook-Version den Standardwert *Beschäftigt* bzw. *Gebucht*. Setzen Sie es entsprechend, um den Kollegen auf der Suche nach passenden Zeiten zu helfen, und beachten Sie es in den Kalendern der Kollegen, wenn Sie Besprechungsanfragen erstellen (die farbigen Balken im *Terminplan*, siehe Abbildung 5.1, bzw. die kleinen farbigen Balken links neben den Termineinträgen in der Tages-/Wochenansicht der Kalender, siehe Abbildung 5.4).

**Abbildung 5.9:** Termine lassen sich schnell durch entsprechende farbige Markierungen kennzeichnen

◎ *Beschäftigt* bzw. *Gebucht:* Sie haben einen anderen Termin, den Sie notfalls für Besprechungen freigeben.

◎ *Abwesend:* Sie sind außer Haus. Einigen Sie sich mit den Kollegen darauf, was dies genau bedeutet, um einen einheitlichen Code zu finden, den jeder verwendet, z.B. *eine* dieser Möglichkeiten:

   ◎ Sie sind weiter entfernt auf Dienstreise und können unmöglich am gleichen Tag mal kurz zu einer Besprechung ins Büro kommen.

   ◎ Sie sind außer Haus z.B. bei einem Kundentermin, könnten aber eine Stunde später zu einer Besprechung im Büro sein. In Outlook 2013 gibt es für diesen Fall die neue Option *An anderem Ort tätig*.

◉ Sie sind in dieser Zeit auch telefonisch nicht erreichbar. (Wenn Sie sowieso alle dauernd unterwegs sind und meist Telefonkonferenzen planen.)

◉ Sie sind zwar möglicherweise gar nicht abwesend, können diesen Termin aber unmöglich verlegen (während Sie normale Auswärtstermine nur als *Gebucht* anzeigen und ggf. freigeben). In Outlook 2013 haben Sie zusätzlich die Option *An anderem Ort tätig*, so dass sich diese Verwendung für *Abwesend* hier besonders gut eignet.

◉ *Mit Vorbehalt:* Einigen Sie sich darauf, ob dies »Termin ist recht unsicher und wird mit hoher Wahrscheinlichkeit wieder frei« oder »Wenn eine Besprechung nur auf einem meiner belegten Termine geplant werden kann, dann nehmt mir bitte zuerst diese weg, die anderen sind wichtiger« bedeutet.

◉ *Frei:* Diese Zeit ist gar nicht belegt – z.B. für bestimmte Ganztagstermine (dazu nachfolgend mehr).

◉ *An anderem Ort tätig:* Diese zusätzliche Option in Outlook 2013 zeigt als Alternative zu *Beschäftigt*, dass der Kollege direkt vor und nach dem Termin für Web-Meetings oder Telefonkonferenzen erreichbar ist – nur halt an einem anderen Standort, so dass er nicht kurz persönlich vorbeikommen kann.

## Nutzen Sie Ganztagstermine

Wenn Sie länger außer Haus und damit nicht für Besprechungen verfügbar sind (z.B. im Urlaub), tragen Sie einen Termin dafür ein:

1. Aktivieren Sie im zugehörigen Terminformular (neben der Uhrzeit für den Beginn) das Kontrollkästchen *Ganztägiges Ereignis* bzw. *Ganztägig*.

   Daraufhin werden die Optionen zum Einstellen der Uhrzeit deaktiviert.

2. Wählen Sie nun im Feld *Beginnt* den ersten und im Feld *Endet* den letzten Tag aus.

3. Wählen Sie nun (wie gerade eben oben beschrieben) für *Anzeigen als* z.B. die Option *Abwesend* für Ihren Urlaub.

   Der Ganztagstermin »schwimmt« nun über den anderen Terminen in der Tages- und Wochenansicht mit. Er kennzeichnet Sie für die gesamte Zeit als *Abwesend*, lässt aber vollen Platz für andere Termineinträge. (So können Sie sich z.B. während einer Messe als abwesend eintragen und haben trotzdem den vollen Platz für einzelne Termine während der Messe zur Verfügung.)

4. Schließen Sie das Terminformular mit einem Klick auf die Schaltfläche *Speichern und schließen*.

**Abbildung 5.10:** Ganztagstermine kennzeichnen z.B. mehrere Tage auf einmal als abwesend (lila Balken) und lassen Ihnen die volle Übersicht, da sie über den anderen Einträgen in der Tages- und Wochenansicht erscheinen

In anderen Fällen von Ganztagsterminen setzen Sie das Feld *Anzeigen als* auf *Frei* (z.B. wenn Sie einfach nur im Kalender sehen möchten, wann eine wichtige Messe stattfindet, einen Merker setzen möchten, wann wegen bestimmter Veranstaltungen die Innenstadt für Pkw gesperrt sein wird, oder wenn Sie schon für das Jahr im Voraus die Schulferien Ihrer Kinder eintragen möchten, damit Sie kürzere Ausflüge rechtzeitig entsprechend planen können, ohne für die gesamten Schulferien als abwesend eingetragen zu sein). Wenn Sie einen Termin auf *Ganztägig* setzen, setzt Outlook das Feld *Anzeigen als* automatisch auf *Frei* – achten Sie darauf, es z.B. für Ihren Urlaub auf *Abwesend* zu setzen.

## Kennzeichnen Sie private Termine als privat

Damit nun nicht alle Kollegen, die auf die Termine in Ihrem freigegebenen Kalender zugreifen können, die Schulferien Ihrer Kinder, den Urlaub Ihres (Ehe-)Partners und Ihre anderen privaten Termine einsehen können, kennzeichnen Sie diese als privat.

In Outlook 2003 aktivieren Sie im zugehörigen Terminformular einfach das Kontrollkästchen *Privat* (rechts unten im Formular). In Outlook 2010/2013 klicken Sie auf der Registerkarte *Termin* in der Gruppe *Kategorien* auf *Privat* (kleines Schlosssymbol). In Outlook 2007 klicken Sie auf der Registerkarte *Termin* auf das kleine Dreieck direkt unter dem Gruppennamen *Optionen* (falls die Gruppe noch nicht vollständig geöffnet angezeigt wird). Im daraufhin geöffneten Menü finden Sie den Befehl *Privat* rechts oben. Wenn das kleine Schlosssymbol und der Name des Befehls mit einem orange-braunen Hintergrund umrahmt sind, ohne dass Sie den Mauszeiger darauf bewegen, ist der Termin als privat markiert.

 Vorsicht: Wenn Sie in Outlook 2007-2013 den Mauszeiger auf *Privat* platzieren, sieht es auf den ersten Blick so aus, als wäre die Option bereits ausgewählt. Wenn Sie genau hinsehen, werden Sie jedoch feststellen, dass die Hintergrundfarbe etwas heller ist, solange die Option noch nicht gewählt wurde. Gerade am Anfang kann man hier schnell durcheinanderkommen – gewöhnen Sie sich daher am besten an, den Mauszeiger auf *Kategorisieren* zu bewegen, wenn Sie lediglich sehen möchten, ob ein Termin schon als privat markiert ist.

In der Tages-/Wochen-/Monatsansicht Ihres Kalenders klicken Sie wie gehabt einen Termin mit der rechten Maustaste an und wählen im Kontextmenü den Befehl *Privat*. Outlook 2007-2013 zeigt private Termine mit einem Schlosssymbol in der rechten unteren Ecke an, Outlook 2003 zeigt stattdessen ein Schlüsselsymbol in der linken oberen Ecke.

Die Kollegen sehen jetzt zwar, dass diese Zeit bei Ihnen (entsprechend dem Wert im Feld *Anzeigen als*) blockiert ist, können aber weder den *Betreff* noch andere Inhalte des Termineintrags lesen, sondern sehen nur »Privater Termin«.

Zur eigenen Kontrolle sehen Sie in Ihrem Kalender ein kleines Schloss bzw. einen kleinen Schlüssel im Termineintrag in der Tages- und Wochenansicht. Aktivieren Sie für alle Ihre privaten Termine die Option *Privat* – auch wenn ruhig jeder Kollege den Betreff sehen könnte. Ansonsten vergessen Sie es bei vertraulichen Terminen eventuell aus Gewohnheit oder provozieren neugierige Fragen, wenn Sie ausnahmsweise doch einmal einen Termin vor den anderen verbergen. Auch vertrauliche berufliche Termine können Sie als privat kennzeichnen (z.B. Überraschungsfeier für das 20-jährige Dienstjubiläum eines Kollegen).

Klären Sie dabei vorher am besten mit den Kollegen, dass als privat gekennzeichnete Termine nicht zwangsläufig privat sein müssen.

 Private Termine sind gegen die Sicht anderer Benutzer geschützt, für die Ihr Kalender freigegeben ist. Wenn Sie einem Kollegen jedoch (der Einfachheit halber) Benutzernamen und Passwort für Ihr Exchange-Postfach geben, damit er während Ihrer Abwesenheit einen Vollzugriff hat, so »denkt« Outlook, Sie selbst säßen vor Ihrem PC. Wer sich mit Ihren Daten einloggt, sieht alle Einträge!

# Besprechungen effektiv vorbereiten

Wenn sich die Teilnehmer im Vorfeld ein wenig Zeit zum Vorbereiten der Besprechung und zum Abstimmen mit den Kollegen nehmen, werden sie in der Besprechung selbst viel Zeit für alle sparen sowie zielgerichtete, klarere und effektivere Besprechungen führen. Wenn sich jeder *einzeln* zehn Minuten vorbereitet, spart dies oft zehn Minuten Besprechungszeit – für *alle* Beteiligten. Besonders wichtig ist die Vorbereitung für den Besprechungsleiter sowie ggf. den Moderator.

## Steigern Sie die Effektivität durch die richtige Vorbereitung und Durchführung

Erstellen Sie für jede Besprechung *im Vorfeld* eine *Tagesordnung*:

◎ Legen Sie für jeden Punkt eine klare *Zeitvorgabe* fest, begrenzen Sie Rede- und Diskussionszeit.

◎ Stellen Sie die *Ziele* klar heraus: Was wollen Sie mit der Besprechung erreichen? Wo sollen Informationen (und vor allem welche) weitergegeben oder gesammelt (von wem und an wen), wo Fragen geklärt, wo Ideen entwickelt, wo Entscheidungen getroffen werden?

◎ Tragen Sie ein, *wer* für den jeweiligen Punkt *verantwortlich* ist.

◎ Begrenzen Sie die *Anzahl der Teilnehmer*. Die optimale Teilnehmerzahl beträgt fünf bis sieben Personen. Bei zu vielen Teilnehmern wird eine Besprechung oft unproduktiv – außer es geht darum, eine große Gruppe zu informieren und deren Fragen zu klären oder die Meinung vieler unterschiedlicher Experten bzw. Fachbereiche/Einzelpersonen zu einem Thema einzuholen.

◎ *Beginnen* Sie mit *den wichtigsten Themen*. Stellen Sie Themen mit niedriger Priorität ans Ende, geben Sie diesen Punkten weniger Zeit und beenden Sie die Besprechung pünktlich. Wer ständig endlos überziehen kann, wird sonst 20 Minuten für ein Thema benötigen, das er bei weniger verbleibender Zeit auch in acht Minuten abhandeln könnte.

◎ Wenn *bestimmte Teilnehmer* z.B. *nur bei zwei* von sieben *Punkten benötigt* werden: Setzen Sie diese Punkte an den Anfang der Tagesordnung und lassen Sie die betreffenden Teilnehmer anschließend gehen.

◉ Stellen Sie sicher, dass die Teilnehmer alle *benötigten Unterlagen* rechtzeitig vorher erhalten.

Planen Sie genug *Pausen* ein – durch Pausen können Besprechungen viel gewinnen:

◉ Nach ca. 45 bis 60 Minuten tut es gut und man wird produktiver, wenn man sich kurz ein wenig bewegen und am besten frische Luft schnappen kann. Spätestens nach zwei Stunden können viele nicht mehr konzentriert zuhören.

◉ In den Pausen können sich einzelne Teilnehmer über Dinge austauschen, die zwar im Zusammenhang mit der Besprechung stehen, die aber andere Teilnehmer nicht betreffen.

◉ Gespräche in der Pausenatmosphäre können neue Ideen bringen.

◉ Gerade in Verhandlungen werden die wichtigsten Fortschritte oft in oder nach Pausen gemacht.

◉ Achten Sie auf die richtige Pausenlänge. Als optimal haben sich 10 bis 15 Minuten herausgestellt.

Die Tagesordnung können Sie an die Besprechungsanfrage anhängen (wie auch andere Dateianlagen an »normale E-Mails«). Sie wird dann bei den Teilnehmern im Termin für die Besprechung gespeichert, sodass man sie mit einem Doppelklick direkt aus dem Terminformular heraus öffnen kann. Wesentlich mehr Vorteile bietet aber die Verwendung eines Besprechungsarbeitsbereichs für die Tagesordnung.

Die folgenden Punkte helfen Ihnen während der Besprechung, diese effektiver zu führen:

◉ Legen Sie einen *Besprechungsleiter* und bei Bedarf bei schwierigen Themen/Gruppen zusätzlich einen Moderator fest, der sich am besten inhaltlich nicht beteiligt, sondern eine »Schiedsrichterfunktion« einnimmt (ggf. fremde Personen und das Thema vorstellen, die Redezeit der einzelnen Teilnehmer pro Wortmeldung auf z.B. maximal drei Minuten begrenzen, »bei Fouls« und Zeitüberschreitungen »abpfeifen« und am Ende ein Fazit ziehen bzw. Ergebnisse klarstellen).

◉ Beginnen und enden Sie *pünktlich*. Wer einmal auf Nachzügler wartet, wartet bald immer – jedes Mal ein bisschen länger. Wer Überziehungen zulässt, ist auf dem Weg zu Endlosbesprechungen.

◉ Wenn Sie bei einem Thema nicht vorankommen: Lassen Sie den Besprechungsleiter nach einer festgesetzten Zeit entscheiden, ob Sie über das weitere Vorgehen abstimmen, ob Sie zumindest Teilbeschlüsse festlegen oder auf wann Sie das *Thema vertagen* (sowie was Sie bis dahin vorbereiten, klären und entscheiden werden). Manchmal hilft auch hier eine kleine Pause, erhitzte Gemüter abzukühlen, wieder klarer zu denken und weiterzukommen.

◉ Sammeln Sie am Ende kurz von jedem ein *Feedback*, wie er die Besprechung und die Leitung empfunden hat und ob er Verbesserungsideen zur Durchführung hat. Die ersten Male erhalten Sie vielleicht alberne oder nicht aussagekräftige Antworten, aber ab dem dritten Mal wird es nützlich.

◉ Führen Sie ein *Protokoll*, das vor allem Ergebnisse zusammenfasst. Verteilen Sie dieses anschließend zeitnah und zeigen Sie es am besten während der Besprechung oder zumindest am Ende für alle (Digitalprojektor), um sicherzustellen, dass alles richtig wiedergegeben wurde und nicht später jemand behauptet, bestimmte Beschlüsse wären ganz anders (gemeint) gewesen. Tragen Sie ein, wer welche Folgeaktivitäten bis wann erledigen wird.

# Nutzen Sie Besprechungsarbeitsbereiche zur Besprechungsvorbereitung

Im Folgenden stellen wir Ihnen kurz Microsoft SharePoint vor. Sobald Sie mit einem Windows Server 2003/2008 (oder neuer) in Ihrem Netzwerk arbeiten, kann dieser Microsoft SharePoint Foundation zur Verfügung stellen. Falls Sie in Ihrem Büro keinen entsprechenden Server besitzen, können Sie auch diese Dienste anmieten, um z.B. SharePoint-Sites im Internet gemeinsam mit einem externen Sekretariat, Ihrer Werbeagentur und Ihren Kunden zu nutzen. Sie können auch SharePoint Online nutzen, das Bestandteil von Office 365 ist. Wenn Sie sich nicht sicher sind, ob die genannten Funktionen für Sie zur Verfügung stehen oder wie Sie eine neue SharePoint-Site anlegen, fragen Sie bitte Ihren Systemadministrator um Rat und beantragen bei ihm ggf. ein Benutzerkonto für die SharePoint-Website.

Was bringen Ihnen nun Projekt-/Besprechungsarbeitsbereiche in SharePoint? Sie können zur Vorbereitung nötige Dokumente sowie die Tagesordnung wie vorher (ohne SharePoint) zwar auch einfach direkt als Anlagen an die Besprechungsanfrage anhängen oder per E-Mail versenden. Doch dieses Vorgehen hat einige Nachteile:

◎ Ändert sich die Tagesordnung (oder andere Unterlagen) doch noch – was oft der Fall ist, da Sie mit der Besprechungsanfrage ja eher einen Vorschlag versenden, der von anderen Teilnehmern noch ergänzt werden wird –, so müssen die Teilnehmer später die neueste Version aus ihren E-Mails heraussuchen oder jedes Mal beim Eintreffen einer neuen Version die angehängte Datei im Termin löschen und durch die neue ersetzen. Dabei wird laut Murphys Gesetz immer jemand eine veraltete Version erwischen, wenn er kurz vor der Besprechung die Daten braucht.

◎ Maria verschickt die Tagesordnung und ein paar Dokumente. Rainer und Dr. Schiwago fallen nun ein paar Ergänzungen und Änderungen ein, die jeder für sich im Laufe des Tages notiert und abends an Maria schickt. Sie hat nun jeweils zwei verschiedene »neue« Versionen der Dateien mit verschiedenen Änderungen – teilweise an den gleichen Stellen im Dokument, sodass sie nicht mit Kopieren und Einfügen »per Hand« beide zusammenführen kann. Das Ganze erzeugt viel Aufwand und Rückfragen – es wäre besser gewesen, wenn erst der eine die Datei bearbeitet hätte, der andere davon wissen, warten und anschließend dann diese neue Datei bearbeiten würde.

◎ Selbst wenn man von solchen gleichzeitigen, Konflikte verursachenden Änderungen verschont bleibt, gibt es bei einigen Besprechungen und Themen eine wahre E-Mail-Flut an später zusätzlich verschickten Dokumenten und Änderungsvorschlägen, zu denen dann teilweise auch noch Kommentare einzelner Teilnehmer als Nachricht folgen oder die in einer anderen Nachricht wieder verworfen werden. Noch komplizierter wird es, wenn man sich vorher ein Meinungsbild zu einer Frage verschaffen möchte: Einer verschickt die Frage an alle, jeder antwortet daraufhin an alle Empfänger. Man muss sich die Nachrichten der letzten Tage zusammensuchen, um ein Meinungsbild zu erhalten. Da eine schlichte E-Mail mit »Ja« oder »Nein« bzw. einer von vier vorgegebenen Möglichkeiten etwas grob wirken könnte, schreibt meist jeder noch ein paar Zeilen dazu, die oft gar nicht nötig wären und die Auswertung erschweren.

## Die Vorteile von Besprechungsarbeitsbereichen

Abhilfe schafft hier Microsoft SharePoint, womit sich im Intranet Ihrer Firma oder auch im Internet zentrale Teamsites anlegen lassen. Solche Sites können Sie auch direkt aus einer Besprechungsanfrage heraus anlegen und später von dort direkt aufrufen. Wenn Sie so mit Microsoft SharePoint eine Besprechung vorbereiten, heißt die dafür angelegte Website »Besprechungsarbeitsbereich«. Solche Bereiche bieten u.a. die folgenden Vorteile:

◎ Alle Daten liegen zentral an einem Ort, wie an einem schwarzen Brett. Sie müssen nicht mehr für die nächsten 20 Besprechungen Hunderte E-Mails mit allen Daten sortieren und verwalten, sondern finden jeweils *alle* Daten für die gesuchte Besprechung an *einem* Ort auf dem *aktuellsten* Stand.

◎ Auch alle relevanten Dokumente hinterlegen Sie hier zentral. Dabei gibt es Funktionen, mit denen ein Dokument als zur Bearbeitung gesperrt vermerkt werden kann. Andere wissen dann, dass sie es nicht gleichzeitig bearbeiten sollen, und können sich ggf. bei Ihnen zur Freigabe des Dokuments melden.

◎ Besprechungsarbeitsbereiche sind sehr einfach und intuitiv zu bedienen. Mit wenigen Mausklicks erstellen Sie z.B. Umfragen oder Diskussionen wie in einem Forum, die Ihnen eine ganze Flut von Mails ersparen und sich später viel leichter auswerten, überblicken und zusammenfassen lassen als einzelne Nachrichten im Posteingang.

◎ Sie können sich sofort (oder in bestimmten Zeitabständen) über das benachrichtigen lassen, was für Sie relevant ist, ohne von Mails über andere Änderungen überschüttet zu werden: Rainer schaut erst kurz vor der Besprechung zur Vorbereitung den dann aktuellen Stand an, der bereits etliche Überarbeitungen enthält, deren Verlauf für ihn jedoch nicht relevant ist – nur das Ergebnis zählt. Hans lässt sich einmal täglich in einer E-Mail zusammengefasst über alles informieren, was sich an den Dokumenten und Diskussionspunkten, für die er verantwortlich ist, geändert hat. Klara bekommt bei jeder eventuellen Änderung bezüglich ihres Tagesordnungspunktes sofort eine Mail, jedoch nicht für andere Aktualisierungen usw.

◎ Den Besprechungsarbeitsbereich können Sie mit wenigen Mausklicks direkt aus der Besprechungsanfrage in Outlook 2003-2010 heraus erstellen und später aus dem über die Besprechungsanfrage angelegten Termin wieder öffnen. Wer mit Outlook 2013, einer älteren Outlook-Version als 2003 oder mit anderen Programmen arbeitet, kann den Link aus der Einladungsmail in seinem Browser öffnen und damit trotzdem auf die Daten zugreifen. Da die Daten online liegen, können Sie (wenn Sie sich den entsprechenden Link notieren) auch von jedem anderen Rechner aus darauf zugreifen, falls Sie Ihren z.B. gerade nicht dabeihaben sollten (vorausgesetzt, der andere Rechner ist mit dem Internet bzw. Ihrem firmeninternen Intranet verbunden, in dem die Site abgelegt ist).

Zum Öffnen eines Besprechungsarbeitsbereichs (SharePoint-Site) benötigt jeder einen entsprechenden Benutzernamen und ein zugehöriges Passwort. Die einzelnen Benutzer können verschiedene Rechte besitzen, z.B. nur zum Lesen der Elemente, zusätzlich zum Verändern und Hinzufügen von Elementen oder zum Umgestalten des Arbeitsbereichs sowie Einladen neuer Benutzer und Verwalten der Rechte dieser Benutzer. Somit können Sie z.B. auch Ihren Kunden oder bestimmten Partnerunternehmen, die nicht auf Ihre sonstigen Netzwerkressourcen zugreifen können, Lese- oder sogar Schreibzugriff auf im Besprechungsarbeitsbereich abgelegte Informationen geben. Dazu muss die Site jedoch auch von außerhalb erreichbar sein. Wie dies in Ihrem Unternehmen gelöst ist, ob und wie man Sites von außen erreicht (z.B. über das Internet oder aber über einen speziellen Zugang zum Intranet für Externe) und wer wo und wie Benutzerrechte vergeben darf, erfragen Sie bitte bei Ihrem Systemadministrator.

### Lassen Sie sich automatisch über für Sie relevante Änderungen benachrichtigen

Damit Sie erfahren, wenn sich etwas geändert hat, ohne ständig manuell vergleichen zu müssen, sendet Ihnen der Besprechungsarbeitsbereich automatisch E-Mails. Bei manchen Tagesordnungspunkten, Adresslisten (usw.) ist es Ihnen völlig egal, ob diese vor der Besprechung geändert werden, während eine Änderung anderer Einträge für Sie interessant und wichtig ist. Damit Sie nicht mit lauter für Sie uninteressanten Änderungsnachrichten überschwemmt werden, können Sie Benachrichtigungen für jede Seite zur Anzeige einer SharePoint-Liste manuell einstellen und individuell festlegen, über was Sie wie oft informiert werden möchten.

### Nutzen Sie Dokumentbibliotheken

Wenn mehrere Kollegen dasselbe Dokument vor der eigentlichen Besprechung überarbeiten sollen, passiert dies laut Murphys Gesetz erst eine Woche lang gar nicht und dann immer genau gleichzeitig: Einer hat dann neue Slogans und Fotos, ein anderer aktuelle Zahlen/Daten und der Dritte das neue Konzept eingefügt, allerdings jeweils in die alte Datei. Man hat jetzt *drei* neue Dateien, von der in *jeder* die Daten der Kollegen veraltet sind, sodass *keine* aktuell ist. Das löst wiederum Mehrarbeit, weitere Mails und eine Woche später im Meeting das große Gesuche aus, welche Datei denn nun die letzte Version ist, in der endlich jemand alle Aktualisierungen in Kleinarbeit zusammengefügt hat ...

Hier die Lösung dieses Problems: Fügen Sie Ihrem Arbeitsbereich eine Dokumentbibliothek zum Verwalten gemeinsam benötigter Dateien hinzu. Besonders praktisch an Dokumentbibliotheken sind die Funktionen zum

◎ Diskutieren der Dokumente (statt separater E-Mails an alle sind so die Beiträge dort gesammelt, wo sie hingehören, und es wird nur der benachrichtigt, den es interessiert),

◎ Auschecken und Einchecken von Dokumenten (damit die Datei nur immer von einer Person gleichzeitig verändert wird),

◎ Anlegen und Einsehen eines Versionsverlaufs, der einen Überblick über eingecheckte Änderungen liefert und (falls konfiguriert) das Wiederherstellen älterer Versionen ermöglicht.

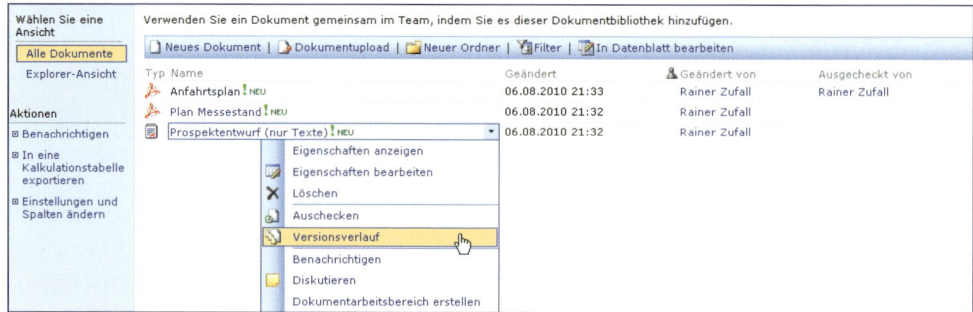

**Abbildung 5.11:** Nutzen Sie Dokumentbibliotheken, damit Änderungen durch mehrere Personen nachvollziehbar bleiben und nicht im Chaos enden

Über das Dropdownmenü zu einem Dokumenteintrag erhalten Sie Zugriff auf die oben angesprochenen Funktionen. Wenn Sie ein Dokument ausgecheckt haben, sehen die Kollegen, dass es bei Ihnen in Bearbeitung ist. Nachdem Sie den Befehl *Auschecken* gewählt haben, verwandelt er sich in *Einchecken*. Beim Einchecken haben Sie die Wahl, ob Sie

◎ die Änderungen verwerfen und das Auschecken rückgängig machen möchten,

◎ die bisherigen Dokumentänderungen zwar einstellen (um den Kollegen das Herunterladen der Aktualisierungen zu ermöglichen), das Dokument aber weiter zum Bearbeiten ausgecheckt lassen wollen oder

◎ die Änderungen einstellen und das Dokument wieder freigeben (als eingecheckt melden) möchten.

Dabei können Sie zusätzlich einen Kommentar eingeben, der später im Versionsverlauf zeigt, was Sie verändert haben.

### Entdecken Sie die Vorteile der weiteren SharePoint-Webparts

Sie können noch etliche weitere Webparts verwenden – die praktischsten und wichtigsten sind:

◎ *Kontakte*, Kontaktlisten mit Adressdaten z.B. von externen Ansprechpartnern, die Sie aus dem Outlook-Adressbuch importieren und ebenso in Outlook (ab Version 2003) als Kontakteordner einbinden können

◎ *Allgemeine Diskussion*, um Themen im Forum zu erörtern

◎ *Umfrage*, inkl. automatischer Auswertung und grafischer Darstellung der Ergebnisse z.B. für Abstimmungsprozesse im Vorfeld. Es stehen verschiedene Fragetypen (z.B. Auswahlliste, Ja/Nein, Bewertungsskala) zur Auswahl und Sie können festlegen, ob die Namen der Teilnehmer bei den Antworten sichtbar sind und Teilnehmer mehrfach abstimmen dürfen oder jeder nur einmal.

# Übungen

1. Erstellen Sie eine Besprechungsanfrage z.B. für Ihr nächstes Meeting oder ein geplantes Telefonat. Suchen Sie dazu freie Zeiten im Kalender der teilnehmenden Kollegen.

2. Bitten Sie einen Kollegen, Ihnen eine Besprechungsanfrage zu senden, schlagen Sie im Kalender die Zeit nach und sagen Sie zu bzw. schlagen Sie eine alternative Zeit vor.

3. Überprüfen Sie Ihre Besprechungen des nächsten Monats: Welche können Sie zusammenlegen, streichen oder durch eine Telekonferenz bzw. ein Live Meeting ersetzen? (Handeln Sie entsprechend.)

4. Wenn Sie mit Outlook 2007, 2010 oder 2013 arbeiten: Zeigen Sie die Termine für sich und zwei Kollegen in der Wochenansicht überlagert an und suchen Sie einen freien Termin. Stellen Sie dann Ihren Kalender rechts neben die überlagerten Kalender der Kollegen.

5. Tragen Sie fünf private Termine in den Kalender ein (z.B. Joggen, Yoga oder Outlook-Übung) und kennzeichnen Sie diese als privat.

# Die wichtigsten Neuerungen in Outlook 2013

Das Feld *Anzeigen als* bietet Ihnen jetzt eine Auswahlmöglichkeit mehr an und mit den sogenannten Websitepostfächern (welche außer Outlook 2013 auch Exchange 2013 und SharePoint Server 2013 benötigen) können Sie nicht nur E-Mails, sondern auch Dokumente direkt in Outlook teilen.

## Ein neuer Wert für *Anzeigen als*: *An anderem Ort tätig*

Outlook 2013 bietet Ihnen einen zusätzlich Wert für das Feld *Anzeigen als*, das Ihren Kollegen im Falle von Terminkonflikten bei der Einschätzung hilft, ob Sie einen geplanten Termin ggf. verschieben können (mehr zu diesem Feld weiter vorne in diesem Kapitel im ▶ Abschnitt »Nutzen Sie zur Kennzeichnung von Terminen das Feld *Anzeigen als*«).

Der jetzt zusätzlich mögliche Wert *An anderem Ort tätig* zeigt als Alternative zu *Beschäftigt*, dass Sie einen externen Termin haben. *Beschäftigt* nutzen Sie in Outlook 2013 für interne Termine im Büro, *An anderem Ort tätig* hingegen für Auswärtstermine: Sie sind zum Beispiel direkt vor und nach dem Termin für Web-Meetings und Telefonkonferenzen erreichbar, befinden sich aber an einem anderen Standort oder bei einem Kunden, sodass Sie nicht kurz persönlich vorbeikommen können wie bei einer Besprechung direkt im Konferenzraum neben Ihrem Büro.

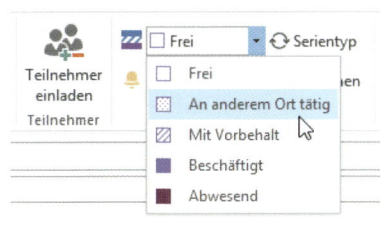

2013

Leider löst auch der neue Wert für das Feld *Anzeigen als* noch nicht alle Fragen hinsichtlich externer Termine: Reisen Sie per PKW an und ab und haben vor/nach dem Termin so viel Zeit, dass Sie bequem noch eine Telefonkonferenz vor/nach dem entsprechend gekennzeichneten Termin einschieben können? Oder kommen Sie direkt vom Flughafen bzw. müssen Sie sofort zum nächsten Termin aufbrechen? Diese Fragen können Sie klären, indem Sie auch Reisezeiten (An-/Abreise zum nächsten Termin) in Ihrem Kalender eintragen.

Auch wenn Sie jede Woche zwischen zwei Büros in München und Köln pendeln (welches von beiden ist dann der »andere Ort«?) und zwischendurch zu Kundenbesuchen und Besprechungen reisen, reicht das Feld allein nicht aus. Füllen Sie bitte immer das Feld *Ort* konsequent mit aus.

Es bringt leider wenig, wenn Sie einfach nur das Feld *Anzeigen als* so setzen, wie es Ihnen gefällt. Nur wenn Sie sich mit Ihren Kollegen einigen, wie Sie alle das Feld einheitlich benutzen – und nur wenn alle es dann auch entsprechend ausfüllen und bei Terminanfragen darauf achten – erleichtert es Ihnen die Planung im Team.

Vereinbaren Sie eindeutige »Spielregeln« für Besprechungsanfragen und eine einheitliche Kalenderführung in Ihrem Team – das ist am Anfang zwar etwas aufwändiger, lohnt sich aber auf Dauer sehr.

## Dokumente & E-Mails im Team teilen mit Websitepostfächern

Wenn Ihre IT-Abteilung Ihnen die neuen Websitepostfächer (benötigen außer Outlook 2013 auch Exchange 2013 und SharePoint Server 2013) zur Verfügung stellt, können Sie Dokumente und E-Mails in Zukunft einfacher direkt aus Outlook heraus im Team teilen und Redundanzen vermeiden. Sie können dann direkt aus Outlook-Ordnern auf Share-Point-Dokumente zugreifen und in Outlook für ein bestimmtes Projekt relevante E-Mails in einem Ordner ablegen, den Ihre Kolleginnen/Kollegen oder externe Dienstleister, wiederum im Webbrowser über den SharePoint-Arbeitsbereich öffnen.

Das Ganze sieht einfach nur aus wie ein paar zusätzliche E-Mail-Ordner und erleichtert das Arbeiten in verteilten Teams, da es die Funktionen von SharePoint und freigegebenen E-Mail-Ordnern kombiniert:

◎ E-Mails, die auch für andere Team-Mitglieder später wichtig sind, ziehen Sie einfach direkt auf das Websitepostfach als wäre es einer Ihrer anderen Ordner (z.B. drei der insgesamt 20 Nachrichten aus den letzten E-Mail-Dialogen mit Ihrem Kunden, die nach Auftragserteilung für die mit der Produktion beauftragte Kollegin und ein Jahr später für den Service relevant sein werden).

◎ Websitepostfächer haben eine eigene E-Mail-Adresse, sodass Sie eine E-Mail gleich beim Schreiben in Kopie an das Websitepostfach senden können, um sie dort abzulegen.

◎ Im Websitepostfach abgelegte Dokumente können Sie in Outlook ansehen wie E-Mails in einem E-Mail-Ordner. Dabei haben Sie z.B. einen gelesen/ungelesen-Status, das letzte Änderungsdatum des Dokuments und den Namen der Person, die das Dokument zuletzt geändert hat, zur Verfügung.

◎ Ziehen Sie mehrere Dokumente auf einmal per Drag&Drop aus dem Websitepostfach in eine E-Mail, um einen Hyperlink auf das Dokument einzufügen: Die Datei bleibt dabei zentral in SharePoint gespeichert. Sie und alle Empfänger der E-Mail sparen Speicherplatz, da Sie keine Kopie der Datei an alle, sondern nur einen Link versenden. Wenn im Lauf der nächsten Tage mehrere Personen das Dokument ändern, verweist der Hyperlink immer auf die neueste, aktuelle Version – obwohl diese nach dem Versand der E-Mail mehrfach aktualisiert wurde.

◎ Websitepostfächer sind also ein kleiner, aber durchaus hilfreicher Schritt, um Outlook und SharePoint weiter zu integrieren. Mehr zu SharePoint finden Sie ein paar Seiten weiter vorn in diesem Kapitel im ▶ Abschnitt » Nutzen Sie Besprechungsarbeitsbereiche zur Besprechungsvorbereitung«.

# 6

# »Ich hab alles im Kopf!« – OneNote als perfekte Ergänzung für Ziele, Ideen und Notizen

# Warum verschwinden wichtige Dokumente und Notizen ständig?

Sammeln Sie detaillierte Notizen und Besprechungsmitschriften ebenso wie Ideen, Ziele und grob skizzierte Pläne in einem digitalen Notizbuch: Mit Microsoft OneNote haben Sie so alle benötigten Daten ständig vor sich (auf dem Notebook auch unterwegs), Sie können eine Volltextsuche durchführen, behalten Folgeaktivitäten im Überblick und können Daten mit anderen Microsoft Office-Anwendungen austauschen.

## Rainer und die Philosophie

Es muss ein Paralleluniversum existieren, da ist sich Rainer ganz sicher. Eines, in dem alle Büroarbeiter ständig zu viele Dokumente haben und nicht die leiseste Ahnung, wo die herkommen. Durch ein Dimensionsloch wandern nämlich von unseren Schreibtischen völlig zufällig immer wieder einzelne Blätter dorthin. Dies scheint nach drei Stunden erfolgloser Suche zumindest die einzige verbleibende logische Erklärung zu sein, wo die drei seiner fünf Seiten Mitschrift mit den Detailwünschen für den Großauftrag aus dem letzten Kundentermin sind, auf die es gerade ankommt. Er hat alle Papierberge inzwischen mindestens zweimal, einige bestimmt sogar fünfmal durchwühlt.

Ab und zu kommen aber wenigstens einige der Dokumente zurück und tauchen Wochen später plötzlich an Orten auf, die man wirklich mehrfach genau nach ihnen abgesucht hatte. So hat er eben zumindest ein Blatt mit genialen Ideen für ein neues Projekt gefunden. Leider hatte er letzten Monat nur etwa die Hälfte davon aus dem Gedächtnis rekonstruieren können und nun ist es zu spät für den Rest, dabei waren wirklich tolle Gedanken dabei, deren Weiterverfolgung sich sehr gelohnt hätte. Aber was soll er auch tun? Er ist halt ein kreativer Denker, der mehr Freiheit braucht als stur zeilenweise getippten Text. Darum schreibt er immer wieder auf Zettel. Und denkt auch am Telefon manchmal auf der Rückseite benutzter Briefumschläge oder auf zur Hälfte mit anderen Themen beschriebenen Seiten mit, wenn gerade kein leeres Blatt zur Hand ist. Danach alles gleich zu übertragen wäre allerdings etwas mühsam, ein paar Stunden bis Tage liegt es ja auch noch direkt im Blick. Bis er einen der Stapel beim Suchen umschichtet, wieder 20 Seiten draufgelegt hat oder etwas runterfällt ...

Rainer ist zu viel unterwegs, um alles in Hängemappen oder Ablagekästen unterzubringen. Ständiges Ein- und Aussortieren vor jeder Reise nervt nicht nur, er hat unterwegs auch zu wenig Platz, um lauter Mappen unterzubringen, und keine Möglichkeit, die ganzen neuen, auf den langen Reisen gesammelten Dokumente und Notizen unterwegs vernünftig einzuordnen. Es gibt nur eine Lösung: Er müsste in seinem Notebook so kreativ und gehirngerecht Notizen und Pläne anfertigen können wie auf Papier.

Sie haben inzwischen gelernt, wie Microsoft Outlook Sie perfekt bei Ihrem E-Mail-Management und der Planung Ihrer Aufgaben und Termine unterstützt. Doch wohin mit ausgeklügelten Ideen, die Bilder und Skizzen enthalten? Wohin mit Gesprächsmitschriften, Zielen und grob skizzierten Plänen in Stichwortform? Meist landen diese auf Papier (das man ja für Verträge, Prospekte, Rechnungen und Formulare sowieso noch braucht und für das man irgendein Ablagesystem hat). Und oft findet man sie später nicht mehr wieder.

Auch ein hoch entwickeltes Ordnungssystem auf Papier stößt an seine Grenzen oder wird sehr mühsam zu handhaben, wenn man alle noch offenen Fragen und Folgeaufgaben über mehrere Bereiche auf einmal sehen möchte, auf elektronisch gespeicherte Dateien Bezug nehmen muss, unterwegs oder auch nur im Meeting nebenan viele Informationen im Zugriff benötigt sowie neu einsortieren will und immer wieder ein paar Zeilen, Daten und Bilder aus PC-Dokumenten einfügen möchte.

## Packen wir's an!

Um optimal mit Zielen, Ideen, groben Plänen, Detailnotizen und Besprechungsmitschriften arbeiten zu können, brauchen wir also ein Notizsystem, das uns Folgendes bietet:

◎ Intuitives Arbeiten wie auf Papier mit ausreichend großen Seiten, das der Kreativität freien Raum lässt und wenig Aufmerksamkeit bindet

◎ Textmarker und Malwerkzeuge

◎ Vorsortieren in mehreren Ebenen, gleichzeitig jedoch möglichst viel der Seite auf einmal zeigen

◎ Alles unterwegs auf einem Notebook nutzen und die Daten ohne viel Aufwand komplett sichern

◎ Schnelles automatisches Suchen in allen Bereichen sowie bestimmten Teilbereichen

◎ Übersicht über offene Aufgaben, Fragen, wichtige Merksätze usw. für mehrere Bereiche

◎ Dateien (Excel-Tabellen, Anfahrtsskizzen usw.) verknüpfen und einfaches Kopieren von Daten aus bzw. in andere Anwendungen, insbesondere Outlook (zur Planung von Aufgaben und Terminen)

# Endlich ein Platz für all Ihre Notizen – mit System

Wie viele gute Einfälle vergessen Sie einfach wieder oder setzen sie nie in die Tat um? Wie viele für Sie interessante und hilfreiche Informationen, die Sie bei Vorträgen hören, haben Sie ein paar Tage später wieder vergessen, wenn der Referent Sie keinen Aktionsplan erstellen oder zumindest Merksätze und Ziele aufschreiben lässt? Schreiben Sie wichtige Dinge unbedingt auf – und zwar strukturiert in ein System, das Ihnen beim Ordnen, Suchen und Überblicken der Notizen und bei Folgeaktivitäten hilft.

## Planen Sie mit System

Die beste Idee bringt nichts, wenn Sie sie im entscheidenden Moment wieder vergessen haben. Wenn Ihnen mitten in der Besprechungspause, während eines hektischen Messetags oder auf der Zugfahrt spontane kreative Ideen für ein neues Projekt, das ideale Geburtstagsgeschenk für einen Freund oder ein ganzer Schwall guter Detailideen für die Urlaubsreise mit den Kindern kommen, dann können Sie diese in einem gut organisierten Notizsystem gleich so unterbringen, dass nichts davon verloren geht.

Bedenken Sie die Grundsätze zum schriftlichen Planen in ▶ Kapitel 2. Halten Sie Ihre Pläne schriftlich fest, wie einen Vertrag mit sich selbst. Ihr Unterbewusstsein fühlt sich den Plänen so stärker verpflichtet. Mit einem Blick können Sie noch einmal Ihre Ziele für die kommenden Wochen oder das anstehende Meeting durchgehen und sich so innerlich darauf ausrichten. Planen Sie z.B. auch wichtige (Telefon-)Gespräche kurz vor und machen Sie sich nebenher Notizen. So können Sie nichts mehr vergessen oder durcheinanderwürfeln – sofern Sie es eindeutig aufgeschrieben haben und wiederfinden. Sie haben auch Wochen später die Inhalte exakt präsent und können Ihren Kopf für wichtigere Dinge freihalten.

### »Notes delayed are notes not made«

Die besten Ideen kommen uns meist nicht im Büro oder im Meeting, sondern immer dann, wenn das Unterbewusstsein die Informationen eine Zeit lang verarbeiten konnte und unser Gehirn eine Weile mit etwas anderem beschäftigt war. Oder gerade nicht so viel zu tun hat und nun die freien Kapazitäten nutzt: bei einem kurzen Spaziergang, abends beim Einschlafen (mitten im Meeting einschlafen hilft jedoch leider nicht), beim Joggen, unter der Dusche, beim Autofahren, am Flughafen auf dem Weg zum Gate usw. Haben Sie Ihr Notizsystem (z.B. ein Notebook mit OneNote) daher immer dabei, sodass Sie ein paar Minuten später bei nächster Gelegenheit die Idee eintragen können. Legen Sie sich einen »Zwischenspeicher« (mehr dazu gleich) für die Fälle zu, in denen Ihr großes Notizsystem gerade nicht verfügbar ist. Tragen Sie die Ideen in Ihr Notizsystem ein, damit Sie sie im nächsten Meeting, bei der Projektplanung usw. wieder präsent haben, wenn Sie damit weiterarbeiten können.

### Damit Ihre Notizen auch wirklich dann zur Hand sind, wenn Sie sie brauchen

◎ Schreiben Sie alles *sofort* auf, wenn es Ihnen einfällt – je später, desto ungenauer wird es, desto mehr haben Sie vergessen und desto mehr Energie und Konzentration benötigen Sie bis zum Niederschreiben, um sich den Rest möglichst detailliert zu merken.

◎ Genauso wertlos wie vergessene Notizen sind verlorene Notizen. Legen Sie sich ein *Ordnungssystem* zu, in dem Sie Informationen gezielt einordnen und wiederfinden. Für die Papierform gibt es hier Mappen mit verschiedenen Fächern, Trennblättern zur Unterteilung, farbigen Seiten usw. Auf Ihrem PC haben Sie zwar eine Suchfunktion, diese zu benutzen (und sich durch die ggf. riesige Ergebnismenge zu wühlen) dauert aber länger, als gezielt nachzuschlagen. Keine noch so gute Suche kann helfen, wenn Ihnen nicht mehr das passende Schlagwort oder ein Synonym aus dem Wörterbuch einfällt, sondern nur die thematische Umschreibung – wenn Sie hingegen alles Ihrem Denken entsprechend ablegen, dann finden Sie es im Bedarfsfall auch wieder. Vor allem aber hilft Ihnen das gezielte strukturierte Ablegen dabei, nicht alles wild durcheinander zu schreiben: So können Sie später die Notizen besser nutzen und sich in Suchergebnissen einfacher zurechtfinden.

◎ Schreiben Sie alles *gleich dorthin, wo es hingehört.* Haben Sie schon jemals normale Notizen später noch einmal sauber neu geschrieben, wenn dies nicht lebensnotwendig war? Oft wird Ihre erste Mitschrift Ihre endgültige Version sein bzw. nur geringfügig bearbeitet werden.

Ihr Notebook ist irgendwo in einem der drei Koffer verstaut, ihr Zug wird in einer Minute eintreffen und Sie müssen noch etwas aus dem gerade geführten Telefonat notieren? Der Akku ist leer? Während Sie zum Start des Fliegers elektronische Geräte ausschalten müssen – oder während Sie gerade auf dem Weg vom Schreibtisch zum Kaffeeautomaten sind –, kommen Ihnen zwei gute Ideen? Wenn Sie etwas gerade nicht dort aufschreiben können, wo es hingehört: Nehmen Sie notfalls einen »Zwischenspeicher« und schaffen Sie sich eine feste *Gewohnheit* zum Übertragen der Notizen.

Haben Sie immer einen kleinen Block mit Stift oder ein Klemmbrett, einen BlackBerry, ein Mobiltelefon mit Sprachnotizfunktion o.Ä. dabei. Machen Sie es sich zur Gewohnheit, die dort gespeicherten Notizen bei der nächsten Gelegenheit zu übertragen: wenn Sie an Ihrem Schreibtisch zurück sind oder wenn Sie im Zugabteil bzw. im Flieger Ihren Rechner wieder einschalten – falls der Akku leer bzw. alles zu hektisch war, spätestens abends direkt nach der Ankunft im Hotel (bzw. vor dem Verlassen des Büros). Streichen Sie die übertragenen Notizen danach (auf dem kleinen Block) durch bzw. löschen Sie sie (auf dem Sprachspeicher des Mobiltelefons), damit Sie nicht durcheinanderkommen, sondern ab sofort nur noch mit der in Ihrem »großen Notizsystem« gespeicherten Version weiterarbeiten. OneNote (das wir Ihnen in diesem Kapitel näher beschreiben) ist sogar als App für viele Smartphones verfügbar – so können Sie ein Notizbuch auf Ihrem Smartphone pflegen, das Sie in der Cloud ablegen und so auch von Ihrem PC aus immer im Zugriff und automatisch synchronisiert haben.

## Nutzen Sie trotz Notebook noch Papier für Notizen?

Outlook unterstützt Sie perfekt bei Ihrem E-Mail-Management und der Planung Ihrer Aufgaben und Termine. Von der Struktur her ähnelt Outlook einer hierauf spezialisierten Datenbank. Auf der einen Seite ermöglicht das die vielen Vorteile und Funktionen erst, auf der anderen Seite macht es jedoch das Verwalten von Informationen, die nicht in diese Struktur passen, eher umständlich und schwierig. Die Notizfunktion in Outlook ist eher ein Ersatz für kleine Post-It-Zettelchen. Sie können nur reinen Text eintragen und für ein anspruchsvolles Notizsystem stehen viel zu wenig Funktionen zur Verfügung.

Wenn Sie partout alles in Outlook verwalten möchten, können Sie ein wenig »um die Ecke gedacht« bestimmte Eintragstypen zweckentfremden. Beispielsweise lassen sich Ziele als *Kontakte* in einem separaten Ordner in Outlook eintragen (um diese mit Aufgaben, Terminen und E-Mails zu verknüpfen, die dann in den *Aktivitäten* aufgelistet werden). Für Notizen können Sie neue E-Mail-Ordner anlegen – so hat jeder Eintrag einen Betreff zur Übersicht, Sie können Dateien verknüpfen, Bilder einfügen sowie Textformatierungen nutzen. Für viele ist diese Methode schon deshalb schwer verwendbar, weil man ein Ziel plötzlich als Kontakt mit etlichen unpassenden Feldern speichert oder eigene Gedanken zu einem

Projekt in einer E-Mail, die man oft nie als solche versenden möchte. Doch auch sonst fehlen etliche Aspekte eines guten, in der Praxis tauglichen Notizsystems, vor allem die freie Seitengestaltung, anspruchsvollere Möglichkeiten für umfangreichere Notizen wie z.B. Gliederungen sowie ein Überblick über offene Folgeaktivitäten oder besonders wichtige Stellen und Gedanken.

Word eignet sich schon eher für umfangreiche Notizen, da es ein ausgefeilteres Seitenlayout, Gliederungsansichten und Mal-/Zeichenwerkzeuge bietet. Doch auch hier fehlen Aspekte eines guten Notizsystems und es kommen andere Nachteile hinzu: Word ist für mehr oder weniger große und lange Texte (ggf. mit Verweisen, automatischen Verzeichnissen usw.) zu jeweils einem Thema (z.B. ein Buch, ein Vertrag, ein Protokoll) optimiert, nicht jedoch für Hunderte mehr oder weniger lange Notizseiten, zwischen denen man schnell hin und her wechseln möchte. Auch die Notwendigkeit, seine Notizen in Word nach jeder Bearbeitung extra speichern zu müssen, nervt, bremst und birgt die Gefahr, Daten zu verlieren, wenn man es bei kurzen, kleinen Änderungen oder dem schnellen Wechsel zwischen verschiedenen Themenseiten mal vergisst.

Bestimmte Informationen landen daher immer wieder auf Papier, das uns zum Aufschreiben die nötige Freiheit gibt, aber erhebliche Probleme beim Sortieren, Suchen und schnellen Überblicken von Folgeaktivitäten und größeren Informationsmengen macht. Word und Outlook bieten nicht die nötige Freiheit und Flexibilität für ein optimales Notizsystem. Papier erschwert wiederum das Weiterarbeiten, Mitnehmen und spätere Wiederfinden der Notizen. Um nicht nur die Hälfte, sondern alle der im Abschnitt »Packen wir's an« erwähnten Anforderungen zu erfüllen, muss ein anderes Notizsystem her.

## Entdecken Sie die Vorteile von OneNote

Dieses System existiert inzwischen endlich: Microsoft OneNote. Es ist eine neue Art von Programm, die sich am besten mit »digitales Notizbuch« beschreiben lässt. Für die Bearbeitung langer Textdateien oder aller Termine und E-Mails ist es denkbar ungeeignet, hier bleiben Word und Outlook die spezialisierten Programme, die diesen Zweck am besten erfüllen. Dafür liefert OneNote endlich ein nahezu perfektes digitales Notizsystem – genau zu diesem Zweck wurde es geschaffen. Es erfüllt alle in »Packen wir's an« erwähnten Anforderungen und bietet weitere Vorteile; die wichtigsten sind:

◎ Schneller Wechsel zwischen den Seiten und alle Seiten auf einmal im Zugriff, ohne ständig zu öffnen und zu speichern; Einsortieren der Seiten in mehreren Ordnerebenen und in Abschnitten

◎ Freies Platzieren der Informationen auf der Seite (ohne feste Eingabefelder bzw. nicht nur Zeile für Zeile)

◎ Farben, Bilder, Textmarker, Skizzen, Stifte zum Unterstreichen/Einkreisen und handschriftliche Notizen

◎ Auf bestimmte Bereiche beschränkte Suche von Informationen sowie schnelles und einfaches Veröffentlichen

◎ Einfacher Datenaustausch mit anderen Anwendungen und Einfügen von Dateiverknüpfungen

◎ Spezielle Notizkennzeichen für Daten wie z.B. offene Fragen, Merksätze und Aufgaben, die für einzelne/mehrere Seiten, bestimmte Abschnitte oder Ordner zusammengefasst werden können

◎ Diese Vorteile sind auf jedem Desktop-PC und Notebook verfügbar. Auf einem Tablet-PC ist zudem durch die Stiftbedienung das Arbeiten wie auf Papier möglich – erweitert um die digitalen Funktionen.

Auf den folgenden Seiten dieses Kapitels zeigen wir Ihnen nun neben den Grundfunktionen von OneNote, wie Sie mit dem Programm Ihre Notizen, Ideen, Besprechungsmitschriften und Ziele optimal verwalten – alles, was eine »Detailebene unter« Outlook steht bzw. eine »Planungsebene darüber« (z.B. noch unkonkret, reine Ideensammlung, völlig ohne Zeithorizonte oder Sammlung vieler verschiedener Themen, Impulse und Folgeaktivitäten als Seminarmitschrift). Entdecken Sie die Vorteile, Möglichkeiten und das Potenzial von OneNote sowie die Zusammenarbeit mit anderen Anwendungen wie z.B. Outloo k.

# Grundlagen zu Notizen in OneNote

OneNote 2003, 2007 und 2010/2013 unterscheiden sich deutlich. Zudem war OneNote in den meisten Office 2003/2007-Paketen nicht enthalten, sondern musste separat erworben werden. Wir werden Ihnen daher OneNote nur in der Version 2010/2013 vorstellen – so ist der Platz dieses Kapitels optimal genutzt, um Ihnen die Grundlagen und wichtigsten Zeitplanungstipps zu zeigen. OneNote 2013 bietet fast die gleichen Funktionen wie OneNote 2010 – es sieht ein bisschen anders aus, fast alle Befehle heißen und funktionieren jedoch gleich und die Menüs/Schaltflächen sehen denen in OneNote 2010 sehr ähnlich. Wenn Sie mit Outlook 2007/2003 arbeiten und OneNote separat erwerben müssen, greifen Sie am besten gleich zu einer der hier gezeigten neueren Versionen. Die können Sie auch benutzen, wenn Sie eine ältere Outlook-Version einsetzen, nur sind dann nicht alle in Outlook 2010/ 2013 verfügbaren Funktionen zur Integration von OneNote vorhanden (da z.B. Outlook 2003 keine direkt mit OneNote verbundenen Aufgaben kennt, die den Erledigungsstatus zwischen Outlook und OneNote synchronisieren, ist mit Outlook 2003 diese Funktion nicht nutzbar – egal ob Sie OneNote 2003, 2007 oder 2010/2013 verwenden).

Da OneNote für viele Anwender neu ist, beginnen wir mit den Grundlagen der Bedienung. Auf den ersten Blick sieht OneNote mit seinen vielen Funktionen und Schaltflächen nach einem Klick auf eine der wie Menüpunkte aussehenden Registerkarten vielleicht verwirrend aus – doch wer die wichtigsten Funktionen aus Word kennt, wird auch mit OneNote sehr schnell zurechtkommen, wenn er einmal die Hauptunterschiede und neuen Funktionen kennengelernt hat.

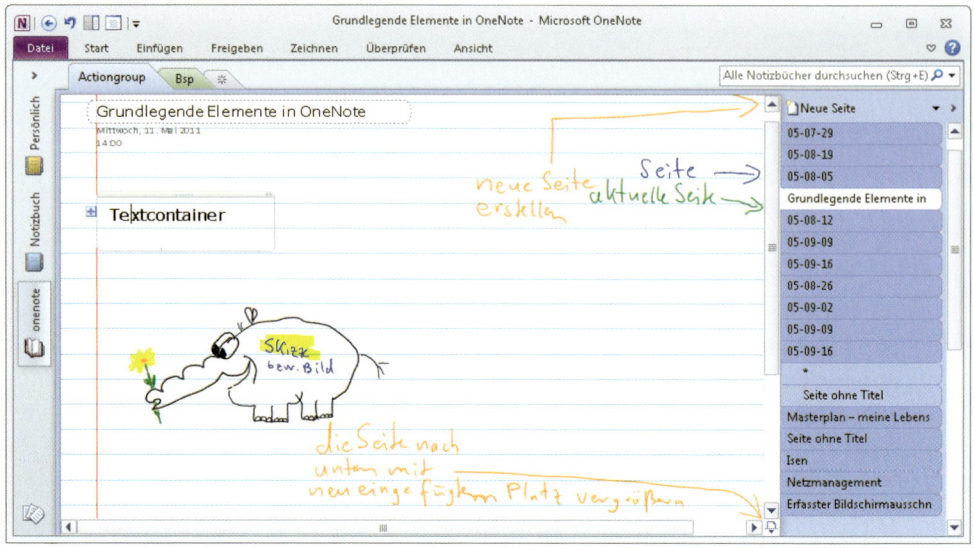

**Abbildung 6.1:** Nutzen Sie freies Gestalten wie auf Papier, gepaart mit elektronischer Präzision und Ordnung

## Nutzen Sie die digitale Notizbuchstruktur

OneNote ist wie ein digitaler Notizblock aufgebaut – ein professionelles Zeitplanbuch, das um elektronische Spezialfunktionen erweitert wurde. Gute Zeitplanbücher bieten Trennseiten, die wie Karteireiter bzw. Registerkarten das schnelle Aufschlagen bestimmter Abschnitte innerhalb der eingehefteten Seiten ermöglichen. So haben Sie mit einem Griff Ihre Projekte, Meetingnotizen oder Ziele vor sich. OneNote bildet diese Struktur in erweiterter Form (z.B. Ordner und Unterseiten) nach.

### Der Aufbau Ihres Notizbuchs

OneNote stellt Ihnen Seiten, Unterseiten, Abschnitte und Ordner zur Verfügung (siehe Abbildung 6.1, einige dieser Begriffe finden Sie in der Abbildung in blauer Schrift mit einem Pfeil, der auf das entsprechende Element zeigt).

◎ Das grundlegende Element ist eine *Seite*. Sie können sich hier ganz frei wie auf einem Blatt Papier austoben und im Hintergrund bei Bedarf Linien oder Kästchen einblenden.

◎ Im rechten oberen Teil der Seite finden Sie den zugehörigen *Seitentitel*. Dieser hilft Ihnen, die Seite über die kleinen Registerkarten rechts am Rand schnell zu finden und wieder aufzuschlagen.

◎ Eine *Unterseite* ist zwar eine separate Seite mit eigenen Informationen, wird am rechten Rand aber eingerückt angezeigt und hilft Ihnen daher bei der weiteren Strukturierung Ihrer Notizen.

◎ Ein *Abschnitt* ( Abschnitt ) fasst wie die Registerkarten im Papierplaner mehrere Seiten zusammen. Am rechten Programmfensterrand sehen Sie die Titel aller Seiten des Abschnitts, die Sie so direkt mit einem Klick auf den Titel aufschlagen können.

◎ Ein *Notizbuch* [ Notizbuch ] enthält mehrere Abschnitte. Sie nutzen es zur thematischen Gliederung Ihrer Abschnitte (z.B. ein Notizbuch für Projekte, eines für Ihre Urlaubsplanungen usw.).

## Wozu dienen Unterseiten?

Durch das Anlegen von Unterseiten vermeiden Sie ständiges Scrollen, indem Sie einfach eine neue Unterseite anlegen, anstatt die eigentliche Seite nach unten zu verlängern. Der Vorteil: Sie können die Unterseite jederzeit durch Klick auf ihren Titel (in der Liste der Seitentitel des aktuellen Abschnitts) am rechten Programmfensterrand direkt aufschlagen. Der Nachteil: Je mehr Unterseiten Sie anlegen, desto schneller ist die Liste der direkt mit Klick aufschlagbaren Seitentitel am Programmfensterrand voll (dann müssen Sie scrollen, um die unteren zu sehen). Nutzen Sie Unterseiten daher z.B., wenn Sie Besprechungsmitschriften auf einer Seite zusammenhalten und in bestimmten Besprechungen wichtige Themen direkt aufschlagen und in einem eigenen Bereich zusammenhalten möchten. Die Titel der Unterseiten sind rechts am Rand im Vergleich zu den Titeln der Hauptseiten ca. drei Buchstaben breit nach rechts eingerückt. Wenn Sie mit der rechten Maustaste auf eine Unterseite (oder eine Hauptseite, zu der Unterseiten existieren) klicken, können Sie im Kontextmenü den Befehl *Unterseiten reduzieren* wählen. OneNote blendet die Unterseiten dann in der Liste der Seitentitel aus und zeigt rechts neben dem Namen der Hauptseite eine kleine, nach unten zeigende Pfeilspitze an. Klicken Sie auf diese Pfeilspitze, um die Unterseiten wieder einzublenden.

## Notizbuch vs. Abschnitt

Ein Abschnitt enthält eine oder mehrere Seiten mit Unterseiten, die Sie thematisch zusammenhalten möchten. Ein Notizbuch enthält selbst nicht direkt Seiten, sondern nur Abschnitte (die dann die Seiten enthalten). Notizbücher dienen als weitere Ebene zur Unterteilung. Ausserdem kann z.B. ein Notizbuch auf Ihrer Festplatte liegen und nur für Sie verfügbar sein, während Sie ein anderes Notizbuch online ablegen und für Kollegen freigeben oder mit einer OneNote-App für Ihr Smartphone darauf zugreifen.

## Entwickeln Sie eine Struktur für Ihr Notizbuch

Ein Notizbuch *Messe* könnte beispielsweise einen Abschnitt mit generellen Ideen und Erfahrungen beinhalten sowie weitere Abschnitte zu einzelnen Messen wie *CeBIT 2012*, *CeBIT 2013* usw. In diesen Abschnitten legen Sie dann Seiten für Gesprächsnotizen an Ihrem Stand, an fremden Ständen, besuchte Vorträge, den Aufbau Ihres Messestands, die Reiseplanung, die Vorbereitung sowie die Nachbereitung der Messe im betreffenden Jahr an. Diese Struktur muss zu Ihrer individuellen Denk- und Arbeitsweise passen, damit Sie alles intuitiv schnell einordnen und wiederfinden können. Beachten Sie unsere Beispiele und Vorschläge für das Erstellen eines Kategoriensystems in ▶ Kapitel 3 und einer Ordnerstruktur in ▶ Kapitel 1, um Ihr eigenes System zu entwickeln – am besten mit einem Kollegen zusammen, der in einem ähnlichen Bereich arbeitet wie Sie.

### Notizbücher mit anderen Teilen

Wenn Sie auf die Registerkarte *Datei* klicken und dort den Befehl *Neu* wählen, können Sie ein neues Notizbuch nicht nur auf Ihrem lokalen PC (*Arbeitsplatz*), sondern auch im firmeninternen *Netzwerk* oder im *Web* (z.B. in SharePoint) ablegen. Im Web gespeicherte Notizbücher können Sie nicht nur auf mehreren PCs benutzen (z.B. Büro-PC, Notebook und kleines Netbook für unterwegs), sondern auch für andere Benutzer freigeben, die nicht mit Ihnen auf das gleiche Firmennetzwerk zugreifen können (z.B. Kunden, Lieferanten, Freunde, Ihr Ehepartner oder Kollegen aus dem Sportverein, mit denen Sie per OneNote im Web das große Sommerfest vorbereiten).

## Mit Abschnitten, Notizbüchern und Seiten arbeiten

### So erstellen Sie neue Abschnitte

1. Klicken Sie auf die ganz rechts neben dem Titel Ihres letzten Abschnitts angezeigte Schaltfläche *Neuer Abschnitt* .

2. OneNote fügt in der Liste der Abschnitte (über der Seite) rechts neben dem aktuell geöffneten Abschnitt nun den neuen Abschnitt bzw. Ordner ein und markiert dessen gesamten Namen (blau unterlegt). Geben Sie einen neuen Namen ein und bestätigen Sie mit ⏎ (oder klicken Sie auf einen beliebigen Teil der aktuellen Seite, um den Abschnitt später umzubenennen).

### So erstellen Sie neue Seiten und Unterseiten

Verwenden Sie die Schaltfläche *Neue Seite* (2010)/*Seite hinzufügen* (2013), die sich am rechten Programmfensterrand über der Liste der Seitentitel des aktuellen Abschnitts befindet. Klicken Sie auf die Bezeichnung der Schaltfläche, um eine neue Seite am Ende des aktuellen Abschnitts einzufügen, oder in OneNote 2010 auf den Dropdownpfeil am rechten Rand der Schaltfläche, um eine *neue Unterseite* für die aktuell geöffnete Seite einzufügen. In OneNote 2013 erstellen Sie eine Unterseite zuerst als normale Seite und klicken dann rechts am Rand in der Liste aller Seitentitel auf den gewünschten Seitentitel – entweder mit der linken Maustaste, die Sie gedrückt halten während Sie die Maus nach rechts ziehen, um den Titel als Unterseite einzurücken, oder mit der rechten Maustaste und wählen dann *Als Unterseite verwenden* aus dem Kontextmenü.

### So navigieren Sie durch Abschnitte und Notizbücher

◎ Klicken Sie auf den Namen eines Abschnitts/Notizbuches, um ihn/es zu öffnen.

Passen nicht alle enthaltenen Abschnitte nebeneinander auf den Bildschirm, klicken Sie auf den dann sichtbaren Dropdownpfeil (mit den drei Punkten davor) rechts neben der äußeren Registerkarte.

◎ Um einen im aktuellen Notizbuch nicht enthaltenen Abschnitt direkt zu öffnen, klicken Sie links am Rand des OneNote-Fensters direkt unter dem Menüband/der Registerkarte *DATEI* auf den kleinen Pfeil, um die Liste Ihrer Notizbücher und der darin enthaltenen Abschnitte zu öffnen und wählen ihn dann in der sich daraufhin öffnenden Liste aus.

◎ Wieder zum vorher geöffneten Notizbuch/Abschnitt gelangen Sie mit der Schaltfläche *Zurück* ganz links oben.

### So schlagen Sie gezielt Seiten und Unterseiten auf

◎ Klicken Sie einen der Seitentitel in der Seitenregisterkartenleiste am rechten Programmfensterrand an, um diese Seite aufzuschlagen.

Passen die Titel aller Seiten des aktuellen Abschnitts nicht untereinander auf den Bildschirm, sehen Sie rechts neben den Seitentiteln eine Bildlaufleiste, um durch die Liste zu scrollen.

### So verschieben/kopieren Sie eine Seite

◎ Klicken Sie mit der rechten Maustaste auf die Seite in der Liste der Seitentitel, wählen Sie dann im Kontextmenü *Verschieben oder kopieren* und anschließend das Ziel. In diesem Kontextmenü finden Sie außerdem die Befehle zum *Ausschneiden*, *Einfügen* und *Löschen* der Seite.

Sie können auch mit ⬧ bzw. Strg mehrere Seiten gleichzeitig markieren, bevor Sie dann den obigen Schritt für alle diese Seiten in einem Arbeitsgang ausführen.

Um die Seite innerhalb des aktuellen Abschnitts zu verschieben, gehen Sie wie folgt vor:

1. Klicken Sie mit der linken Maustaste auf den Seitentitel und halten Sie die Maustaste gedrückt.

2. Ziehen Sie die Seite nun an die gewünschte Position.

## So füllen Sie Ihre Seiten

OneNote ordnet Elemente auf der Seite in frei verschiebbaren und kombinierbaren *Containern* an. Ein Container kann z.B. Text oder ein Bild bzw. beides enthalten.

Wenn Sie als aktuelles Werkzeug statt eines Zeichenstifts das Eingabe-/Auswahltool (ganz links auf der Registerkarte *Zeichnen,* in OneNote 2013 mit *Typ* beschriftet) aktiviert haben, werden um alle Container farblich leicht abgesetzte Rahmen sichtbar. Der aktuell gewählte Container hat eine etwas dunklere Leiste am oberen Rand. Sobald Sie den Mauszeiger auf diese Leiste bewegen, verändert sich der Zeiger in einen Vierfachpfeil, mit dem Sie bei gedrückter Maustaste den Container verschieben können. Außerdem können Sie auf den rechten Rand des Containers zeigen und mit gedrückter Maustaste seine Breite ändern.

◎ Wenn Sie Text innerhalb eines Containers verschieben möchten, können Sie ihn wie aus Word gewohnt z.B. markieren, ausschneiden und einfügen. Zusätzlich hat in OneNote jeder Absatz ein sogenanntes *Absatzhandle*. Sobald Sie mit der Maus über einen Absatz fahren, zeigt OneNote links vor der ersten Zeile einen kleinen, blau unterlegten Kasten mit Vierfachpfeil an. Klicken Sie auf dieses Kästchen und verschieben Sie es mit gedrückter Maustaste, um den Absatz im Container absatzweise nach oben oder unten zu bewegen bzw. unterhalb anderer Absätze einen Schritt nach rechts einzurücken. Sie können den Absatz auch durch Bewegen des Absatzhandles in einen anderen Container ziehen oder in einem freien Bereich der Seite ablegen (OneNote erstellt dann einen neuen Container für den Text).

## Textfunktionen

◎ Klicken Sie in einen bestehenden Container zum Hinzufügen von Text oder auf einen freien Teil der Seite, um neuen Text in einen neu angelegten Container einzugeben.

◎ Sie können wie aus Word gewohnt den Text mit den Funktionen auf der Registerkarte *Start* formatieren:

◎ Wenn Sie bei einer Liste mit Aufzählungspunkten bzw. einer Nummerierung ein anderes Aufzählungszeichen bzw. eine andere Art der Nummerierung verwenden möchten: Klicken Sie auf den Dropdownpfeil neben der jeweiligen Schaltfläche ( , ), um ein entsprechendes Auswahlmenü zu öffnen.

## Bilder einfügen, verschieben und skalieren

◎ Sie können auf verschiedene Arten Bilder in OneNote einfügen und damit arbeiten:

  ◎ Kopieren Sie ein Bild z.B. in Ihrem Grafikprogramm in die Zwischenablage, klicken Sie dann auf die Seite, auf der Sie es in einen damit neu erstellten Container einfügen möchten, und drücken Sie `Strg`+`V`.

  ◎ Um ein Bild von Ihrer Festplatte (bzw. einer CD oder einem Netzlaufwerk) einzufügen, klicken Sie auf der Registerkarte *Einfügen* in der Gruppe *Bilder* auf die Schaltfläche *Bild/Bilder*.

  ◎ Um ein Bild von einem Scanner oder einer angeschlossenen Kamera einzufügen, klicken Sie auf der Registerkarte *Einfügen* in der Gruppe *Dateien* auf die Schaltfläche *Scannerausdruck* (2010) bzw. in der Gruppe *Bilder* auf *Gescanntes Bild* (2013).

  ◎ Auch Bilder können Sie in Containern bzw. frei auf der Seite *bewegen*. Klicken Sie auf das Bild, um es zu markieren, und verschieben Sie es anschließend mit gedrückter linker Maustaste an die neue Position.

◎ Zum *Skalieren* eines Bildes gehen Sie wie folgt vor: Fahren Sie mit der Maus auf eines der kleinen blauen Rechtecke am Rand des Markierungsrahmens (in jeder Ecke sowie an jeder Seite in der Mitte zwischen den Ecken befindet sich eines), bis sich der Mauszeiger in einen Doppelpfeil verändert. Halten Sie nun die linke Maustaste gedrückt und ziehen Sie das Bild auf die gewünschte Größe auf.

## So fügen Sie Bildschirmfotos in OneNote ein

Möchten Sie z.B. für einen Kollegen Hinweise und Tipps zu einem bestimmten Menü, Dialogfeld oder einer Symbolleiste aufzeichnen oder lassen sich die angezeigten Inhalte einer bestimmten anderen Anwendung nicht ohne Weiteres exportieren, hilft Ihnen die Bildschirmfotofunktion von OneNote:

1. Klicken Sie an die gewünschte Einfügeposition auf der Seite, um einen neuen Container zu erstellen.

2. Öffnen Sie die zu fotografierende Anwendung und stellen Sie diese entsprechend ein (öffnen Sie z.B. das betreffende Dialogfeld).

3. Drücken Sie ⌷Alt⌷ + ⌷⇆⌷, um wieder zu OneNote zu wechseln.

   Klicken Sie auf der Registerkarte *Einfügen* in der Gruppe *Bilder* auf die Schaltfläche *Bildschirmausschnitt*. OneNote zeigt nun die andere Anwendung mit einer Art »Grauschleier« im Vordergrund und Sie sehen auf dem Bildschirm ein Zielkreuz, das Sie mit der Maus bewegen können.

4. Platzieren Sie das Zielkreuz in einer Ecke des zu fotografierenden Ausschnitts (z.B. rechts unten im Dialogfeld).

5. Ziehen Sie dann mit gedrückter Maustaste in die gegenüberliegende Ecke des zu fotografierenden Ausschnitts.

   OneNote zeigt dabei einen Rahmen um den aktuell gewählten Bereich und entfernt innerhalb des Bereichs den »Grauschleier«.

6. Sobald Sie die Maustaste loslassen, erscheint OneNote wieder im Vordergrund und fügt das Bildschirmfoto des gewählten Bereichs an der aktuellen Cursorposition auf der (OneNote-)Seite ein.

# Verwenden Sie Zeichenstifte, Textmarker und Farben

Sorgen Sie mit verschiedenen Farben für mehr Übersicht, um sich sofort beim Aufschlagen einer Seite zurechtzufinden, Schlüsselwörter/-passagen hervorzuheben und verschiedenartige Ideen auf der Seite nach Farben zu trennen. Beispielsweise könnten Sie in einem Seminar in den folgenden vier Farben mitschreiben:

◎ Schwarz für alle normalen Infos

◎ Rot für das, was Sie unbedingt und von allen Inhalten zuerst aufarbeiten möchten

◎ Grün für Beispiele bzw. Ideen, wie Sie das Ganze bereits konkret auf eines Ihrer Projekte anwenden

◎ Blau für Gedanken, die Ihnen bei den behandelten Themen und Methoden zu anderen Bereichen kommen (z.B. in einem Vortrag über rückengerechtes Arbeiten eine tolle Illustrationsmethode des Referenten, die Sie in ähnlicher Weise in Ihre Produktpräsentation beim Kunden einbauen können)

## So färben Sie eingegebenen Text

1. Markieren Sie den gewünschten Text, sodass OneNote ihn blau unterlegt darstellt:

   ◎ Durch Anklicken der Containerleiste (oberer Rand) wird der gesamte Inhalt markiert.

   ◎ Beliebige Buchstaben bzw. Wörter/Wortteile markieren Sie, indem Sie vor dem ersten Buchstaben in den Text klicken, die Maustaste gedrückt halten, und dann mit gedrückter Maustaste bis zum letzten Buchstaben ziehen.

   ◎ Durch Doppelklick auf ein Wort wird das ganze Wort markiert.

◎ Durch Dreifachklick auf ein Wort wird der gesamte Absatz, in dem sich das Wort befindet, markiert.

2. Klicken Sie auf der Registerkarte *Start* in der Gruppe *Basistext/Text* auf den Dropdownpfeil der Schaltfläche *Schriftfarbe* und wählen Sie dann die gewünschte Farbe in der Farbpalette aus.

Alternativ können Sie auch folgende Methode nutzen: Sobald Sie Text markieren, blendet OneNote 2010 die zu etwa 70% transparente Minisymbolleiste zum Formatieren des Textes oberhalb der aktuellen Mauszeigerposition ein (etwas schlecht zu erkennen und sobald Sie die Maus in eine andere Richtung als direkt darauf zu bewegen, verschwindet diese »Geistersymbolleiste« sofort wieder – vielen Leuten fällt sie daher in der Eile beim Arbeiten kaum auf, einige halten sie für eine optische Täuschung oder einen Programmfehler …). Bewegen Sie den Mauszeiger auf diese Symbolleiste zu. Sobald Sie sie erreichen, wird sie undurchsichtig dargestellt. In OneNote 2013 ist die Minisymbolleiste sofort gut sichtbar, wenn Sie Text markieren und verschwindet erst, wenn Sie die Maus von ihr wegbewegen. Klicken Sie jetzt in der Minisymbolleiste einfach auf den Dropdownpfeil der Schaltfläche *Schriftfarbe* und wählen Sie die gewünschte Farbe aus.

**Abbildung 6.2:** Die Minisymbolleiste im Einsatz

3. Um nicht den Text selbst zu färben, sondern farbig zu hinterlegen, verwenden Sie die Farbpalette der Schaltfläche *Texthervorhebungsfarbe* (), die Sie über den Dropdownpfeil der Schaltfläche öffnen. (Um diese farbige Markierung wieder zu entfernen, wählen Sie unterhalb der Palette den Eintrag *Keine Farbe*.)

### So verwenden Sie Textmarker und Zeichenstifte

1. Klicken Sie auf der Registerkarte *Zeichnen* auf einen der Stifte in der Gruppe *Tools*:

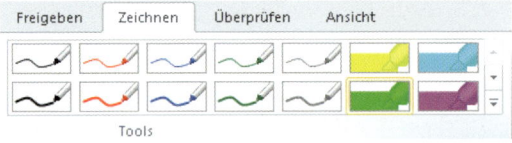

Der Mauszeiger verwandelt sich nun in eine Stiftspitze der entsprechenden Größe/ Stärke und Farbe. Textmarker sind einfach besonders dicke Stifte (Verhalten identisch) in etwas helleren Farben.

2. Sobald Sie mit der Maus klicken, zeichnen Sie an der entsprechenden Position auf dem Bildschirm, bis Sie die Maustaste wieder loslassen. (Falls Sie einen Tablet-PC benutzen,

zeichnen Sie einfach mit dem Eingabestift wie auf Papier, indem Sie den Bildschirm berühren.)

◎ Um den Stiftmodus wieder zu beenden, klicken Sie auf der Registerkarte *Zeichnen* ganz links am Rand auf die Schaltfläche *Auswählen und eingeben* (2010) bzw. *Typ* (2013).

◎ Um eine gesamte Zeichnung wieder zu löschen, aktivieren Sie das Eingabe-/Auswahl-tool (Schaltfläche *Auswählen und eingeben* bzw. *Typ*), ziehen mit gedrückter Maustaste einen Rahmen um die Zeichnung auf und drücken dann `Entf`.

◎ Möchten Sie nur Teile einer Zeichnung löschen (oder wenn es zu schwierig ist, einen Rahmen um ein mitten zwischen anderen Zeichnungen liegendes Element zu ziehen), klicken Sie zunächst auf die Schaltfläche *Radierer*. Mit einem Klick auf den Dropdown-pfeil der Schaltfläche stehen verschiedene Radierergrößen zur Auswahl. Der Radierer funktioniert wie ein Stift, der bei gedrückter Maustaste die Eingaben anderer Stifte/Textmarker an der aktuellen Position entfernt.

Bei allen in diesem Kapitel gezeigten Anleitungen gehen wir immer vom Modus *Auswählen und eingeben* aus, sofern nicht ausdrücklich anders erwähnt. Schalten Sie diesen Modus nach der Stiftbenutzung daher immer wie oben gezeigt ein.

## So verankern Sie ein Bild als Hintergrund

Ein Hintergrundbild einzufügen, damit die Seite schöner aussieht, ist Geschmackssache. Sehr praktisch ist dies Vorgehen jedoch, um ein Bild mit dem Textwerkzeug zu beschriften und Teile des Bildes mit den oben gezeigten Zeichenwerkzeugen einzukreisen, durch Pfeile zu markieren, handschriftliche Anmerkungen hinzuzufügen oder bestimmte Teile mit Text-markern hervorzuheben. OneNote setzt eingefügte Bilder in einen Container, sodass z.B. Text über dem Bild bei einer Ergänzung des Textes das Bild automatisch nach unten ver-schiebt und es somit in den Textfluss integriert ist. Dieses Verhalten können Sie umgehen, indem Sie das Bild als Hintergrund auf die Seite legen, sodass Sie darauf schreiben und zeichnen können. Zudem können Sie um das Bild herum befindliche Elemente nun leichter auswählen, ohne dabei versehentlich das Bild zu markieren bzw. zu verschieben, da Sie das in den Hintergrund gelegte Bild nicht mehr verschieben oder markieren können, bis Sie es wieder aus dem Hintergrund lösen.

1. Fügen Sie zunächst wie gewohnt ein Bild ein und klicken Sie dann darauf, sodass ein Markierungsrahmen um das Bild erscheint.

2. Ziehen Sie das Bild mit gedrückter Maustaste *aus dem Container heraus* an die gewünschte Position (wichtig: *nicht* an eine freie Stelle *in* einem anderen Container).

3. Klicken Sie mit der rechten Maustaste auf das Bild und wählen Sie dann im Kontext-menü den Befehl *Bild als Hintergrund festlegen*.

4. Sie können nun beliebig Text, Zeichnungen, Textmarkermarkierungen und handschrift-liche Anmerkungen direkt auf das Bild setzen. Möchten Sie es später doch wieder ver-schieben oder löschen, klicken Sie wieder mit der rechten Maustaste auf das Bild und entfernen das Häkchen vor *Bild als Hintergrund festlegen*.

**Abbildung 6.3:** Legen Sie ein Bild als Hintergrund fest, um darauf zu skizzieren, zu schreiben und Teile zu markieren

### So fügen Sie Dokumente als Bilder ein

Wenn Sie des Öfteren Dokumente (wie z.B. einen längeren Text in Word) ausdrucken, um dann mit Stiften und Textmarkern auf Papier Hervorhebungen, Pfeile, Symbole, Durchstreichungen, Einfügemarken und handschriftliche Anmerkungen hinzuzufügen, können Sie dies in OneNote komplett elektronisch erledigen. Damit der Text wie auf Papier genau *da* bleibt, *wo* er ist, und *genauso* bleibt, *wie* er ist, ohne z.B. beim Darübermalen von Pfeilen zu verrutschen, legen Sie ihn als Hintergrundbild fest.

1. Klicken Sie auf der Registerkarte *Einfügen* in der Gruppe *Dateien* auf die Schaltfläche *Dateiausdruck*.

2. Wählen Sie im Dialogfeld *Einzufügendes Dokument wählen* eine Word-, PowerPoint-, Excel- oder reine Textdatei aus und klicken Sie dann auf die Schaltfläche *Einfügen*.

3. OneNote fügt nun einen Hyperlink auf die Datei als Quellnachweis ein, mit dem Sie schnell das Original öffnen können. Darunter fügt es die einzelnen Seiten der Datei als Bilder (bereits ohne Container) ein. Legen Sie einzelne dieser Bilder wie eben beschrieben als Hintergrund fest und löschen Sie nicht benötigte Teile des Dokuments.

Sie können nun beliebig mit Textmarkern, Zeichenstiften, Texteingaben über die Tastatur und handschriftlichen Anmerkungen in allen verfügbaren Farben an dem Dokument arbeiten, als läge es auf Papier vor Ihnen – mit allen Zusatzfunktionen von OneNote, z.B. der Rückgängig-Funktion (Strg + Z), dem Radierer für Anmerkungen usw.

### Vorteile auf einem Tablet-PC

Noch praktischer ist OneNote auf dem Tablet-PC, da dort zusätzlich zur Maus ein Eingabestift und in OneNote 2013 auf der Registerkarte *ZEICHNEN* in der Gruppe *Tools* auch der Befehl *Mit Finger zeichnen* zur Verfügung steht:

◎ Da Sie mit dem Stift direkt auf dem Bildschirm schreiben und zeichnen, fühlt sich das Arbeiten auch genauso an wie auf Papier, wenn Sie Bilder und Dokumente mit Anmerkungen versehen oder ganz intuitiv mitschreiben.

◎ In Handschrift Notizen anzufertigen bindet weniger Aufmerksamkeit, Sie benötigen nur eine Hand zum Schreiben und zudem deutlich weniger Platz (als für ein Notebook mit Tastatur).

◎ Die Suchfunktion von OneNote findet auch Zahlen und Wörter, die in Handschrift auf OneNote-Seiten stehen – selbst wenn Sie diese als Handschrift belassen. Orientieren Sie sich bei der Handschrifteingabe möglichst an den Hintergrundlinien. Dies erhöht die Erkennungsgenauigkeit.

◎ Wenn Sie viel Text auf einmal eingeben möchten und einen Tisch als Unterlage zur Verfügung haben, können Sie auch zur Tastatur wechseln (deutlich schneller und für jeden eindeutig entzifferbar). Die Handschrifteingabe mit einem auf dem Tisch liegenden Tablet-PC hingegen bildet (anders als ein aufgestellter Notebookbildschirm beim Tippen) keine »Barriere« zu Ihrem Gegenüber, ermöglicht konzentrierteres Zuhören und ist – anders als die Tastatur – nahezu lautlos.

# Besprechungsmitschriften in OneNote

OneNote eignet sich optimal zur Vorbereitung und Nachbereitung von Besprechungen, Messegesprächen, wichtigen Telefonaten, Verhandlungen usw. Im folgenden Abschnitt erhalten Sie dazu die wichtigsten Tipps – die jedoch auch für andere Zwecke praktisch sind, z.B. wenn Sie ein Projekt vorbereiten oder Informationen zusammentragen, die Sie nicht für eine Besprechung, sondern nur für sich zum Arbeiten benötigen.

Legen Sie für jedes wichtige Gespräch eine Seite an und nutzen Sie OneNote, um im Vorfeld bereits Ideen, Gedanken und Notizen zu sammeln und sich gezielt vorzubereiten. Halten Sie Vereinbarungen, Fragen und Antworten, Ergebnisse und relevante Infos während des Gesprächs in OneNote als Protokoll fest. Definieren Sie anschließend Folgeaktivitäten mit Kategorien oder am besten gleich als mit Outlook synchronisierte Aufgabe. Verteilen Sie ggf. das Protokoll an andere und nutzen Sie es zur Nachbereitung sowie Archivierung der Informationen, um bei Bedarf jederzeit auch Monate später wieder alles detailliert vor sich zu haben.

## Nutzen Sie Gliederungen zur Vorbereitung

Eine Textgliederung besteht aus mehreren Ebenen, z.B. mehreren Tagesordnungspunkten. Diese enthalten jeweils mehrere Infos, Fragen oder Vorschläge. Für einen Vorschlag haben

Sie wiederum mehrere Argumente und für diese ggf. wieder mehrere Aussagen, Folgen, Beispiele usw.

Um schnell einen Überblick zu erhalten, welche Tagesordnungspunkte es gibt, welche Vorschläge Sie für einen Tagesordnungspunkt haben oder welche drei Hauptthemen Sie für das Briefing Ihres Messeteams ausgewählt haben, können Sie die Gliederung zuklappen, sodass Sie nur die oberste Ebene mit den Tagesordnungspunkten bzw. zusätzlich alle Details zu dem *einen* gerade betrachteten Unterpunkt sehen, während alle anderen Details ausgeblendet sind.

Nutzen Sie Gliederungen z.B. außer für detaillierte Tagesordnungen auch für:

◎ Das Vorbereiten von Präsentationen, Berichten und umfangreichen Dokumenten

◎ Das Sammeln/Abwägen von Argumenten und Gegenargumenten sowie Vor- und Nachteilen, Voraussetzungen, Bedingungen, Kosten und Resultaten für Verhandlungen und Entscheidungen

◎ Das Anfertigen von Verlaufs- oder Ergebnisprotokollen, Mitschriften bei Vorträgen, Seminaren und Infoveranstaltungen

◎ Das strukturierte Zusammenfassen und Ordnen Ihrer Ideen und Notizen zu einem bestimmten Thema

◎ Das Definieren von Teilzielen, kleineren Schritten und nötigen einzelnen Aufgaben für langfristige Ziele, Pläne und größere Vorhaben sowie grobe Entwürfe für Projektpläne

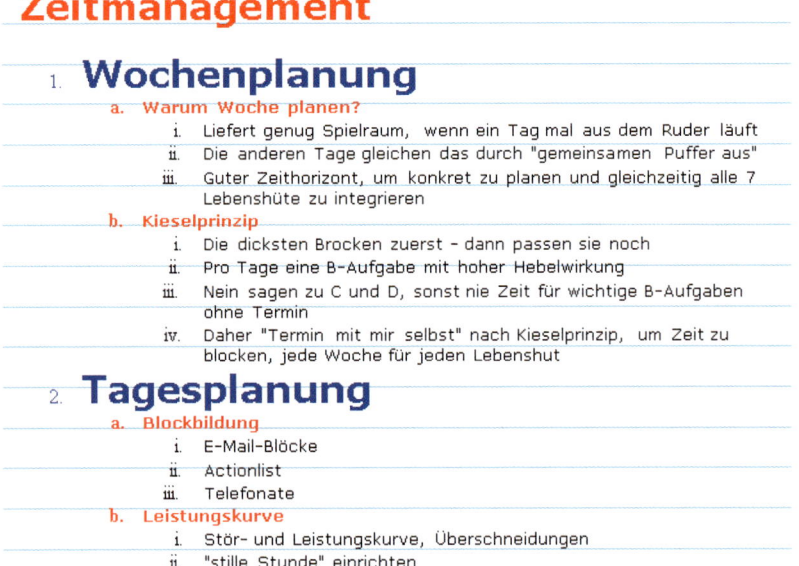

**Abbildung 6.4:** Geben Sie mit Gliederungen z.B. der Vorbereitung für Präsentationen eine übersichtliche Struktur

## So erstellen Sie eine Gliederung

1. Klicken Sie direkt vor das erste Zeichen einer Zeile (legen Sie ggf. einen neuen Textcontainer an).

   Die Einfügemarke steht nun am Anfang der Zeile. Noch befindet sich jede Zeile auf Ebene 1.

2. Um eine Zeile eine Ebene weiter nach rechts (Ebene 2, danach 3 usw.) einzurücken, drücken Sie ⇥. Alternativ können Sie (an beliebiger Stelle in der Zeile) auf der Registerkarte *Start* in der Gruppe *Basistext* (2010)/*Text* (2013) die Schaltfläche *Einzugsposition vergrößern* (⯐) verwenden.

---

 Um Aufzählungszeichen oder eine Nummerierung hinzuzufügen, verwenden Sie die entsprechenden Schaltflächen in der Gruppe *Basistext* (2010)/*Text* (2013) auf der Registerkarte *Start*.

---

3. Um einen neuen Eintrag auf der aktuellen Ebene zu erzeugen, setzen Sie die Einfügemarke an das Ende der Zeile (bzw. an eine bestimmte Position, um den Text dort zu trennen) und drücken dann ↵.

4. Um die neue Zeile (bzw. eine bereits vorhandene) wieder eine Ebene nach links zu setzen (z.B. nach den Unterpunkten, die auf der dritten Ebene liegen, wieder zum nächsten übergeordneten Punkt auf Ebene 2), drücken Sie ⇧+⇥. Sie können auch die Schaltfläche *Einzugsposition verringern* verwenden.

**Abbildung 6.5:** Reduzieren Sie Gliederungen, um alle Punkte der höheren Ebenen auf einmal im Überblick zu sehen

## So blenden Sie Ebenen ein bzw. aus und markieren Text auf einer bestimmten Ebene

◎ Um die Unterpunkte eines bestimmten Gliederungspunktes ein- oder auszublenden, während die anderen so weit geöffnet bleiben, wie sie sind, fahren Sie mit dem Mauszeiger auf die entsprechende Zeile mit dem Gliederungspunkt und doppelklicken Sie auf das Absatzhandle vor der Zeile. Die Unterpunkte werden ausgeblendet und Sie sehen vor dem Hauptpunkt ein doppeltes Absatzhandle (sieht aus, als ob es einen kleinen

Schatten wirft – es signalisiert, dass ausgeblendete Unterpunkte existieren). Ein Doppelklick auf dieses Absatzhandle erweitert die Gliederungspunkte wieder.

Um die gesamte Gliederung auf eine bestimmte Ebene zu erweitern/reduzieren, markieren Sie die gesamte Gliederung (z.B. auf den oberen Rand des Containers klicken) und drücken Sie z.B. für die 3. Ebene `Alt`+`⇧`+`3` (bzw. statt 3 eine der Ziffern 1 bis 9 für die verschiedenen Ebenen). Wenn Sie nicht die gesamte Gliederung markieren, sondern in die Zeile mit einem der Hauptpunkte klicken, erweitern/reduzieren Sie mit dieser Tastenkombination nur alle Unterpunkte dieses Hauptpunktes.

◎ Um alle Texte auf genau einer bestimmten Ebene zu markieren, markieren Sie die gesamte Gliederung (z.B. auf den oberen Rand des Containers mit der Gliederung klicken) und drücken danach die rechte Maustaste. Im Kontextmenü wählen Sie den Befehl *Auswählen* und im daraufhin aufklappenden Untermenü den Befehl *Alles auf Ebene (Nummer der Ebene)*. So können Sie z.B. alle Punkte der Ebene 3 auf einmal markieren.

Wenn Sie Text in einer Gliederung z.B. mit handschriftlichen Anmerkungen oder Skizzen versehen und anschließend die Gliederung erweitern oder reduzieren, so verändert der Text in der Gliederung dabei seine Position. Die Skizzen (und auch per Textmarker gefärbte Bereiche) bleiben jedoch exakt dort auf der Seite, wo sie vorher waren. Um dies zu umgehen, können Sie

◎ auf das Reduzieren verzichten, wenn Sie Anmerkungen mit Malwerkzeugen vorgenommen haben;

◎ wenn sich der Text nicht mehr ändert, ggf. die Gliederung markieren, mit `Strg`+`C` kopieren und mit `Strg`+`V` weiter unten bzw. auf einer anderen (Unter-)Seite eine Kopie der Gliederung einfügen, die Sie erweitern/reduzieren, während die Kopie mit den Anmerkungen immer voll erweitert bleibt;

◎ wenn Sie keine Anmerkungen benötigen, sondern nur Text farbig markieren wollen, statt Textmarkern das Tool *Texthervorhebungsfarbe* aus der Gruppe *Basistext* (2010)/ *Text* (2013) auf der Registerkarte *Start* benutzen, dessen Markierung die Position im Text behält.

### So erstellen Sie eine Tabelle in OneNote

Wenn Sie Informationen wie z.B. Ihr Umsatzziel für jeden Monat des Jahres und den bisher real erreichten Umsatz übersichtlich darstellen wollen, fügen Sie auf der aktuellen OneNote-Seite eine Tabelle ein. Verwenden Sie die Befehle im Menü zur Schaltfläche *Tabelle* auf der Registerkarte *Einfügen* oder die folgenden Tastenkombinationen:

1. Bewegen Sie die Einfügemarke hinter den Text bzw. die Skizze, die sich links oben in der ersten Zelle der Tabelle befinden soll. Wichtig: Hinter den Text (wenn die Einfügemarke davor steht oder noch nichts eingegeben wurde, erzeugt OneNote die nächste Ebene einer Gliederung).

2. Drücken Sie ⭾, um eine Tabelle einzufügen und zur nächsten Zelle zu springen (die Tabelle hat zunächst nur eine Zeile und zwei Spalten, hinter der aktuellen Position der Einfügemarke beginnt OneNote die zweite Zelle). Alternativ können Sie (auch ohne eingegebenen Text) auf der Registerkarte *Einfügen* im Menü zur Schaltfläche *Tabelle* den Befehl *Tabelle einfügen* verwenden.

3. Fügen Sie die Daten der nächsten Zelle ein, fügen Sie jeweils mit ⭾ eine weitere Spalte/Zelle hinzu und drücken Sie am Ende der letzten Zelle ↵, um eine Zeile unterhalb der aktuellen Zeile einzufügen und in die erste Zelle dieser Zeile zu wechseln. Falls Sie sich nicht in der letzten Zeile der Tabelle, sondern in einer der darüber liegenden Zeilen befinden, fügt ↵ einen Zeilenumbruch innerhalb der aktuellen Zelle ein.

4. Wenn Sie stattdessen in der letzten Zeile der Tabelle einen Zeilenumbruch innerhalb der aktuellen Zelle einfügen möchten, drücken Sie Alt+↵.

5. Zwischen den einzelnen bereits vorhandenen Zellen der Tabelle wechseln Sie mit ⭾ (in die nächste Zelle springen und alle enthaltenen Inhalte markieren) und ⇧+⭾ (eine Zelle zurück und die enthaltenen Inhalte markieren).

6. Eine weitere Spalte links bzw. rechts von der aktuellen Spalte fügen Sie mit Strg+Alt+E bzw. Strg+Alt+R ein.

7. Um mitten in der Tabelle eine weitere Zeile unterhalb der aktuellen Zeile einzufügen, drücken Sie Strg+↵.

8. Sobald Sie in die Tabelle klicken bzw. sich mit der Einfügemarke noch in der Tabelle befinden, zeigt OneNote die kontextbezogene Registerkarte *Tabellentools/Layout* an – klicken Sie auf diese Registerkarte, um z.B. bestimme *Zeilen/Spalten auszuwählen*, den *Rahmen auszublenden* oder die Textausrichtung von *Linksbündig* in *Zentriert* zu ändern.

# Behalten Sie Folgeaktivitäten und wichtige Infos im Blick

Um auf mehreren Seiten verteilte Informationen im Blick zu behalten, z.B. noch zu klärende Fragen oder die wichtigsten Merksätze, helfen Ihnen die Kategorien. Diese markieren Elemente wie z.B. einen Textabsatz mit einem kleinen, farbigen Symbol. Sie können später seitenübergreifend nach diesen Symbolen suchen und alle auf diese Weise gekennzeichneten Texte zusammentragen.

## So setzen und entfernen Sie Kategorien

1. Klicken Sie eine Zeile mit Text bzw. Handschrift an oder markieren Sie eine Zeichnung.

2. Wählen Sie auf der Registerkarte *Start* im Bereich *Kategorien* eine der Kategorien aus, um sie zuzuweisen (mit den zwei Pfeilen rechts neben der Liste der Kategorien können

   Sie durch die Liste scrollen und mit der unteren Pfeilschaltfläche, die noch eine kleine Linie über dem Pfeil zeigt, die Liste ganz aufklappen.

   Alternativ nutzen Sie eine der hinter den Kategorienamen angezeigten Tastenkombinationen von Strg+1 bis Strg+9, um die entsprechende Kategorie zuzuweisen.

3. Wiederholen Sie Schritt 2 für die gleiche Kategorie bei einem bereits damit gekennzeichneten Eintrag, um sie wieder zu löschen. Mit dem Befehl *Tag entfernen*, aus der komplett ausgeklappten Liste der Kategorien oder alternativ mit `Strg`+`0` löschen Sie alle für den aktuellen Eintrag gesetzten Kategorien auf einmal.

4. Wenn Sie ein Kontrollkästchen (z.B. die Kategorie *Aufgaben*) gesetzt haben, können Sie es anklicken, damit ein Häkchen im Kästchen angezeigt wird, z.B. um die Aufgabe als erledigt zu markieren. Dieselbe Kategorie noch einmal zuzuweisen führt ebenfalls zu einem Abhaken des Kästchens.

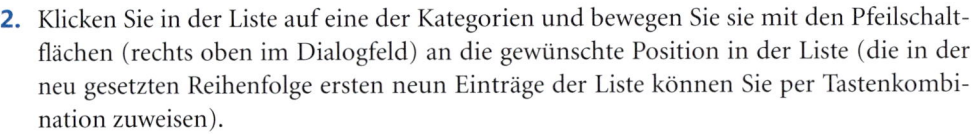

### So passen Sie die verfügbaren Kategorien an

1. Klicken Sie in der aufgeklappten Liste der verfügbaren Kategorien auf den Befehl *Kategorien anpassen*.

   OneNote öffnet ein Dialogfeld zum Anpassen der Kategorien.

2. Klicken Sie in der Liste auf eine der Kategorien und bewegen Sie sie mit den Pfeilschaltflächen (rechts oben im Dialogfeld) an die gewünschte Position in der Liste (die in der neu gesetzten Reihenfolge ersten neun Einträge der Liste können Sie per Tastenkombination zuweisen).

3. Klicken Sie auf die Schaltfläche *Kategorie ändern,* passen Sie im daraufhin geöffneten Dialogfeld ggf. den Namen für die Kategorie an und weisen Sie (jeweils durch Klick auf den Dropdownpfeil der entsprechenden Schaltfläche) *Symbol, Schriftfarbe* und *Markierungsfarbe* zu.

Sie können einem Eintrag mehrere Kategorien gleichzeitig zuweisen. Ein Text kann zwar mehrere Symbole, aber jeweils nur eine Schriftfarbe und Markierungsfarbe aufweisen. Gehen Sie also sparsam mit der Farbkennzeichnung um, damit Sie sich später noch zurechtfinden.

4. Bestätigen Sie mit *OK*. (Bereits gekennzeichnete Elemente behalten die alten Einstellungen.)

### So finden Sie per Kategorie gekennzeichnete Elemente schnell wieder

◎ Klicken Sie auf der Registerkarte *Start* in der Gruppe *Kategorien* auf die Schaltfläche *Kategorien suchen*.

   OneNote öffnet rechts am Programmfensterrand den Aufgabenbereich *Kategorienzusammenfassung*. Sie sehen dort sowohl gekennzeichneten Text als auch Handschrift und Zeichnungen, wenn diese Kategorien tragen.

◎ Klicken Sie auf einen der aufgelisteten Einträge, um direkt zum entsprechenden Eintrag auf der zugehörigen Seite zu springen und dort den Kontext sehen sowie bearbeiten zu können.

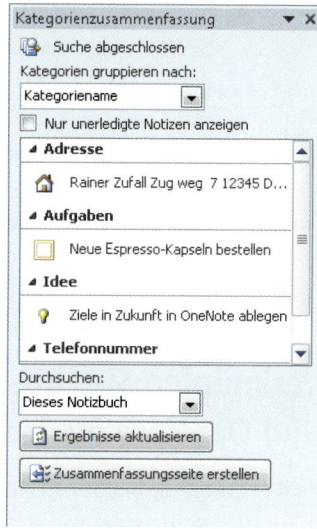

◎ Wie bei gruppierten Ansichten in Outlook können Sie in der Zusammenfassung durch einen Klick auf das kleine Dreieck vor dem Namen der jeweiligen Kategorie (z.B. *Adresse*) alle entsprechenden Elemente in der Zusammenfassung zeigen bzw. verbergen.

◎ Im Dropdown-Listenfeld *Kategorien gruppieren nach* können Sie auch andere Kriterien zum Gruppieren wählen.

◎ Im Dropdown-Listenfeld *Durchsuchen* können Sie z.B. festlegen, dass OneNote nicht den gesamten aktuellen Abschnitt durchsucht, sondern das gesamte aktuelle Notizbuch, alle Notizbücher oder alle in Ihren Notizbüchern befindlichen Seiten, an denen Sie diese Woche gearbeitet haben.

◎ Mit Klick auf die Schaltfläche *Zusammenfassungsseite erstellen* produziert OneNote eine neue Seite, die eine Kopie des Textes (bzw. der Zeichnungen und Bilder) aller gekennzeichneten Elemente im Originallayout enthält. Mit der Zusammenfassungsseite können nen Sie z.B. aus einem Abschnitt, der alle Messegesprächsnotizen enthält, die auf der Messe notierten offenen Aufgaben und die erhaltenen Namen mit Telefonnummern gesammelt anzeigen, um diese anschließend in Outlook einzutragen. Wenn Sie auf der Zusammenfassungsseite den Mauszeiger auf einen Eintrag bewegen, zeigt OneNote außer einem Absatzhandle auch einen Link auf den ursprünglichen, kategorisierten Eintrag an (kleines violettes OneNote-Symbol links neben dem Absatzhandle). Klicken Sie auf dieses Symbol, um direkt zum Originaleintrag zu springen.

## Nutzen Sie die Volltextsuche

Zwar finden Sie in einer guten Notizbuchstruktur ein bestimmtes Thema meist wesentlich schneller wieder, als Sie Suchergebnisse durchsehen könnten. Die Suchfunktion ist jedoch die perfekte Ergänzung, wenn Sie z.B. noch vage im Hinterkopf haben, dass ein bestimmtes Thema irgendwann vor etwa eineinhalb bis zwei Jahren in irgendeinem Meeting aufgetaucht war.

**1.** Klicken Sie in das Textfeld *Alle Notizbücher durchsuchen/Durchsuchen* (oben rechts neben den Abschnitten): `Alle Notizbücher durchsuchen (Strg+E)` 🔍 ▼

**2.** Klicken Sie ggf. auf den Dropdownpfeil rechts neben der Lupen-Schaltfläche (🔍▼), um den Suchbereich zu ändern.

3.  Geben Sie den zu suchenden Text ein – die Suche startet währenddessen sofort.

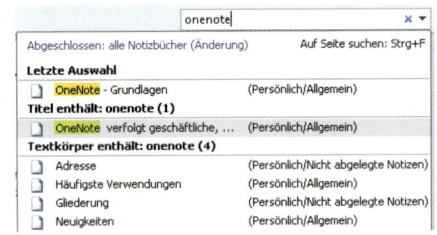

    OneNote zeigt nun unter dem Suchfeld die Titel aller Seiten, die den angegebenen Text enthalten, und hebt die Treffer direkt auf den Seiten farblich hervor. Unter dem Suchfeld sehen Sie einen »Ergebnisnavigator«.

4.  Mit den Pfeiltasten oder der Maus (einen Seitentitel in der Seitenregisterkartenleiste anklicken) bewegen Sie sich durch die Fundstellen.

# Verknüpfen Sie Ihre Informationen und nutzen Sie Outlook und OneNote als Team

OneNote bildet mit den weiteren Komponenten des Microsoft Office-Systems ein perfektes Team. Beispielsweise können Sie aus Ihren aktuellen Quartalsergebnissen ein Diagramm in Excel erstellen, dieses in die Vorbereitungsseite Ihrer Besprechung in OneNote kopieren, auf der Sie bereits in den letzten Wochen Ideen gesammelt haben, die Sie mit den Kollegen diskutieren möchten. Jemand sendet Ihnen ein Word-Dokument mit der Zusammenfassung eines Berichts, das Sie als Bild einfügen und in dem Sie bestimmte Passagen mit einem Textmarker hervorheben sowie mit handschriftlichen Stichwörtern kommentieren (siehe hierzu weiter vorn in diesem Kapitel den ▶ Abschnitt »So fügen Sie Dokumente als Bilder ein«). Während der Besprechung notieren Sie dazu Ergebnisse sowie alle anfallenden Aufgaben und stellen die Seite anschließend den Kollegen im Besprechungsarbeitsbereich auf einer SharePoint-Site (siehe ▶ Kapitel 5) als Protokoll zur Verfügung. Danach kopieren Sie die Aufgaben, für die Sie zuständig sind, mit je einem Tastendruck in Ihr Outlook.

### So übergeben Sie Aufgaben an Outlook

1.  Markieren Sie (z.B. mit Dreifachklick) einen Absatz in OneNote den Sie übergeben möchten – besonders hilfreich ist es, wenn Sie schon beim Mitschreiben entsprechende Einträge wie z.B. Aufgaben per Tastenkombination mit einer Kategorie versehen, sodass Sie diese auf der Seite sofort am Symbol erkennen (bzw. automatisch anspringen oder von mehreren Seiten zusammentragen können wie oben gezeigt).

    Wählen Sie in der jetzt über der Markierung erscheinenden kleinen Format-Symbolleiste die rote Fahne (*Outlook-Aufgaben*) und dann die betreffende Option (bzw. drücken Sie [Strg]+[⇧]+[1], um eine heute fällige Aufgabe zu erstellen, 2 für morgen usw.). Die Aufgabe ist nun bereits mit der entsprechenden Fälligkeit in Outlook eingefügt.

2.  Wenn Sie nach dem Klick auf die rote Fahne *Benutzerdefiniert* wählen, öffnet sich ein Outlook-Aufgabenformular, in dem Sie die Fälligkeit manuell eintragen können.

Änderungen am Erledigungsstatus und der Fälligkeit werden automatisch zwischen One-Note und Outlook synchronisiert (je nach Leistungsfähigkeit und Einstellungen Ihres Systems kann es einige Sekunden bis hin zu Minuten dauern, bis die Änderungen im jeweils anderen Programm angekommen sind).

Wenn Sie die Outlook-Aufgabe in Outlook (z.B. mit einem Doppelklick) in einem eigenen Fenster öffnen, finden Sie im Notizfeld eine Verknüpfung zu OneNote, die per Doppelklick direkt den entsprechenden Absatz in OneNote öffnet. In OneNote klicken Sie mit der rechten Maustaste auf das kleine rote Fähnchensymbol vor dem Text der Aufgabe, um im Kontextmenü die Fälligkeit zu ändern, die Aufgabe als erledigt zu markieren, die Outlook-Aufgabe zu löschen oder direkt in Outlook aufzurufen.

In Microsoft Office 2010 und auch 2013 werden nachträgliche Änderungen am Betreff nicht synchronisiert: Wenn Sie den Betreff der Aufgabe in Outlook anpassen, bleibt in OneNote der alte Text bestehen. Änderungen am Text in OneNote werden im Betreff einer einmal erstellen Outlook-Aufgabe zukünftig ebenfalls ignoriert. Trotzdem bleiben die beiden Einträge sicher verknüpft: Änderungen am Fälligkeitsdatum und am Erledigungsstatus werden weiterhin mit dem jeweils anderen Programm synchronisiert und auch der Link zum anderen Programm (Aufgabe in Outlook/OneNote öffnen) funktioniert weiterhin zuverlässig.

Auch andersherum verstehen sich Outlook und OneNote:

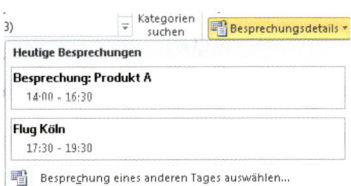

◎ Klicken Sie in OneNote auf der Registerkarte *Start* in der Gruppe *Outlook* (2010) bzw. *Besprechungen* (2013) auf die Schaltfläche *Besprechungsdetails* und wählen Sie im aufklappenden Menü einen der Einträge aus Ihrem Kalender von heute bzw. den Befehl *Besprechung eines anderen Tages auswählen*, um Ort, Teilnehmer, Datum, Uhrzeit, Betreff und Notizen aus einer Besprechungsanfrage oder einem Termin einzufügen.

## So erstellen Sie aus Outlook eine Kontakt-/Terminnotiz

Öffnen Sie in Outlook den Termin bzw. Kontakt in einem eigenen Fenster, z.B. per Doppelklick. Klicken Sie auf der Registerkarte *Termin* (bzw. *Kontakt*) in der Gruppe *Aktionen* auf den Befehl *OneNote* bzw. in der Gruppe *Besprechungsnotizen* auf *Besprechungsnotizen* (nur in Terminen von Outlook 2013). Outlook legt nun eine neue Seite in OneNote an, die als Titel den Betreff des Termins (bzw. den Namen des Kontaktes) sowie Datum und Uhrzeit der Erstellung erhält. In einer Tabelle auf der Seite finden Sie zudem die wichtigsten Detaildaten, z.B. Datum, Uhrzeit und Ort des Termins sowie ggf. vorhandene Notizen.

Aus Outlook wechseln Sie mit der oben beschriebenen Schaltfläche *OneNote* bzw. *Besprechungsnotizen* künftig direkt zu dieser Seite, sodass Sie hier angelegte OneNote-Notizen aus dem Outlook-Termin heraus aufrufen können. Auf der OneNote-Seite klicken Sie auf den Hyperlink *Verknüpfung mit Outlook-Element* bzw. *Link zu Outlook-Element: klicken Sie hier*, um den entsprechenden Outlook-Eintrag aus OneNote heraus zu öffnen.

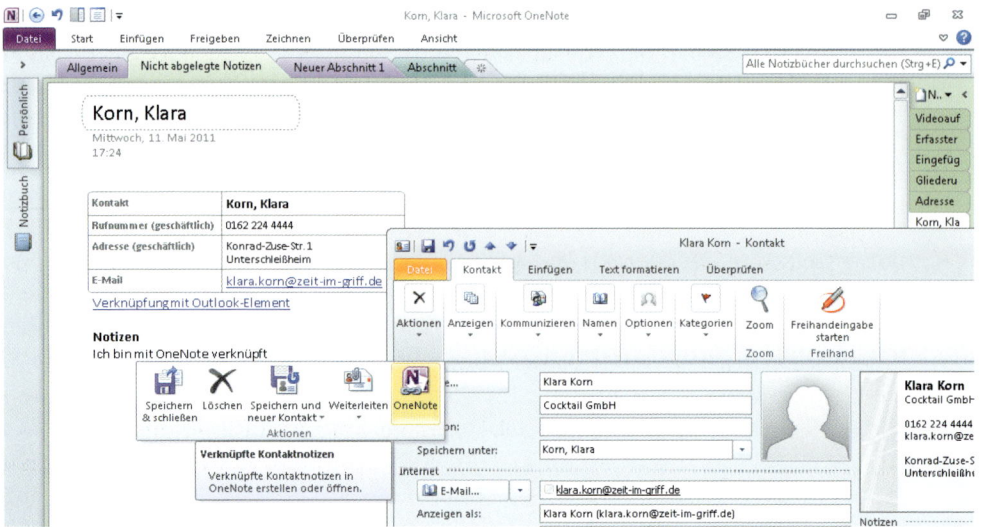

**Abbildung 6.6:** Verknüpfen Sie Outlook-Kontakte/Termine mit OneNote-Seiten, z.B. zur detaillierten Vorbereitung einer Besprechung

 Leider ist die Verknüpfung etwas gewöhnungsbedürftig und funktioniert nicht mehr richtig, wenn Sie das Datum des Termins ändern. Denken Sie auch daran, dass Sie mit der Verknüpfung in OneNote eine Kopie der Daten zum Zeitpunkt des Anlegens der Seite erstellen, die einen Link auf das stets aktuelle Element erhält (aber die Daten ansonsten nicht synchronisiert).

- Wenn Sie für einen Outlook-Termin das Datum ändern und bereits eine OneNote-Seite mit Besprechungsnotizen verknüpft haben, legt ein Klick auf die entsprechende Schaltfläche nach Änderung des Datums eine neue Seite in OneNote an, anstatt die vorhandene Seite zu öffnen (die Links aus OneNote führen auch nach der Änderung korrekt auf den neuen, angepassten Termin).

- Änderungen an wesentlichen Daten wie z.B. Telefonnummer des Kontaktes, Betreff, Ort oder Uhrzeit des Termins übergibt Outlook nicht an OneNote. Sobald Sie eine Seite für ein Outlook-Element angelegt haben, bleiben die alten Daten dort unverändert stehen. So bereiten Sie z.B. morgens in aller Ruhe Ihr Meeting in OneNote vor und sehen dort 11:00 als Startzeit, obwohl es inzwischen auf 09:00 vorgezogen wurde ... Um auf dem aktuellen Stand zu sein, müssen Sie daher entweder alle Änderungen manuell nach OneNote übertragen oder sich angewöhnen, den dort aus Outlook übergebenen Daten generell zu misstrauen und lieber mit einem Klick auf den Link mit Outlook nachzuschlagen, ob inzwischen Aktualisierungen vorliegen.

## So exportieren Sie E-Mails

Klicken Sie eine E-Mail (z.B. im Posteingang oder einem beliebigen anderen Ordner) mit der rechten Maustaste an und wählen Sie im Kontextmenü den Befehl *OneNote*, um die E-Mail nach OneNote zu exportieren. Wenn Sie die E-Mail in einem eigenen Fenster geöffnet haben, nutzen Sie die Schaltfläche *OneNote* in der Gruppe *Verschieben* auf der Registerkarte *Nachricht* (die Nachricht wird – anders als der Name der Gruppe vermuten lässt – nicht verschoben, sondern kopiert).

## So erstellen Sie Hyperlinks auf OneNote-Seiten/-Absätze

Verwenden Sie Hyperlinks, um aus einer anderen OneNote-Seite oder einem anderen Programm, das Hyperlinks unterstützt, direkt einen bestimmten Absatz oder eine bestimmte Seite in OneNote zu öffnen (z.B. um aus einer Übersichtsseite für ein Projekt mit einem Klick sämtliche Details zur Budgetplanung oder einer Besprechung für die nächste Präsentation der bisherigen Fortschritte vor dem Vorstand zu öffnen).

Klicken Sie mit der rechten Maustaste in der Seitenregisterkartenleiste (rechts neben der aktuellen Seite) auf den Namen der Seite, zu der Sie eine Verknüpfung erstellen möchten, und wählen Sie im Kontextmenü den Befehl *Hyperlink zu Seite kopieren*. Um eine Verknüpfung zu einem beliebigen Absatz oder auch Bild zu erstellen, klicken Sie mit der rechten Maustaste in den Text bzw. auf das Bild und wählen im Kontextmenü den Befehl *Hyperlink zu Absatz kopieren* (2010) bzw. *Link zu Absatz kopieren* (2013). OneNote kopiert daraufhin eine Verknüpfung in die Zwischenablage, die Sie nun z.B. auf einer anderen OneNote-Seite an der aktuellen Cursorposition mit `Strg`+`V` einfügen. Ein Klick auf den Link öffnet dann direkt das entsprechende Element in OneNote.

Passen Sie den Titel eingefügter Hyperlinks an: Anstatt den (ggf. ziemlich langen oder beim Einfügen an anderer Stelle relativ unverständlichen) Originaltext als Titel des Hyperlinks zu verwenden, kürzen Sie den Text des Links lieber auf aussagekräftige Stichwörter oder z.B. »geschätzte Lagerkosten für 2014« bzw. »Details zum Buch siehe hier«. Klicken Sie dazu mit der rechten Maustaste auf den gerade eingefügten Hyperlink und wählen Sie im Kontextmenü den Befehl *Hyperlink bearbeiten*. Im daraufhin geöffneten Dialogfeld *Verknüpfung* (2010) bzw. *Link* (2013) lassen Sie die *Adresse* unverändert, passen aber das Feld *Anzuzeigender Text* an und bestätigen mit *OK*.

## So teilen Sie Ihre Notizen und Protokolle mit anderen

Senden Sie Ihre Berichte und Notizen zur Info/zum Ideenaustausch an andere. Nachdem Sie ein Meeting in OneNote vorbereitet und dann protokolliert haben, senden Sie das Ergebnis gleich an die Teilnehmer:

1. Prüfen Sie noch einmal kurz, ob auf der aktuellen Seite alle Informationen für andere lesbar sind (Handschrift zu entziffern und die Aussage von Zeichnungen erkennbar?), alle benötigten Infos enthalten sind (müssen evtl. Abkürzungen, Hintergründe, Zeit- oder Kostenlimits erläutert werden?) und auch alle enthaltenen Elemente für die Augen der anderen bestimmt sowie relevant sind (wenn etliche Passagen nur für Sie selbst wichtig sind, kopieren Sie die Seite, löschen diese Teile in der Kopie und leiten dann die Kopie weiter).

2. Wollen Sie mehrere Seiten versenden, halten Sie `Strg` gedrückt, markieren die Seiten durch Anklicken der Seitentitel in der Seitenregisterkartenleiste und lassen danach `Strg` wieder los.

3. Wählen Sie auf der Registerkarte *Datei* den Befehl *Senden*.

   Wählen Sie jetzt, ob Sie die *Seite per E-Mail senden* (OneNote-Elemente in den Mailtext kopiert), *als Anlage senden* (Datei, die der Empfänger in seinem eigenen OneNote öffnen kann, wobei alle Sonderfunktionen erhalten bleiben) oder *als PDF senden* möchten (sieht vom Layout sehr originalgetreu aus, der beste Weg für Empfänger, die kein One-Note besitzen und Elemente aus dem Text nicht weiterbearbeiten müssen). OneNote erstellt eine neue E-Mail, für die Sie wie aus Outlook gewohnt z.B. Empfänger aus Ihrem Outlook-Adressbuch übernehmen können.

4. Adressieren Sie die E-Mail und versenden Sie sie.

Für Fortgeschrittene (eine genauere Beschreibung würde den Rahmen des Kapitels sprengen, daher nur als kurzer Hinweis): Sie können eine OneNote-Seite auch für andere freigeben, sodass alle zentral die gleiche Seite sehen und bearbeiten können. (Zum Beispiel Besprechungsprotokolle, in denen die einzelnen Teilnehmer ihre Folgeaufgaben finden und die Ergebnisse später eintragen, sodass die anderen sie gleich sehen können – ohne dass man dafür ständig Dutzende Mails hin und her senden müsste. Alles liegt zentral in einem OneNote-Notizbuch (z.B. auf einer SharePoint-Site oder einem Windows Live SkyDrive). Über die Registerkarte *Freigeben* (2010) bzw. *VERLAUF* (2013) können Sie z.B. alle Änderungen *seit gestern* oder für die *letzten 7 Tage* anzeigen lassen und nach einem bestimmten *Autor suchen* (ein Kollege, der etwas eingetragen hat).)

### So sehen Sie, wann Sie (bzw. ein anderer Bearbeiter) das aktuelle Element zuletzt bearbeitet haben

Markieren Sie ein beliebiges Element (z.B. Text oder eine Skizze) und öffnen Sie danach mit der rechten Maustaste das Kontextmenü. Sie sehen in der letzten

Zeile des Kontextmenüs, wer das markierte Element zuletzt bearbeitet hat und wann. Wenn Sie mit der rechten Maustaste in einen freien Bereich der Seite klicken, sehen Sie, wer zuletzt die Seite bearbeitet hat und wann (entspricht der Information, die für das zuletzt auf der Seite bearbeitete Element angezeigt wird). Mit dieser Funktion überprüfen Sie z.B., ob Sie auf einer von Ihrer Kollegin erhaltenen Seite bereits Text bearbeitet haben. Oder Sie prüfen bei berechtigten Zweifeln schnell nach, ob Sie auf der aktuellen Seite damals tatsächlich im Dezember die aktuellen Zahlen eingetragen oder dies im Vorweihnachtsstress vergessen hatten und es sich noch um die vorläufigen Ergebnisse von Mitte November handelt.

# Erstellen Sie Seitenvorlagen und Checklisten

Wenn Sie bestimmte Checklisten oder Formulare häufiger benötigen, können Sie in One-Note unter dem Namen *Vorlagen* entsprechende leere Vorlagen anlegen. So erstellen Sie z.B. ein Messegesprächsprotokoll oder eine Checkliste zur Seminarvorbereitung, die Sie am Telefon mit dem Veranstalter durchgehen.

### So erstellen Sie eine Vorlage

1. Erstellen Sie die Seite mit allen Überschriften, Kategorien für Folgeaufgaben usw.

2. OneNote 2010: Wählen Sie im Dropdownmenü der Schaltfläche *Neue Seite* den Befehl *Seitenvorlagen*. OneNote 2013: Wählen Sie auf der Registerkarte *EINFÜGEN* aus der Gruppe *Seiten* den Befehl *Seitenvorlagen*.

3. Klicken Sie im nun rechts am Programmfensterrand angezeigten Aufgabenbereich *Vorlagen* auf *Aktuelle Seite als Vorlage speichern*.

4. Geben Sie im daraufhin geöffneten Dialogfeld einen Namen ein und bestätigen Sie mit *Speichern*. Wenn Sie das Kontrollkästchen *Als Standardvorlagen für neue Seiten im aktuellen Abschnitt festlegen* aktivieren, basiert künftig jede neu erstellte Seite in diesem Abschnitt auf der gespeicherten Vorlage.

Die Funktion *Standardvorlage* ist sehr praktisch, wenn Sie z.B. einen Abschnitt jeweils nur für Messegespräche, Vorbereitung Ihrer öffentlichen Auftritte zu einem bestimmten Thema, Fragenkataloge für Neukunden, Schadensaufnahmeformulare usw. anlegen. Jede neue Seite im aktuellen Abschnitt baut dann automatisch auf der Vorlage auf. Wiederholen Sie zum nachträglichen Setzen der Funktion die Schritte 1 und 2 und wählen Sie unten im Aufgabenbereich *Vorlagen* im Dropdown-Listenfeld *Standardvorlage auswählen* die Vorlage für neue Seiten im aktuellen Abschnitt aus bzw. klicken Sie auf *Keine Standardvorlage*, wenn Sie wieder mit leeren Seiten arbeiten möchten.

### So erstellen Sie eine neue Seite basierend auf einer Vorlage

1. Klicken Sie zum Erstellen einer neuen Seite auf den Dropdownpfeil der Schaltfläche für neue Seiten und wählen Sie dann im Menü den Befehl *Seitenvorlagen* (OneNote 2010). In OneNote 2013 wählen Sie auf der Registerkarte *EINFÜGEN* aus der Gruppe *Seiten* den Befehl *Seitenvorlagen*.

2. Wählen Sie die gewünschte Vorlage per Klick aus

3. Schließen Sie den Aufgabenbereich *Vorlagen* durch Klick auf das kleine x in der rechten oberen Ecke.

# Ideen und Ziele stets präsent

Halten Sie langfristige Ziele mit Notizen und Details in OneNote fest, um dann einen Umsetzungsplan (z.B. als Gliederung) zu erstellen. Sammeln Sie auch Vorsätze, »Visionen« und nutzen Sie OneNote für Ihre Träume – halten Sie fest, was Sie schon immer einmal tun wollten, mit allen Gedanken, was Ihnen dabei wichtig ist und wie Sie dies umsetzen könnten. Je öfter Sie dies konkret vor sich sehen, desto mehr wird sich Ihr Unterbewusstsein damit beschäftigen. Wenn ein paar Monate oder Jahre später die Gelegenheit kommt, das Ganze Realität werden zu lassen, haben Sie z.B. gleich die halbe Materialsammlung, um Ihr eigenes Buch zu schreiben. Oder Sie sehen, dass Sie jetzt tatsächlich ein viermonatiges Sabbatical für Ihre lang erträumte Weltreise nehmen und diese bezahlen können, wenn Sie die letzten drei noch fehlenden, aber mit ein wenig Anstrengung für Sie machbaren Schritte gehen.

Nutzen Sie OneNote als Ihre Sammel- und Schaltzentrale für alle Gedanken zu einem Thema. Tragen Sie Material aus anderen Anwendungen zusammen, indem Sie im Randnotizmodus Textpassagen sammeln und große Dokumente direkt mit Ihren Notizen verlinken.

### Verknüpfen Sie Dokumente mit Ihren Notizen

Sie können so direkt aus Ihren Notizen mit einem Klick z.B. ein technisches Datenblatt oder den Aufbauplan für Ihren Messestand öffnen. Sparen Sie Platz, wenn Sie bestimmte Informationen nicht als kopierten Text bzw. kopiertes Bild auf der Seite sehen müssen, indem Sie eine Verknüpfung einfügen. Außerdem haben Sie so (anders als z.B. bei als Kopie eingefügten Bildern) immer die aktuellste Version z.B. einer mehrfach überarbeiteten PowerPoint-Präsentation vor sich.

1. Holen Sie den Windows-Explorer in einer nicht bildschirmfüllenden Fenstergröße in den Vordergrund.

2. Markieren Sie eine Datei, z.B. eine Excel-Datei oder ein Bild (im Windows-Explorer anklicken).

3. Klicken Sie auf das markierte Element und ziehen Sie es mit gedrückter Maustaste an die gewünschte Position in der OneNote-Seite, um *eine Kopie einzufügen*. OneNote bietet (außer für Bilder) nun an, eine Verknüpfung bzw. einen Ausdruck einzufügen. Wählen Sie diese Option und bestätigen Sie mit *OK*. Microsoft Office-Dokumente können auch als Bild für handschriftliche Anmerkungen eingefügt werden (siehe hierzu weiter vorn in diesem Kapitel den ▶ Abschnitt »So fügen Sie Dokumente als Bilder ein«).

# »Druckmittel« – exportieren Sie Daten aus beliebigen Programmen

Wenn Sie nicht nur einzelne Texte und Bilder aus anderen Programmen über die Zwischenablage in OneNote einfügen möchten, sondern z.B. umfangreichere Berichte oder Datensätze wie auf Papier vorliegen haben möchten, so können Sie einfach aus beliebigen Programmen die Inhalte direkt in eine OneNote-Seite drucken. Besonders schön dabei: Wie auf Papier können Sie mit Textmarkern arbeiten, neuen Text hinzufügen und auf einem Tablet-PC (bzw. mit einem entsprechenden Eingabestift auch auf anderen PCs) handschriftliche Notizen, Anmerkungen und Skizzen auf der Seite einfügen (siehe ▶ Abschnitt »Verwenden Sie Zeichenstifte, Textmarker und Farben«). So ersetzt OneNote Ihre Ausdrucke auf Papier und liefert Ihnen dabei die elektronischen Vorteile wie z.B. Volltextsuche, Rückgängig-Funktion und das Verknüpfen mit anderen Daten.

### So »drucken« Sie aus beliebigen Anwendungen nach OneNote

Das Installationsprogramm von OneNote hat Ihrem System automatisch einen virtuellen Drucker hinzugefügt. Wählen Sie in einem beliebigen anderen Programm die Druckfunktion und im Drucken-Dialogfeld (je nach Programm heißen dieses Dialogfeld sowie die entsprechenden Einstellungen ggf. anders) statt Ihres Standarddruckers den Drucker mit dem Namen *An OneNote 2010 senden* bzw. *An OneNote 2013 senden*. Je nach Einstellung Ihres Systems bleibt ggf. die aktuelle Anwendung, aus der Sie drucken, im Vordergrund. Auf den ersten Blick vermuten manche Anwender dann, es sei »nichts passiert« und der Export habe nicht funktioniert. Einen kurzen Moment später öffnet OneNote ein Fenster, in dem Sie den gewünschten Zielabschnitt für Ihre Druckseite auswählen können.

Text wird beim Drucken im Originallayout als Bild eingefügt, daher können Sie den Text in OneNote nicht mehr nachträglich bearbeiten und auch keine Textteile herauskopieren. Um später nach bestimmten Schlüsselwörtern im Text zu suchen oder Teile des Textes zu übernehmen, nutzen Sie die neue Funktion zur Texterkennung in Bildern (siehe ▶ Abschnitt »Lassen Sie zwischen den Zeilen lesen – OCR für Bilder«).

### Websites aus dem Webbrowser in OneNote speichern

Um z.B. während eines langen Fluges ohne Internetverbindung oder während einer Zugfahrt mit schlechter Internetverbindung bestimmte Informationen ständig parat zu haben oder den aktuellen Stand einer Website für spätere Recherchen (wenn sich die Inhalte der Website verändert haben) zu speichern, übergeben Sie die Website einfach an OneNote. Sie haben in Internet Explorer drei Möglichkeiten für den Export nach OneNote:

1. Nutzen Sie die Druckfunktion wie oben beschrieben (z.B. per `Strg`+`P` drucken). Der Vorteil: Internet Explorer passt die Seiteninhalte so an, dass alles im richtigen Verhältnis skaliert auf die Seite passt. So bleibt das Originallayout erhalten. Sie haben ein Bild eingefügt – und können nun mit den Zeichenwerkzeugen in OneNote wie auf Papier Anmerkungen hinzufügen.

2. In Internet Explorer finden Sie eine neue Schaltfläche *An OneNote senden* (ggf. müssen Sie dafür erst einmal mit einem Rechtsklick auf das Zahnradsymbol *Extras* die *Befehlsleiste* im Kontextmenü einblenden. Unter Windows 8 müssen Sie dafür die Desktop-Version des Internet Explorers öffnen und nicht die für die Fingerbedienung optimierte App-Version). Ein Klick, und OneNote übernimmt die aktuelle Website (Internet Explorer bleibt geöffnet im Vordergrund – wechseln Sie zu OneNote, um das Ergebnis zu sehen). Der Nachteil dieser Methode ist, dass das Originallayout der Seite zerrissen wird, z.B. wird Text anders umbrochen, Bilder ändern ihre Position und Textspalten ändern ihre Breite/Länge ggf. um ein Vielfaches. Dafür können Sie aber den Text direkt bearbeiten, einzelne Bilder herauskopieren und den Text ohne zusätzliche Bearbeitungsschritte oder OCR-Erkennungsfehler bei exotischen Schriftarten durchsuchen sowie herauskopieren.

3. Als Drittes bleibt die Möglichkeit, beliebige Teile des Textes sowie Bilder auf einer Website zu markieren und die markierten Inhalte danach per Drag & Drop bzw. Kopieren und Einfügen auf die aktuelle OneNote-Seite an eine beliebige Position zu übernehmen. Die Vor- und Nachteile dieser Methode entsprechen Methode 2. Im Unterschied dazu eignet sich die dritte Methode gut, wenn Sie lediglich kleine Teile und nicht den gesamten Inhalt einer Seite übernehmen möchten.

## Lassen Sie zwischen den Zeilen lesen – OCR für Bilder

Mithilfe der OCR-Funktion (Optical Character Recognition) versucht OneNote, in Bildern »zu lesen« und den enthaltenen Text als »echten Text« zur Verfügung zu stellen. Das ist z.B. dann hilfreich, wenn Sie auf Papier erhaltene Dokumente und Visitenkarten einscannen oder Daten aus anderen Anwendungen drucken (die dann als Bild eingefügt werden). Den erkannten Text können Sie nun durchsuchen und zur weiteren Bearbeitung kopieren, z.B. um den Absender eines gescannten Geschäftsbriefes in Word als Empfänger Ihres Antwortschreibens oder als neuen Kontakt in Outlook einzufügen.

Klicken Sie ein Bild mit der rechten Maustaste an und wählen Sie im Kontextmenü den Befehl *Text aus Bild kopieren*, um den Text zu extrahieren und in der Zwischenablage zu speichern (danach können Sie ihn z.B. mit `Strg`+`C` an anderer Position wieder einfügen). Wenn Sie den Text nicht an anderer Stelle verwenden sondern lediglich mit der Suchfunktion von OneNote durchsuchen möchten, wählen Sie im Kontextmenü stattdessen den

Befehl *Text im Bild als durchsuchbar definieren* und im daraufhin geöffneten Untermenü die Sprache des Textes (falls Sie bereits den Befehl *Text aus Bild kopieren* für ein Bild gewählt haben, hat OneNote dabei automatisch den Text als durchsuchbar definiert).

**Abbildung 6.7:** Lassen Sie OneNote für Sie Text aus Bildern extrahieren – bei klaren Konturen mit weißem Hintergrund klappt das recht gut, bei sehr kleinem Text in kursiver oder verschnörkelter Schrift hingegen nicht

Die besten Ergebnisse liefert die OCR-Funktion bei aus anderen Programmen an OneNote gesendeten Texten sowie sauber eingescannten Graustufen- und Schwarz-Weiß-Bildern, die Sie exakt ausgerichtet auf den Scanner gelegt haben. Wenn Sie hingegen mit der heute in fast jedem Mobiltelefon integrierten Kamera eine Visitenkarte oder z.B. einen Zugfahrplan abfotografieren, häufen sich die Erkennungsfehler.

## Setzen Sie sich Ziele – nicht nur für Ihren Umsatz

Viele Menschen überschätzen, was sie in zwei bis drei Stunden oder einem Tag schaffen können. Auf der anderen Seite unterschätzen die meisten, was sie in ein paar Wochen, Monaten und Jahren alles erreichen können. Der Schlüssel zu großen Leistungen, verwirklichten Träumen, Lebensbalance und langfristigen Erfolgen sind klare, schriftlich festgehaltene Ziele.

◎ Wenn Sie genau wissen, wo Sie hinwollen, können Sie den Weg und einzelne Etappen festlegen.

◎ Wenn Sie ein Ziel vor Augen haben, ist es viel leichter, in harten Zeiten dranzubleiben und viel Energie aufzubringen. Zudem haben Sie eine Motivation für unangenehme, zermürbende Teilschritte.

◎ Oft laufen Dinge mehr oder weniger anders als geplant. Mit einem klaren Ziel können Sie dann einen neuen Weg suchen: Wenn es links um einen Berg nicht weitergeht, dann eben rechts vorbei.

◎ Mit klaren Zielen können Sie jederzeit Ihren momentanen Fortschritt kontrollieren: Liegen Sie gut im Rennen? Wo müssen Sie ggf. nachbessern oder mehr tun, um noch da anzukommen, wo Sie hinwollen, bevor es zu spät ist? Müssen Sie das Ziel ggf. korrigieren bzw. ist es noch realistisch?

Wenn das Ziel unerreichbar scheint, können Sie ausarbeiten, was Ihnen fehlt bzw. im Weg steht. Diese Hindernisse können Sie dann entweder umgehen oder sich zuerst als Zwischenziel vornehmen: Fehlen Ihnen z.B. 5.000 Euro? Überlegen Sie, ob Ihnen das Ziel die Sache wert ist. Wenn ja: Finden Sie einen Weg (z.B. vier Jahre lang warten und jeden Monat 105 Euro zurücklegen) oder eine Alternative (können Sie sich eine Ratenzahlung oder einen Kredit dafür leisten, den Sie in den nächsten Jahren abbezahlen?).

### Bedenken Sie, was Sie über lange Zeit in kleinen Schritten erreichen können

Kommt Ihnen ein Ziel zu verträumt vor? Können Sie sich z.B. vorstellen, einen kompletten Marathonlauf zu schaffen (42,195 km)? Was würden Sie sagen, wenn ein 50-jähriger, kurzatmiger Mann mit über 20 kg Übergewicht, der so gut wie keine Kondition hat, sich einen Marathon vornimmt?

Joschka Fischer begann mit 110 kg Gewicht sein Lauftraining – er lief lediglich 500 m um den Bundestag. Viele würden diese kurze Strecke als lächerlich empfinden. Ein Jahr später bereitete er einen ersten Marathon vor. Viele würden sich das nie zutrauen. Insgesamt eineinhalb Jahre später (1998) lief er im Alter von 50 Jahren den Hamburg-Marathon in 3:42 Stunden und hatte 35 kg abgenommen.

(Die Zahlen stammen aus »Perfektes Lauftraining« von Ulrich Pramann und Herbert Steffny, der Fischers Marathoncoach war.)

Joschka Fischer ist weder ein geborenes Sport-Ass noch hatte er alle Zeit der Welt zum Trainieren. Er hatte genug anderes zu tun. Mit einem klaren Ziel, einem konsequent verfolgten Plan, dieses in kleinen Schritten zu erreichen, und eiserner Disziplin hat er eine bewundernswerte Höchstleistung erbracht (siehe Kasten), die ihm vorher kaum jemand zugetraut hätte. Was Sie zu großen Leistungen brauchen, sind klare Ziele, für die Sie realistische Teilziele und schließlich einzelne Schritte setzen. Danach gilt es, konsequent den ersten Schritt zu gehen, sich das Ziel vor Augen zu halten und nun ständig mit eisernem Willen und Disziplin dranzubleiben. Am besten suchen Sie sich für die Realitätsüberprüfung und vor allem für ständige Überprüfung der Fortschritte, Ermutigung, Ermahnung und ggf. Kurskorrektur jemanden, der Sie unterstützt – je nach Ziel z.B. einen guten Freund oder erfahrenen Coach.

Entscheiden Sie, was Ihnen ein hoher Einsatz und Dranbleiben über längere Zeit wert sind. Halten Sie es als Ziel konkret schriftlich fest. Beginnen Sie, in einzelnen Schritten daran zu arbeiten. Jeder von uns hat Grenzen. Doch wir alle können langfristig weitaus mehr erreichen, als wir uns oft zutrauen. Haben Sie große Träume – und träumen Sie diese nicht nur, leben Sie Ihre Träume auch!

Um keinen falschen Eindruck zu erwecken: Bei Zielen muss es nicht um berufliche oder sportliche Höchstleistung gehen, bei denen Sie über Ihre Grenzen hinauswachsen. Setzen

Sie sich auch für kleinere Dinge und im privaten Bereich Ziele. Ziele helfen Ihnen nicht nur, große Leistungen zu erbringen, sondern auch klarer zu sehen, was Ihnen langfristig wichtig ist, und das Steuer für die Balance in der Hand zu behalten.

### Setzen Sie Ziele mit der 3m-Regel: messbar, machbar, motivierend

Es gibt viele Kriterien für Ziele. Aus den drei wichtigsten lassen sich alle anderen ableiten. Formulieren Sie Ihre Ziele mithilfe dieser einfachen 3m-Regel. Ziele sind:

◎ **messbar** – Wer? Was? Wie viel? Wann? (Gegebenenfalls) Wo? Formulieren Sie konkret und quantifizierbar.

◎ **machbar** – In manchen Unternehmen wird falsch mit Zielen umgegangen. Mancher Mitarbeiter bekommt dabei völlig unrealistische Vorgaben, frei nach dem Motto: »Die Steigerung des Gewinns aus dem letzten Jahr verdoppeln, auch wenn die Nachfrage sinkt, das Budget halbiert ist und die halbe Abteilung inzwischen entlassen … Tsjakkaa, Sie schaffen das schon – und wehe wenn nicht!« Dies führt zu absolut kurzfristigem Denken, bei dem man es irgendwie schafft, die Zahlung für einen großen Auftrag aus dem nächsten Jahr noch in das aktuelle vorzuziehen, um so die Vorgabezahlen nicht zu stark zu unterschreiten. Langfristig verstärkt ein solches Verhalten nur die Probleme und fügt den Mitarbeitern sowie letztendlich dem ganzen Unternehmen Schaden zu. Selbst im harmlosesten Fall demotiviert es zumindest und senkt damit die Leistung und Zufriedenheit. Überprüfen Sie daher auch nach dem Setzen des Ziels in regelmäßigen Abständen, ob Ihre Ziele machbar sind. Korrigieren Sie ggf. rechtzeitig. Greifen Sie ruhig nach den Sternen, solange Sie dabei darauf achten, mit beiden Beinen auf der Erde zu bleiben. Nehmen Sie sich Großes vor! Bleiben Sie realistisch – und denken Sie dabei an Joschka Fischer, trauen Sie sich ruhig etwas zu.

◎ **motivierend** – Dieser Punkt umfasst zwei Aspekte:

  ◎ Formulieren Sie positiv (keine Verneinung) und tätigkeitsorientiert (statt »könnte«, »sollte«, »müsste« oder »will« bitte *ein direktes Verb* und Sie als Handelnder). Also statt »Dieses blöde *Chaos müsste* vielleicht mal *aufhören*« z.B. »*Ich habe* ab dem 10.9. einen aufgeräumten, leeren Schreibtisch, auf dem abends maximal fünf offene Vorgänge liegen. Wichtige Notizen *schreibe ich* auf dem Tablet-PC in OneNote und finde sie dort wieder. Papierdokumente *finde ich* in meinen Hängemappen und *lege sie* dort sofort nach jeder Bearbeitung wieder sortiert *ab*.«. So kann sich Ihr Unterbewusstsein ein Bild machen, das Sie bereits auf Erfolg programmiert.

  ◎ Bei einigen Zielen ist sofort klar, *warum* sie sich lohnen. Bei anderen schreiben Sie dies bitte dazu. Das hilft Ihnen, auch etwas unangenehme Dinge, die aber für das Erreichen Ihrer Träume oder anderer Ziele wichtig sind, anzufangen und durchzuhalten. Wenn Sie partout keine Begründung finden können, warum ein Ziel den Aufwand wert ist: Gehen Sie noch einmal in sich und streichen Sie es, wenn Sie keinen Grund finden.

  ◎ Achten Sie darauf, dass das Ziel auch (gerade beim Punkt messbar) wirklich das widerspiegelt, was Sie wollen, und überprüfen Sie diesen Punkt regelmäßig. Quälen Sie sich mit Joggen, obwohl Sie das Laufen hassen, nur um etwas für Ihre Gesundheit zu tun? Vielleicht passen Radfahren oder Salsa-Tanzen viel besser für Sie! Denken Sie auch hier an Joschka Fischer: Inzwischen hat er wieder mächtig an Bauch-umfang und Übergewicht zugelegt. Darum ist er so ein wundervolles Beispiel für erfolgreiche Zielsetzung: Wenn Sie sich (wie er) das Ziel setzen, einen Marathon zu laufen, ist das viel schwieriger und härter, als nur Ihr Gewicht zu reduzieren. Wenn Sie dann den Marathon erfolgreich gelaufen sind, haben Sie Ihr Ziel erreicht und sind fertig – wenn Sie ansonsten so weitermachen wie vorher, sind nach ein paar Monaten/Jahren die ganzen positiven gesundheitlichen Auswirkungen wieder ver-schwunden. Wenn Sie nur etwas für Ihre Gesundheit tun und Ihr Gewicht reduzie-ren möchten, geht das viel einfacher als mit Marathontraining – und mit der richti-gen Zielsetzung auch viel nachhaltiger, sodass Sie dauerhafte Erfolge haben.

**Beispiel: So wird aus einem Vorsatz ein gut formuliertes Ziel**

Wie gehen Sie vor, wenn Sie keine klaren Zahlen zum Messen haben, z.B. für »Ich will ein besserer Vater werden«? Überlegen Sie, wie Sie »besserer Vater« definieren: »Ich ver-bringe zu wenig Zeit mit meiner Tochter und wir unterhalten uns kaum.« Nun setzen Sie mit der 3m-Regel ein Ziel: »Ab sofort vereinbare ich jeden Samstag beim Mittagessen mit meiner Tochter einen Tennistermin für die nächste Woche. Wir fahren zusammen zu einem Tennisplatz, der 30 Minuten entfernt liegt.« (So haben Sie Zeit, sich zu unter-halten, ohne hochpsychologisch wirkende »Gesprächsstunden« einführen zu müssen.) Als Nächstes lassen Sie sich von Ihrer Frau kontrollieren – »ein besserer Vater werden« war noch schwammig, doch wenn Sie sich jetzt um den wöchentlichen Termin drücken oder wieder andere Dinge vorziehen, fällt es sofort auf (hoffentlich bereits Ihnen selbst noch rechtzeitig bei der Wochenplanung).

Ihre Ziele können Sie in OneNote sehr gut ablegen: Sie haben genug Platz und Gestaltungs-freiheit, um alle relevanten Infos, Beschreibungen, motivierende Texte und Bilder (z.B. ein Foto von Ihrem Traumhaus oder von dem Urlaubsort, den Sie schon immer besuchen woll-ten) direkt auf der Seite mit einem oder mehreren Zielen abzulegen. Setzen Sie für Ihre Ziele eine angepasste Kategorie, um sie seitenübergreifend im Überblick zu behalten. Listen Sie die nötigen Schritte zum Erreichen des Ziels einfach als untereinander stehende Aufga-ben (die Sie als Outlook-Aufgabe kennzeichnen, sodass sie auch in Outlook erscheinen) auf oder legen Sie eine Gliederung an, wenn das Ganze umfangreicher und komplizierter ist. Auf der untersten Ebene der Gliederung stehen dann wieder die einzelnen Aufgaben. Kont-rollieren und protokollieren Sie auch Ihre Fortschritte auf dieser Seite. Ebenso können Sie noch recht unkonkrete Vorsätze und Ideen in OneNote sammeln und immer weiter ergän-zen, bis Sie schließlich so weit sind, daraus ein Ziel zu formulieren.

Sehen Sie Ihre wichtigsten Ziele am besten einmal täglich durch, um Ihr Unterbewusstsein darauf zu pro-grammieren. Integrieren Sie Ihre Ziele (inkl. des im Folgenden vorgestellten Masterplans) in Ihre Wochenpla-nung – übergeben Sie die jeweils nächsten fälligen Schritte einfach als Aufgabe an Outlook.

# Erstellen Sie Ihren Masterplan

In ▶ Kapitel 3 haben wir das Konzept der Lebenshüte und Schlüsselaufgaben für Ihre Zeitplanung in Balance vorgestellt. Setzen Sie sich für jeden Lebenshut nun langfristige Ziele. Anschließend definieren Sie mittelfristige Teilziele und entsprechende kleinere Schritte. Daraus entsteht ein sogenannter Masterplan – die Kür sämtlicher bis hier gezeigten Planungsschritte, um Ihr Leben in Balance zu halten, langfristig Großes zu erreichen und Ihre Träume Realität werden zu lassen.

Den Masterplan können Sie z.B. als Abschnitt in OneNote anlegen, in dem jedes langfristige Ziel eine Seite mit den zugehörigen mittelfristigen Zielen als Unterseite einnimmt. Wenn Sie lieber etwas mehr Struktur mögen oder alles auf einmal im Blick haben möchten, legen Sie zur Übersicht eine Gliederung an (Teilschritte und zugehörige Aufgaben schnell ein- oder ausblenden). Bestimmten Zielen können Sie dann noch eine separate Seite widmen. Welcher Zeithorizont am besten geeignet ist, hängt von vielen Faktoren ab. Je nach Alter, Typ, Familienstand, Beruf usw. planen manche gleich ein Lebensziel, andere für sieben oder fünf Jahre. Beginnen Sie z.B. mit drei Jahren als langfristigem Horizont, einem Jahr als dem nächsten Schritt und jeweils ein bis zwei Zielen pro Lebenshut. Nicht jeder der Einträge muss starr in dieses Raster passen: Vielleicht ist für Ihre Gesundheit das 3-Jahres-Ziel momentan gleich dem 1-Jahres-Ziel. Einige 3-Jahres-Einträge sind noch keine konkreten Ziele, eher Vorsätze. Für einen Lebenshut haben Sie drei langfristige Ziele, für einen anderen nur eines. Das ist okay. Es kommt nur darauf an, dass Sie allen Lebensbereichen Zeit widmen, aus Ihren Wünschen Ziele definieren und regelmäßig darauf hinarbeiten.

**Abbildung 6.8:** Erstellen Sie Ihren Masterplan – eine gute Möglichkeit bietet dafür die Gliederungsfunktion in OneNote

Folgende Übung kann Ihnen bei der Erstellung Ihres Masterplans helfen: Stellen Sie sich vor, Sie sind in drei Jahren Beobachter einer Beerdigung. Es ist Ihre eigene. Sieben Personen halten kurze und ergreifende Nachrufe, z.B. Ihr Chef, einer Ihrer Kunden, Ihr Ehepartner, eines Ihrer Kinder usw. (aus jedem Lebensbereich mindestens einer, bei Gesundheit und Sinn darf z.B. Ihr bester Freund oder Ihr Ehepartner zu diesem Thema ein zweites Mal etwas sagen). Alle Redner fassen jeweils in wenigen Sätzen das Wichtigste zusammen, was Sie diesem Menschen bedeutet haben. Notieren Sie für jede Person zwei Nachrufe: Einmal, was Sie sich wünschen, dass diese Person in drei Jahren über Sie sagen würde – und dann, was diese Person sagen würde, wenn Sie die nächsten drei Jahre genauso weitermachen wie bisher. Die Antworten liefern eine gute Grundlage beim Erstellen Ihres Masterplans.

# Übungen

1. Legen Sie eine Notizbuch- und Abschnittsstruktur an. Beginnen Sie z.B. damit, alle Besprechungen und längeren Telefonate ab sofort in OneNote zu planen und während der Gespräche Notizen zu machen.

2. Fügen Sie ein Bild auf eine Seite ein. Markieren Sie mit einem Textmarker einen Teil des Bildes.

3. Erstellen Sie eine Gliederung mit mindestens drei Ebenen und je zwei Unterpunkten. Reduzieren Sie die gesamte Gliederung auf Ebene zwei. Erweitern Sie den ersten Unterpunkt bis auf Ebene drei. Färben Sie alle Punkte der Ebene zwei (gleichzeitig) blau und setzen Sie die Schrift fett.

4. Erstellen Sie fünf Hyperlinks zu verschiedenen Elementen auf Ihren OneNote-Seiten (einen zu dem Bild aus Aufgabe 2, einen zu der Gliederung aus Aufgabe 3, einen zu den Aufgaben aus Aufgabe 4 und zwei zu beliebigen anderen Elementen irgendwo auf einer Ihrer OneNote-Seiten). Fügen Sie drei der Hyperlinks auf einer anderen OneNote-Seite, einen in das Notizfeld einer Outlook-Aufgabe und einen in einen Outlook-Termin ein. Öffnen Sie dann mit diesen Hyperlinks die verknüpften Elemente.

5. Formulieren Sie ein Ziel aus einem Ihrer unerfüllten guten Vorsätze oder realistischen Wünsche. Planen Sie die nötigen Aufgaben, beginnen Sie damit diese Woche. Erreichen Sie das Ziel in spätestens sechs Monaten.

# Die wichtigsten Neuerungen in OneNote 2013

OneNote 2013 hat verbesserte Tabellen-Funktionen inklusive dem Einbetten von Excel-Tabellen an Bord und wurde für die Benutzung auf Tablets mit Fingereingabe angepasst. Auch die mobilen Apps von OneNote werden ständig weiter entwickelt: Wenn Sie ein aktuelles Windows Phone, iPhone, Android- oder Symbian-Smartphone nutzen, können Sie Notizbücher auf Microsoft SkyDrive ablegen (kostenloser Onlinespeicher) und sowohl von Ihrem Smartphone als auch mit der PC-Version von OneNote darauf zugreifen.

2013

## Zeichnen per Finger

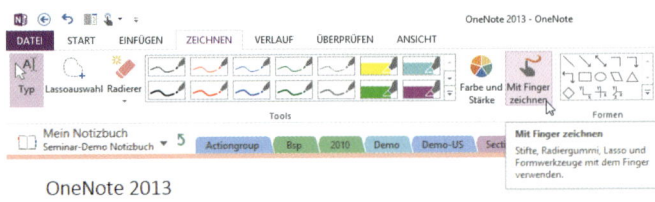

OneNote 2013

Wenn Sie auf einem Tablet mit Windows 8 und One-Note 2013 einen Zeichen-stift auswählen und dann versuchen, mit dem Finger (statt der Maus oder einem Tablet-Stift) zu malen, erkennt OneNote Ihren Finger und Sie bewegen die Seite (Scrollen/Bildlauf) statt zu zeich-nen. Wählen Sie auf der Registerkarte *ZEICHNEN* in der Gruppe *Tools* den Befehl *Mit Finger zeichnen*, um mit Ihrem Finger auf den Bildschirm zu malen (dafür benötigen Sie entsprechend ausgestattete Hardware, die die Fingerbedienung ebenfalls unterstützt). Wäh-len Sie den gleichen Befehl erneut, um sich mit dem Finger wieder auf der Seite zu bewegen (Bildlauf) statt zu zeichnen. Wenn Sie zwischendurch zur Maus greifen, beendet OneNote auf den meisten Tablets ebenfalls den Modus *Mit Finger zeichnen*.

## Ganzseitenansicht

Die angepasste Ganzseitenansicht macht es in OneNote 2013 leichter, zu anderen Notiz-büchern, Seiten und Abschnitten zu springen, und blendet die Registerkarten der Menü-leiste jetzt komplett aus, sodass Sie noch etwas mehr Platz für den eigentlichen Seiteninhalt haben. Wählen Sie *ANSICHT/Ansichten/Ganzseitenansicht* zum Aktivieren der Ganzseiten-ansicht.

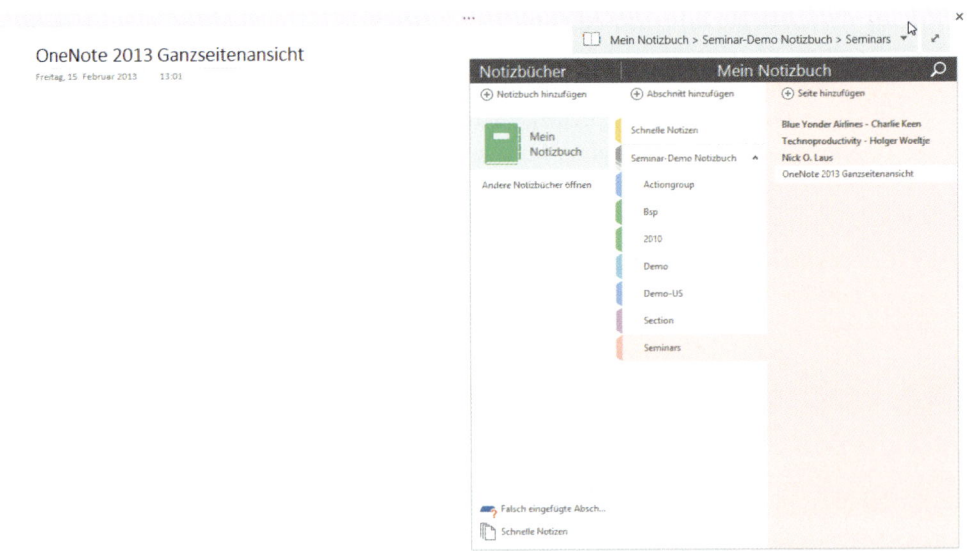

2013

Oben rechts sehen Sie daraufhin einen kleinen Doppelpfeil, der wieder zur Normalansicht wechselt. Direkt neben dem Doppelpfeil finden Sie den Namen des aktuell geöffneten Notizbuchs und Abschnitts sowie ein kleines Dreieck. Klicken Sie auf das Dreieck oder einen der Namen, um die Liste aller Notizbücher, Abschnitte und Seiten zu öffnen und auf eine andere Seite zu springen bzw. eine neue Seite hinzuzufügen. Ausserdem sehen Sie in der Ganzseitenansicht am oberen Bildschirmrand in der Mitte drei kleine graue Punkte. Ein Klick auf diese Punkte öffnet das Menüband mit den gewohnten Registerkarten.

## Verbesserte Tabellen und Excel-Tabellen in OneNote

Wenn Sie eine Tabelle anklicken, können Sie auf der Registerkarte *TABELLENTOOLS LAY-OUT* jetzt in der Gruppe *Format* auch eine *Schattierung* wählen, die Tabelleninhalte in der Gruppe *Daten* nun endlich *Sortieren* und in der Gruppe *Konvertieren* die Tabelle *In* eine *Excel-Tabelle konvertieren,* um alle Excel-Funktionen (Summe, Mittelwert, bedingte Formatierung usw.) zu nutzen.

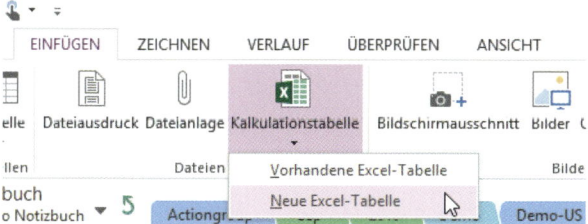

Ausserdem finden Sie auf der Registerkarte *EINFÜGEN* in der Gruppe *Dateien* jetzt den Befehl *Kalkulationstabelle*, mit dem Sie eine *Vorhandene Excel-Tabelle* oder eine *Neue Excel-Tabelle* in die aktuelle Seite einfügen. Wenn Sie den auf der Seite angezeigten Namen der Excel-Tabelle oder auf das neben dem Namen angezeigte Excel-Symbol doppelklicken oder mit der Maus auf die Tabelle zeigen und die daraufhin in der linken oberen Ecke angezeigte *Bearbeiten*-Schaltfläche anklicken, öffnet sich die Tabelle in Excel. Sobald Sie dort die Inhalte aktualisiert haben und Excel schließen, werden entsprechend die auf der OneNote-Seite gezeigten Daten aktualisiert. So können Sie z.B. aktuelle Quartalsergebnisse direkt aus OneNote heraus eingeben und die Ergebnisse von daraus resultierenden Excelberechnungen direkt in OneNote aktualisiert sehen.

# »Irgendwann könnte ich ja mal anfangen« – Wie Sie von diesem Buch maximal profitieren

# Was nützen tolle Strategien und Techniken?

Bis hier haben Sie einiges über Zeitmanagement und die Umsetzung mit Microsoft Outlook, Microsoft SharePoint und Microsoft OneNote *gelesen*. Oder wollten Sie Zeit sparen, indem Sie gleich nur das letzte Kapitel lesen? Dann finden Sie diese Inhalte in den vorhergehenden Kapiteln. Die besten, seit Langem bewährten Konzepte, Strategien, Techniken und Tipps, anhand der Praxiserfahrungen und Erfolge unserer Seminarteilnehmer immer weiter verfeinert. Nun liegt es an Ihnen, diese auch für sich *umzusetzen*.

## Bei Rainer funktioniert sowieso alles nicht

Absolut begeistert war Rainer Zufall auf seinem letzten Rückflug von München: Neben ihm saß James Blond, der ihm mit strahlenden Augen seinen Tablet-PC vorführte und beschrieb, wie er damit jetzt seit einem Jahr endlich top organisiert ist, gerade auf seinen vielen Reisen. James hatte damals bei einem Experten an einem Seminar zu elektronischem Zeitmanagement teilgenommen. Ein paar Monate später hatte er mit den sieben Kollegen, die sich gegenseitig bei der gemeinsamen Umsetzung unterstützen, noch ein Auffrischungs- und Vertiefungsseminar belegt. Rainer hatte ihn daraufhin gebeten, mehr zu erzählen.

James berichtete detailliert, wie er seine E-Mails in den Griff gekriegt hat. Wie er sich mit schriftlicher Planung und Prioritätensetzung auf das Wesentliche konzentriert. Wie er dank Wochenplanung und Sport zurück zur Balance gefunden hat, mehr Zeit mit seiner Familie verbringt, endlich wieder besser schläft und rundherum zufrieden ist. Wie er sich langfristige Ziele setzt und über Wochen-, Tages- und Aufgabenplanung das Ganze in die Tat umsetzt. Wie er jetzt nicht nur privat davon profitiert, sondern auch beruflich mehr schafft und erfolgreicher ist, obwohl er weniger Zeit im Büro verbringt als vorher.

Das wollte Rainer auch gleich mal probieren. Er bestellte einen Tablet-PC mit OneNote und die neueste Version von Outlook. Entschlossen, dass »man die Mails jetzt eigentlich mal anders bearbeiten könnte, dazu ein paar Aufgaben setzen, mal was für die Woche und irgendwie den Tag planen, diese ganzen Zusatzfunktionen auch mal nutzen müsste und sowieso den Tablet-PC mit diesem OneNote ...«, versucht er, alles auf einmal in der hektischen nächsten Woche »so dazwischen« unterzubringen. Trotz der Arbeit, die sich in seiner neuntägigen Abwesenheit im Büro angesammelt hat. Genauer will er die einzelnen Teile angehen, »wenn dann vielleicht mal mehr Zeit ist«.

Nach zwei Wochen gibt er auf. Irgendwie hat alles nicht funktioniert. Er hatte einfach zu viel anderes zu tun – bei ihm ist das wohl einfach so ...

## Packen wir's an!

Dieses Kapitel ist deutlich kürzer als die anderen. Lesen Sie es unbedingt am Stück und dann handeln Sie! *Nehmen Sie sich* dafür jetzt *25 Minuten in Ruhe ungestörte Zeit.* Wenn dies gerade nicht geht: Hören Sie auf zu lesen und setzen Sie hierfür einen Termin mit sich selbst – noch in dieser Woche.

Die nötigen Schritte zum Erfolg, damit es Ihnen nicht so geht wie Rainer:

◎ Entwickeln Sie einen Aktionsplan. Setzen Sie sich klare Ziele.

◎ Gehen Sie nur eine Sache zur Zeit an, dafür aber richtig.

◎ Suchen Sie sich jemanden, der Sie unterstützt, ermutigt, kontrolliert und ggf. ermahnt.

◎ Überprüfen Sie Ihren Fortschritt und bleiben Sie dran. Arbeiten Sie in den kommenden Monaten konsequent an der Optimierung Ihres Zeitmanagements – in kleinen, aber regelmäßigen Schritten.

# Wie Sie Ihre Zeit in den Griff bekommen

Dass das Planen, das Benutzen von Outlook, das Führen eines Zeitplanbuchs oder das Anfertigen von Notizen die Kreativität töten, behaupten meist gerade die Menschen, die darauf verzichten – und oft Wesentliches vergessen oder nicht wiederfinden, daher völlig überlastet und gestresst sind, sodass ihnen für vieles Wichtige die Zeit fehlt und sie sich von Nebensächlichkeiten treiben lassen.

Manche denken, sie könnten einfach nichts tun (obwohl komischerweise andere mit gleichen Arbeitsbereichen und Anforderungen das Zeitmanagement meistern). Bei ihnen würde halt alles schiefgehen. Sie hätten einfach zu viele E-Mails, bei ihnen sind immer die anderen (z.B. »böse Kunden«) und schlechte äußere Umstände oder gar »das Schicksal« schuld. Es ist auf den ersten Blick viel angenehmer, ein Scheitern auf das Wetter oder den Stand der Sterne zu schieben – wenn man selbst nichts machen konnte, kann einem auch keiner Vorwürfe machen. Und man kann dann nichts ändern.

Sie können (normalerweise) weder etwas dafür, dass auf Ihrem Anreiseweg plötzlich ein 15 km langer Stau ist, der sich zwei Stunden lang nicht bewegt, noch können Sie etwas daran ändern. Trotzdem gibt es Leute, denen so etwas dauernd und gehäuft zu passieren scheint, die z.B. immer wieder aus einem anderen (ehrlichen!) Grund zu spät kommen, während Kollegen mit *gleichen* Aufgaben aus dem *gleichem* Umfeld das bei den *gleichen* Besprechungen (fast) nie passiert. Dafür gibt es einen Grund: Sie können vielleicht nichts für die Ereignisse, die ein Problem oder eine Verzögerung auslösen, und auch nichts an den Ereignissen oder Umständen selbst ändern. Aber Sie tragen Verantwortung dafür, wie Sie damit umgehen, für welche Fälle Sie vorsorgen und wie Sie reagieren. Es soll tatsächlich immer wieder mal unerwartete Staus geben … Für den Stau können Sie nichts, aber dafür, dass Sie nicht vorsorgen, sind Sie sehr wohl verantwortlich. Anstatt darüber zu schimpfen, ist es viel sinnvoller, sich darauf zu besinnen, welchen Handlungsspielraum man hat. Und dann einzusehen: Oft ist man selbst schuld – nicht daran, was passiert, sondern daran, wie man darauf reagiert und was am Ende dann daraus resultiert. Das ist zwar auf den ersten Blick etwas unangenehm (weshalb sich mancher gern vormacht, es wäre nicht wahr), hat aber auf den zweiten Blick einen enormen Vorteil: Wer selbst schuld ist, der kann beim nächsten Mal auch etwas ändern, indem er anders reagiert – beispielsweise eher losfahren, wenn's drauf ankommt, um eine Pufferzeit als Reserve zu haben.

»Ich bin davon überzeugt, dass mein Leben zu zehn Prozent aus dem besteht, was mit mir geschieht, und zu **neunzig Prozent** aus dem, **wie ich darauf reagiere**.« *Charles Swindoll*

Das gilt nicht nur für Staus, sondern auch für andere Bereiche. Das *Problem* sind nicht Ihre E-Mails oder zu viele Aufgaben (*Auslöser*) und auch nicht ein übervoller Posteingang, vergessene Antworten oder ein chaotischer Schreibtisch (*Resultate*): Sie selbst sind verantwortlich für Ihren Umgang damit, deshalb können Sie auch etwas daran ändern. Dies mag vielleicht ein langer und schwieriger Weg sein, wenn sich ein Verhaltensmuster über die Jahre eingeschlichen hat, wie z.B. ständig alles in letzter Minute zu erledigen, noch schnell etwas vorher dazwischenzuschieben und auf den letzten Drücker loszufahren. Aber Sie können daran etwas ändern und in ein paar Wochen oder Monaten künftig permanent pünktlich sein.

### Gehen Sie den Dingen auf den Grund

Beispielsweise verliert Hans Wurst ständig Papierdokumente. Auf den ersten Blick ist ein unaufgeräumter Schreibtisch die Ursache. Doch das Aufräumen hilft nicht, zwei Wochen später sieht der Schreibtisch wieder genauso aus. Er ist nur das Symptom. Was ist die eigentliche Ursache dafür?

Dass Hans kein Ablagesystem für eingehende Papierdokumente hat. Warum hat er keines entwickelt? Weil er zu beschäftigt war. Warum? Weil er dringende, leichte Aufgaben mit niedriger Priorität, die Spaß machen, den unangenehmeren, schwierigeren mit hoher Priorität und Hebelwirkung vorzieht.

Die Lösung ist also nun, zuerst ein Aufgabensystem zur vernünftigen Prioritätensetzung einzuführen, in dem dann im nächsten Schritt die Entwicklung eines Ablagesystems für Dokumente selbst hohe Priorität hat. (Das wird ihn übrigens einmalig fünf Stunden kosten, die er in ein paar Wochen wieder eingespart haben wird, da er nun nicht mehr ständig lange nach verlorenen Dokumenten sucht. Auch das ständige Einsortieren ist weniger aufwendig als ständiges Suchen.)

## So geht es weiter

Mit Outlook steht Ihnen ein Zeitplansystem zur Verfügung, das Sie auch bei umfangreichen Aufgaben über längere Zeiträume optimal unterstützt und den Überblick behalten lässt. Das Buch und ein Video, die Ihnen zeigen, wie das geht, haben Sie ebenfalls. Sie müssen es nur noch konsequent nutzen. Nehmen Sie sich genug Zeit, dies im Selbststudium zu erlernen. Oder in einem Seminar zusammen mit Gleichgesinnten – und dem Feedback eines erfahrenen Trainers.

Die erste Zeit erfordert Hartnäckigkeit und Durchhaltevermögen: Am Anfang wird Sie das Planen einige Zeit kosten und Sie werden eventuell das Gefühl haben, dass es Sie eher behindert. Doch schon nach etwa drei Wochen werden Sie erste spürbare Erfolge feststellen und das Planen wird langsam zur Gewohnheit, sodass es viel leichter und schneller vorangeht. Für Ihre Tagesplanung werden Sie dann etwa noch zehn Minuten benötigen.

Nach ein paar weiteren Wochen werden Sie in der Lage sein, zwischendurch mit einem Handgriff jede Information an der richtigen Stelle einzuordnen bzw. wiederzufinden. Wenn Sie alles Wesentliche gut geordnet in Outlook und OneNote notiert haben, haben Sie den Kopf frei für kreative Gedanken und können Ihren Zeitplan schnell Abweichungen entsprechend anpassen. Sie müssen nicht mehr Ihre Energie darauf verschwenden, ständig daran zu denken, was noch zu erledigen ist und was Sie in keinem Fall vergessen dürfen, denn das haben Sie mit einem Klick übersichtlich sortiert vor sich.

Mit einem Blick können Sie sehen, ob Sie eine spontane oder unerwartete Aktivität ohne Weiteres unterbringen können oder andere Dinge dafür verschieben müssen. Sie können schnell bewerten, was Ihnen im Konfliktfall wichtiger ist als der ursprüngliche Plan und wo Sie lieber gezielt Nein sagen.

## Die aktuelle Office-Version kostenlos testen

Dieses Buch basiert auf Office 2010/2013 – wir gehen auch auf Outlook 2007 und 2003 ein, doch Outlook 2010/2013 bietet noch einige praktische Möglichkeiten mehr (siehe dazu jeweils die im gesamten Buch verteilten, farbigen Outlook 2013-Balken am Rand der Seiten, die auf die Beschreibung neuer Funktionen in Outlook 2013 hinweisen). Wenn Sie noch mit einer älteren Version von Microsoft Office bzw. Outlook arbeiten, können Sie eine kostenlose, zeitlich beschränkte Demo der jeweils aktuellen Version unter der folgenden Adresse herunterladen und sofort damit arbeiten:

*http://office.com/try*

Wenn Sie das neue Office auch gleich kaufen (oder sich das umständliche Auspacken und Installieren von einem optischen Datenträger ersparen) wollen, können Sie das ganz einfach per Download unter dieser Adresse:

*http://office.com/buy*

Weitere Informationen über die Office Web Apps und Windows Live SkyDrive finden Sie hier:

*http://office.com/web-apps*

# Übernehmen Sie die Verantwortung – jetzt!

Jetzt liegt es an Ihnen. Sie haben einen langen, harten Weg vor sich, um Ihr Zeitmanagement zu optimieren. Doch wenn Sie immer eine Etappe zur Zeit gehen, sich mit kleinen, aber regelmäßigen Schritten Tag für Tag und Woche für Woche auf ein klares Ziel zubewegen, dann werden Sie Wege finden, Hindernissen auszuweichen, und schließlich die Gesamtstrecke schaffen. Es lohnt sich!

### Rainer bleibt dran – und schafft es!

Drei Monate später hat Rainer Zufall endgültig die Nase voll von Stress, Chaos und davon, dass er seine Frau in den letzten 14 Tagen gerade einmal zwei Stunden gesehen hat. Kurz vor dem Zusammenbruch springt er auf, schlägt mit der Faust auf den Tisch und brüllt: »Es muss einen besseren Weg geben!«

Er wagt einen weiteren Versuch: Er engagiert einen Experten als Coach, um sein Zeitmanagement mit dem neuen Tablet-PC und Outlook zu verbessern. Der geht mit Rainer nach einer Analyse die Besonderheiten seiner Arbeitsweise und seines Aufgabenbereichs durch. Danach entwickelt er mit ihm einen Aktionsplan. Das Wichtigste dabei: Er gibt Rainer jeweils nur eine Hausaufgabe für die nächsten vier Wochen, z.B. nur das konsequente Führen, Priorisieren und Abarbeiten einer Aufgabenliste mit Kategorien. Einmal wöchentlich klärt er telefonisch mit Rainer den aktuellen Fortschritt und gibt ihm dabei in einem Live Meeting Tipps, wenn Rainer noch Fragen zur Umsetzung hat. Hat Rainer nach vier Wochen ein Ziel erreicht, geht er mit ihm das nächste Thema an – eins nach dem anderen, dafür aber konsequent. So arbeiten sie sechs Monate lang daran, Rainers Zeitmanagement zu verbessern …

Inzwischen sind zwölf Monate seit dem Start vergangen. Rainer ist nicht mehr der Alte – er arbeitet jetzt viel effektiver. Er ist zurück in alter Frische, denn sein Enthusiasmus, Aktionseifer und Ideenreichtum sind wieder da wie drei Jahre zuvor. Doch dabei geht er nun geplanter und strukturierter vor. Er fängt auch mit unangenehmen Dingen an, die er dann abends bereits erledigt hat, anstatt dafür wieder Überstunden einzulegen oder sie mit Magenschmerzen zu verschieben. Er konzentriert sich zuerst auf das Wichtigste, so kommt er besser und weiter vorwärts. Noch immer gehen ab und zu ein paar Dinge schief, nur weniger als früher. Er geht gelassener damit um. Auch jetzt muss er ab und zu mal länger im Büro bleiben, aber er reserviert jede Woche Zeit für seine Frau, seine Tochter, seine besten Freunde und sportliche Aktivitäten. Diese Termine hält er ein – und fühlt sich dabei ausgeglichen und glücklich wie lange nicht mehr.

Rainer Zufall ist frei erfunden. Nicht jedoch seine verschiedenen Probleme und Erlebnisse. Wir helfen nicht nur gut organisierten Managern, noch besser zu werden. Wir haben auch etliche Seminarteilnehmer und Coachingklienten, die zum Teil noch mehr aufzuarbeiten hatten als Rainer Zufall, auf ihrem Weg zu erfolgreichem Zeitmanagement begleitet. Kein Fall ist hoffnungslos, solange man bereit ist, etwas zu ändern. Auch Sie können es schaffen. Und wenn Sie Ihre Zeit im Griff haben: Gehen Sie den nächsten Schritt, nehmen Sie sich Großes vor. Denken Sie an Joschka Fischer (siehe ▶ Kapitel 6, Abschnitt »Setzen Sie sich Ziele – nicht nur für Ihren Umsatz«). Sie müssen kein Naturtalent sein – was zählt sind klare Ziele, Prioritäten, Disziplin und harte, kontinuierliche Arbeit.

## Zeitmanagement ist Selbstdisziplin

Zeitmanagement ist in erster Linie Selbstdisziplin – gezieltes Planen *und Handeln* nach eindeutigen Prioritäten. Keine Ziele, nicht wissen, was zu tun ist, unklare Prioritäten oder sich aus der Verantwortung herausreden und das Ganze auf andere oder äußere Umstände zu schieben, sind die größten Hindernisse. Wenn Sie die bisher erwähnten Schritte einmal gegangen sind, haben Sie schon einen Großteil des Weges im Kampf gegen mangelnde Disziplin hinter sich. Zuletzt bleibt der große und schwere Schritt, sich nicht ständig ablenken zu lassen, sondern konzentriert und diszipliniert die Dinge mit der größten Wichtigkeit in Angriff zu nehmen – auch wenn diese einmal unangenehm sind und nicht so viel Spaß machen.

»Es ist nicht genug zu wissen, man muss auch anwenden;
es ist nicht genug zu wollen, man muss auch tun.«   *Johann Wolfgang von Goethe*

# Entwickeln Sie Ihren persönlichen Aktionsplan

Nehmen Sie sich immer nur eine Sache auf einmal vor. Dies ist besser, als sich zu überlasten, demotiviert und zurückgeworfen zu werden. Beachten Sie Ihre eigene Belastbarkeit und den nötigen Zeitaufwand – Erfolg braucht Zeit und Arbeit. Gehen Sie in kleinen, kontinuierlichen Schritten vor.

Ihr Aktionsplan hilft Ihnen dabei, indem Sie Ihre Ziele definieren und von dort aus eben diese einzelnen Schritte. Er ist auch der beste Weg zu Disziplin. Sie wissen dann, was zu tun ist. Sehen Sie ihn täglich an und handeln Sie danach. Definieren Sie, was Sie an Ihrem Zeitmanagement in den nächsten sechs Monaten verbessern. Setzen Sie sich für jeden Monat ein Ziel (siehe ▶ Kapitel 6) und legen Sie Teilschritte fest, z.B. als einen Abschnitt mit sechs Seiten oder als eine Gliederung in OneNote. Bestimmen Sie dann das Ziel für den ersten Monat und planen Sie die Schritte für die erste Woche.

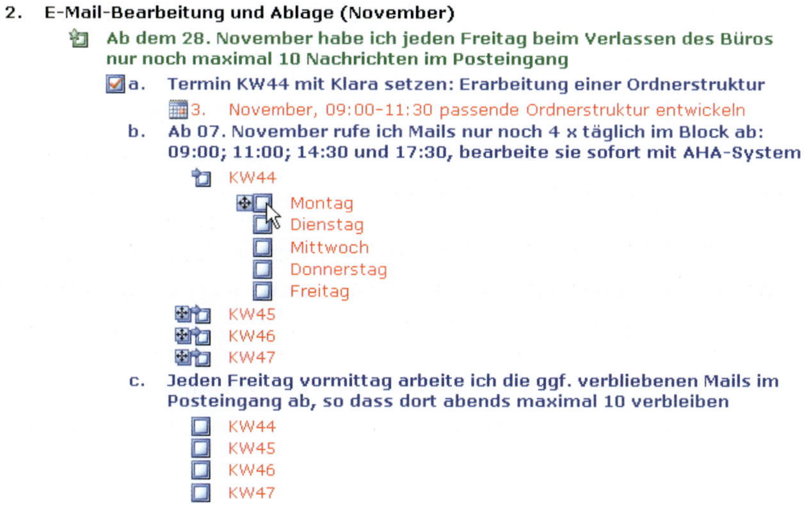

**2.   E-Mail-Bearbeitung und Ablage (November)**
  📌  **Ab dem 28. November habe ich jeden Freitag beim Verlassen des Büros nur noch maximal 10 Nachrichten im Posteingang**
  ☑a.   **Termin KW44 mit Klara setzen: Erarbeitung einer Ordnerstruktur**
      📅3.   November, 09:00–11:30 passende Ordnerstruktur entwickeln
  b.   **Ab 07. November rufe ich Mails nur noch 4 x täglich im Block ab: 09:00; 11:00; 14:30 und 17:30, bearbeite sie sofort mit AHA-System**
          🗂 KW44
              Montag
              Dienstag
              Mittwoch
              Donnerstag
              Freitag
          KW45
          KW46
          KW47
  c.   **Jeden Freitag vormittag arbeite ich die ggf. verbliebenen Mails im Posteingang ab, so dass dort abends maximal 10 verbleiben**
          KW44
          KW45
          KW46
          KW47

**Abbildung 7.1:** Erstellen Sie Ihren Aktionsplan mit konkreten Zielen und überprüfen Sie Ihren Fortschritt

Kontrollieren Sie jede Woche Ihren Erfolg. Wenn Sie am Monatsende Ihr Ziel erreicht haben, gönnen Sie sich etwas Schönes als Belohnung und nehmen Sie sich das nächste Ziel vor. Wenn Sie das Ziel nicht erreicht haben: Finden Sie die Ursache (siehe ▶ Kasten »Gehen Sie den Dingen auf den Grund« weiter vorn in diesem Kapitel).

## Suchen Sie sich einen Sparringspartner

Für viele Menschen ist es schwer, am Anfang von allein die nötige Disziplin aufzubringen. Suchen Sie sich jemanden, der Sie unterstützt, motiviert, kontrolliert, lobt, ermahnt und notfalls »in den Hintern tritt«. Das macht die Sache um einiges leichter. Der optimale Sparringspartner ist ein erfahrener Coach.

Doch auch ein guter Kollege oder Freund kann diese Rolle übernehmen, wenn Sie die Sache ernst genug nehmen, sich zur gegenseitigen Kontrolle verpflichten und dann kein Blatt vor den Mund nehmen, sondern hartnäckig dranbleiben. Drucken Sie Ihrem Sparringspartner den Aktionsplan mit Ihren Zielen aus und unterschreiben Sie diesen Vertrag, so fühlen Sie sich stärker verpflichtet. Vereinbaren Sie eine Belohnung, wenn Sie ein Monatsziel erreichen (z.B. backt Ihr Sparringspartner für Sie Donuts), oder eine Bestrafung, wenn Sie es nicht erreichen (Sie müssen sein Auto waschen o.Ä.) – je nachdem, was bei Ihnen besser funktioniert. Wenn Sie beide einen Aktionsplan erstellen oder sich mit weiteren Zweierteams zusammentun, können Sie sich gegenseitig noch besser motivieren und mit den gemeinsamen Erfahrungen unterstützen.

## Starten Sie sofort und bleiben Sie dran!

Der Schlüssel zu mehr Zeit, Balance, Zufriedenheit, Erfolg und Gelassenheit liegt in Ihrer Hand. Sie haben die Möglichkeiten und genug Zeit, um Ihr Zeitmanagement und Ihr Leben zu verändern. Jeden Tag stehen Ihnen genau 24 Stunden zur Verfügung – entscheiden Sie, wie Sie sie nutzen. Verschieben Sie Ihre Träume sowie Ihre wichtigsten beruflichen und privaten Ziele nicht auf Jahre später. Sonst ist es vielleicht bald für immer zu spät.

Bedenken Sie das bekannte Sprichwort: »Das Leben besteht nicht darin, gute Karten zu erhalten, sondern mit den Karten gut zu spielen.«

Entscheiden Sie, wo Sie mit Ihrem Leben hinwollen. Entscheiden Sie, was Ihnen wirklich wichtig ist. Und dann handeln Sie. Wenn nicht jetzt, wann dann?

Wie Shakespeare sagte (Julius Caesar, I, ii): »The fault, dear Brutus, is not in our stars, but in ourselves …« – das Gleiche gilt für Ihre Chancen, Träume und Ihr Potenzial. Sie selbst sind es, der über Ihr Schicksal bestimmt. Entweder Sie lassen sich treiben und schauen zu – oder Sie steuern selbst, auch einmal gegen einen Strom, der Sie in eine falsche Richtung drängt. Nehmen Sie Ihre Zukunft in die Hand. *Jetzt*.

# Dank

Wir danken *Thomas Braun-Wiesholler* und *Florian Helmchen* von O'Reilly Media/Microsoft Press Division sowie *Sylvia Hasselbach* und *Frauke Wilkens* für die kritischen Anmerkungen und den letzten Schliff am Manuskript. Wir danken allen, die geholfen haben bei der Produktion dieses Buches und der Durchführung unserer Seminarserie »Effektives Zeitmanagement mit dem Microsoft Office System«, auf deren Erfolg und große Nachfrage hin dieses Buch entstanden ist. Im Hause Microsoft Deutschland GmbH möchten wir weiterhin danken: *Petra Gerhardt* für ihre exzellente Hilfe bei der Planung sowie *Rainer Grohmann* für seinen ständigen besonderen Einsatz bei der Platzierung der Pilotseminare dieser Veranstaltungsreihe bei etlichen seiner besten Kunden. Wir danken den Teilnehmern, die damals bei den ersten Seminaren der Scric dabei waren, bei der Microsoft Deutschland GmbH, der Fujitsu Siemens Computers GmbH, dem Südwestrundfunk, der Hewlett-Packard Deutschland GmbH, der Bertelsmann AG, der Deutschen Lufthansa AG und der Deutschen Post AG für ihren großen Zuspruch und das begeisterte, ermutigende Feedback.

Wir danken *Anne Sonius*, *Matthias Schlecht* und *Daniela Laurent* für ihre besondere persönliche Unterstützung. Wir danken allen unseren Coaching-, Vortrags- und Seminarteilnehmern, die uns mitnehmen in ihr Leben und ihren Arbeitsalltag. Die wir dabei unterstützen dürfen, ihre Zukunft zu gestalten, Herausforderungen zu begegnen, ihren Zielen näher zu kommen, den Weg dorthin klar festzulegen und zu gehen. Die uns mit ihren Fragen und Ideen helfen, Techniken und Strategien für die sich ständig verändernde Arbeitswelt zu optimieren. Die uns mit späterem Feedback und persönlichen Erfolgserlebnissen zeigen, wie sehr sie davon profitieren – dies zu lesen, zu hören und daran teilzuhaben, ist das Schönste an unserem Beruf.

Und wir danken Ihnen, liebe Leserin und lieber Leser, dass Sie zum Erfolg dieses Buches beigetragen, sich Zeit genommen und es bis hier gelesen haben. Wir hoffen, es hat Ihnen gefallen und dass auch Sie von den Strategien, Tipps und Techniken profitieren – wir wünschen Ihnen viel Erfolg!

Jetzt sind Sie an der Reihe. Also: Worauf warten Sie? Fangen Sie jetzt gleich an!

Herzlichst

**Lothar Seiwert**
**Holger Wöltje**
**Christian Obermayr**

# Zusätzliche Videolektionen im Web

Dieser für Sie kostenfreie Onlinekurs als Vertiefung zum Buch bietet Ihnen in 5 Lektionen jeweils:

◎ eine Zusammenfassung der wichtigsten Buchinhalte

◎ zusätzliche Tipps und Tricks zur Vertiefung der Inhalte

◎ Videosequenzen, die Ihnen die Anwendung des Gelernten direkt in Outlook zeigen und

◎ wöchentliche Umsetzungsaufgaben per E-Mail

Die Kombination aus Buch, Onlinekurs und Videos wurde am 19. Juni 2009 in Berlin mit dem Comenius-EduMedia-Siegel ausgezeichnet, einer der bedeutendsten europäischen Auszeichnungen für pädagogisch besonders wertvolle didaktische Multimediaprodukte.

Der Onlinekurs mit insgesamt 90 Minuten Video (thematisch unterteilt in je nach Outlook-Version 12 bis 15 kurze Videos von jeweils 2 bis 12 Minuten) zeigt die Umsetzung der Buchinhalte sowie zusätzliche Tipps & Tricks direkt in Outlook. Sie können ihn völlig kostenfrei absolvieren. Er zeigt Ihnen, wie Sie mit Outlook mehr Übersicht in Ihre Aufgabenliste und den Kalender bringen und Ihre E-Mails in den Griff bekommen.

Starten Sie Ihren Onlinekurs jetzt unter

*www.zeit-im-griff.de/outlook-2007* (Kurs und Videos für Outlook 2007, vieles auch in Outlook 2003 anwendbar)

*www.zeit-im-griff.de/outlook-2010* (Videos für Outlook 2010)

*www.zeit-im-griff.de/outlook-2013* (Videos für Outlook 2013)

# Literaturverzeichnis

**Bücher**

◎ Covey, Stephen R.: **Die 7 Wege zur Effektivität.** Prinzipien für persönlichen und beruflichen Erfolg. 25. Aufl., Offenbach: Gabal, 2012

◎ Covey, Stephen R.: **Der 8. Weg.** Mit Effektivität zu wahrer Größe. 5. Aufl., Offenbach: Gabal, 2006

◎ Covey, Stephen R.; Merrill, A. Roger und Merrill, Rebecca R.: **Der Weg zum Wesentlichen.** Der Klassiker des Zeitmanagements. 6. Aufl., Frankfurt und New York: Campus, 2007

◎ Dirkes, Christoph; Schütte Alexander und Seiwert, Lothar (unter Mitarbeit von W. Maison und H. Wöltje): **Die besten Apps fürs iPad.** München: Südwest, 2010

◎ Friedrich, Kerstin; Malik, Fredmund und Seiwert, Lothar: **Das große 1x1 der Erfolgsstrategie.** EKS® – Die Strategie für die neue Wirtschaft. 18. Aufl., Offenbach: Gabal, 2012

◎ Joos, Thomas: **Microsoft Outlook 2013 – Das Handbuch.** München: Microsoft Press Deutschland, 2013

◎ Knoblauch, Jörg und Wöltje, Holger: **Zeitmanagement** (Taschenguide). 3. Aufl., München: Haufe, 2008

◎ Knoblauch, Jörg und Wöltje, Holger: **Zeitmanagement** – Perfekt organisieren mit Zeitplaner und Handheld, mit CD-ROM. 2. Aufl., München: Haufe, 2005

◎ Küstenmacher, Werner Tiki, mit Seiwert, Lothar: **Simplify Your Life.** Einfacher und glücklicher leben. 16. Aufl., Frankfurt und New York: Campus, 2008 (auch als Hörbuch-CDs) (*www.simplify.de*)

◎ McGhee, Sally: **Take Back Your Life!** Using Microsoft Outlook to Get Organized and Stay Organized. Redmond, Washington: Microsoft Press, 2005 (*www.mcgheeproductivity.com*)

◎ Mindbusiness Team: **Microsoft SharePoint 2013 für Anwender** – Das Handbuch. München: Microsoft Press Deutschland, 2013

◎ Scott, Martin: **Zeitgewinn durch Selbstmanagement.** Frankfurt und New York: Campus, 2001

◎ Seiwert, Lothar: **Ausgetickt: Lieber selbstbestimmt als fremdgesteuert.** Abschied vom Zeitmanagement. 2. Aufl., München: Ariston, 2011 (auch als Hörbuch-CDs)

◎ Seiwert, Lothar: **Das neue 1x1 des Zeitmanagement.** Zeit im Griff, Ziele in Balance. 34. Aufl., München: Gräfe und Unzer, 2013 (*www.seiwert.de*)

◎ Seiwert, Lothar: **Die Bären-Strategie: In der Ruhe liegt die Kraft.** 7. Aufl., München: Ariston, 2011 (auch als Hörbuch-CD)

◎ Seiwert, Lothar: **Lass los und du hast zwei Hände frei.** Mit Konfuzius zum Meister der Zeit werden. München: Gräfe und Unzer (erscheint Sept.) 2013

◎ Seiwert, Lothar: **Life-Leadership.** Sinnvolles Selbstmanagement für ein Leben in Balance. Frankfurt und New York: Campus, 2001

◎ Seiwert, Lothar: **Noch mehr Zeit für das Wesentliche:** Zeitmanagement neu entdecken. 4. Aufl., München: Goldmann, 2012 (auch als Hörbuch-CDs)

◎ Seiwert, Lothar: **Simplify your Time.** Einfach Zeit haben. Frankfurt und New York: Campus, 2010 (auch als Hörbuch-CDs)

◎ Seiwert, Lothar: **Wenn du es eilig hast, gehe langsam.** Mehr Zeit in einer beschleunigten Welt. 16. Aufl., Frankfurt und New York: Campus, 2012 (auch als Hörbuch-CDs); auch in englischer Sprache: **Slow Down to Speed Up.** How to manage your time and rebalance your life. Frankfurt und New York: Campus, 2008

◎ Seiwert, Lothar: **Zeit ist Leben, Leben ist Zeit.** Die Probleme mit der Zeit lösen // Die Chancen der Zeit nutzen. München: Ariston, 2013

◎ Seiwert, Lothar und Gay, Friedbert: **Das neue 1x1 der Persönlichkeit.** Sich selbst und andere besser verstehen mit dem persolog-Modell. Der Praxisleitfaden zu mehr Menschenkenntnis und Erfolg. 25. Aufl., München: Gräfe und Unzer, 2012

◎ Seiwert, Lothar; Wöltje, Holger und Maison, Wolfgang: **30 Minuten Zeitmanagement mit iPhone.** 4. Aufl., Offenbach: Gabal, 2012 (*www.zeitmanagement-mit-iphone.de*)

◎ Wöltje, Holger: **Outlook für die Praxis.** Incl. Internetworkshop. Offenbach: Gabal, 2006 (Quick-Reference für Einsteiger mit vielen praktischen Tipps & Tricks auch für Fortgeschrittene)

## Newsletter

◎ Kostenloser wöchentlicher Life-Balance-Tipp (nur EINE Seite!)
**SEIWERT-Tipp: 1 Minute für 1 Woche in Balance.** Ihr persönliches Erfolgscoaching mit jeweils einem konkreten Tipp zu den vier Lebensbereichen Job, Kontakt, Body & Mind. Kurzer, knapper Newsletter mit praktisch umsetzbarem Sofort-Nutzen (kostenlos, erscheint wöchentlich), zu abonnieren unter: *www.seiwert.de*

## Social Media

- ◎ Follow us on **twitter**: *www.twitter.com/Seiwert* und *www.twitter.com/TimeTip*
- ◎ Become a Fan on **Facebook**: *www.facebook.com/Lothar.Seiwert*

## Websites

- ◎ *office.microsoft.com*: Office Online ist die zentrale Website für alle Informationen rund um Microsoft Office: Unterstützung, Schulung, Vorlagen, ClipArts, Downloads und vieles mehr.

- ◎ *www.aktueller-rat.de*: Kostenlose E-Mail-Newsletter für das Privat- und Berufsleben.

- ◎ *www.edv-buchversand.de/mspress*: Microsoft Press Shop, Profi-Know-how aus erster Hand zu allen Microsoft-Produkten – vom umfassenden Leitfaden, der alle Fragen abdeckt, über Trainingsbücher für die verschiedensten Ansprüche bis hin zu den »einfach klipp & klar«-Büchern, die auch Einsteiger schnell durch die wichtigsten Schritte führen.

- ◎ *www.getabstract.com*: Weltweit größte Online-Bibliothek von Buchzusammenfassungen; mehr als 3500 Management- und Karrierebücher (auch englische Titel).

- ◎ *www.heise.de/ct*: Mit den News auf der Webseite sind Sie immer aktuell informiert. Ob E-Mail, Mobile Computing oder Funk-LANs – c't hat alle spannenden Entwicklungen fest im Blick. c't ist eine der angesehensten Informationsquellen für den Computerprofi und anspruchsvollen Anwender.

- ◎ *www.seiwert.de*: Time-Management, Life-Leadership®, Work-Life-Balance sowie Elektronisches Zeitmanagement: Praxisorientierte Vorträge, Seminare und Coachings der Autoren zu Zeitmanagement mit Microsoft Office Outlook. (Kontakt: *info@seiwert.de*)

- ◎ *www.workingoffice.de*: working@office, Fachzeitschrift für die Sekretärin und Office-Managerin. Monatlich Anregungen und Informationen rund ums Office. Moderne Korrespondenz, Impulse für die Karriere, effektiver Umgang mit dem PC, Geschäftsreisemanagement und Fremdsprachen.

- ◎ *www.zeit-im-griff.de*: Praxisorientierte Seminare und Vorträge mit Holger Wöltje, einer der Autoren und der Experte für Zeitmanagement mit Outlook, Blackberry und iPhone sowie E-Mail-Management. (Kontakt: *woeltje@zeit-im-griff.de*)

# Stichwortverzeichnis